C A L C U C U S   F O R   L I B E R A L   A R T S

제2판

교양을 위한 대학수학

김성기 · 고지흡 · 김홍종 · 계승혁 · 하길찬 지음

제 2 권

MATHEMATICS

KYOWOO

제 2 판 머리말

이 책이 나온 지도 10년이 되었다. 원래 이 책이 나오게 된 동기는 고등학교 인문계 교과과정에서 미적분이 사라진 것이었다. 당연한 말이지만 고등학교에서 인문계 수학을 마치고 대학에 들어오는 신입생들에게는 고등학교 수학과 대학 수학의 간격을 메꾸어 줄 교재가 필요하게 되었고, 이것이 이 책이 나오게 된 직접적인 동기였다. 다행인지 모르겠지만, 이 책이 나온 후에 고등학교 교과과정이 또다시 바뀌어서 인문계 과정에서도 미적분을 배우게 되었다.

이 책의 내용 면에서 보자면 약간의 첨삭을 가한 것 외에는 크게 바뀐 건 없다. 약간 보강된 부분은 정적분의 응용에서 정적분의 정의를 직접 사용하도록 한 정도이며, 연습문제를 조금 첨삭한 정도이다. 그동안 이 책으로 강의하면서 잘못된 부분을 지적해 준 동료 교수들께 감사드린다. 이 책을 내면서 조판을 새로이 하였는데, 이 과정에서 크게 수고한 권현우 군께 감사드린다.

이 개정판을 준비하는 동안 고등학교 교과과정이 또 다시 바뀐다는 이야기가 들린다. 고등학교 인문계와 자연계를 통합하여 교과과정을 짠다는 것인데, 더 충실한 교과과정이 마련되어 대학에서 이 정도 수준의 대학 교재가 필요 없어지길 바라는 마음 간절하다.

2014년 12월

머리말

이 책은 제 1권의 연속으로서, 다변수함수의 성질들을 공부하기 위한 책이다. 대부분의 사회현상이나 자연현상은 몇 가지 변수에 의하여 기술되게 마련이므로 변수가 여러 개인 다변수함수를 분석하는 도구가 필요한데, 일변수함수의 경우와 마찬가지로 미적분이 그 핵심이다.

다변수함수 자체를 공부하기 앞서, 제 1장에서는 다변수함수의 정의역 역할을 하는 좌표공간에 관하여 먼저 공부한다. 좌표공간의 점들을 원점에서 그 점까지 가는 벡터로 이해하면 각 점들 사이에 연산을 할 수 있는데, 이러한 공간을 벡터공간이라 한다. 따라서 우리는 좌표공간을 벡터공간으로 이해하고 그 성질을 공부한다. 고등학교에서 이미 벡터에 대하여 공부한 학생이라면 제 1장의 상당 부분은 쉽게 지나갈 수 있을 것이다.

일변수함수의 경우 미분을 이해하기 위하여 일차식과 이차식의 성질을 미리 알아야 하듯이, 다변수함수의 경우에도 일차식과 이차식의 성질을 미리 공부할 필요가 있다. 제 2장에서는 일차식을 공부하는데, 일차식을 표시하는 중요한 방식이 바로 행렬이다. 특히, 변수가 여러 개인 연립 일차방정식을 행렬로 표시하고, 일차방정식을 푸는 과정이 해당 행렬에 어떠한 조작을 가하는 것인지 살펴본다. 또한, 이러한 행렬을 일차변환으로 이해하는데, 그 과정에서 행렬의 여러 가지 연산이 어떠한 의미를 가지는지 자연스레 드러나게 된다.

행렬 그 자체는 그저 숫자들을 나열한 것에 지나지 않지만, 이를 해석하는 방법은 매우 다양하다. 행렬을 일차변환으로 이해하는 것 다음으로 기본적인 해석은 행렬을 이차동차식으로 이해하는 것인데, 이를 제 3장에서 공부한다. 일변수 이차식의 경우 그 이차항의 계수가 양수인지 음수인지에 따라서 최소값을 가지는지 아니면 최대값을 가지는지 결정되었다. 다변수함수의 경우 이 계수에 해당하는 것이 바로 행렬인데, 이 행렬의 부호가 어떻게 되는지에 따라서 해당 이차식의 성질이 결정되고, 이러한 행렬의 부호를 결정하는 데에 핵심적인 역할을 하는 것이 바로 행렬식이다. 변수가 두 개인 경우, 이차식의 성질을 이해하는 것은 결국 타원이나 쌍곡선 등 여러 가지 이차곡선을 이해하는 것이나 마찬가지이다.

일변수함수의 미분은 결국 접선을 구하는 것인데, 이변수함수의 경우 함수의 그래프가 나타내는 곡면의 접평면을 구하는 문제로 귀착된다. 평면의 기울기는 벡터로 표시되므로 다변수함수에서 미분계수에 해당하는 것은 벡터로 표현되고, 이를 그래디언트 벡터라 부른다. 이 벡터의 각 성분을 구하는 과정이 바로 편미분인데, 제 4장에서 이를 공부한다. 일변수함수의 경우 함수의 극대 극소를 판별하기 위하여 이계미분계수를 구하는데, 이는 주어진 함수에 가장 유사한 이차식의 계수를 구하는 것이었다. 마찬가지로, 주어진 다변수함수와 가장 유사한 이차식을 구하면 극대 극소를 판별할 수 있는데, 이 다변수 이차식의 계수에 해당하는 행렬이 바로 헤세 행렬이다. 제 4장에서는 이러한 다변수함수의 미분에 관한 기본 사항들을 공부하고, 여러 가지 상황에서 최대값과 최소값을 어떻게 구할 수 있는지 알아본다.

이변수함수의 적분은 이 함수가 나타내는 곡면과 함수의 정의역인 평면 사이의 부피를 구하는 것이다. 따라서 정의역에 해당하는 평면을 바둑판처럼 잘게 자르고 그 위에 서 있는 직육면체의 부피를 모두 더한 후에 극한을 취하면 된다. 제 5장에서는 이러한 이중적분을 일변수함수의 적분을 반복함으로써 구할 수 있음을 배우게 된다. 평면 사이의 변환이 주어지는 경우 치환적분에 의하여 이중적분을 구할 수 있는데, 이를 위하여 변환의 미분을 간단하게 알아본다. 다변수함수의 미분이 그래디언트 벡터로 표시되는데 비하여, 벡터함수의 미분은 각 성분함수의 그래디언트 벡터들을 늘어놓은 행렬로 표시되고, 이 행렬의 행렬식이 치환적분에서 중요한 역할을 하게 된다.

이 책의 제 1,2,3장을 공부하는 데에 미리 공부해야 하는 부분은 별로 없다. 특히, 1.4절에 나오는 벡터의 미분을 제외하면 제 1권에서 공부한 미분과 아무런 관련이 없다. 고등학교에서 배우는 좌표평면에 대하여 충실하게 공부한 학생이라면 무리 없이 제 1,2,3장을 볼 수 있다. 제 4,5장에서 다루는 다변수함수의 미적분을 이해하기 위해서는 물론 제 1권의 제 1,2,3장에서 공부한 일변수함수의 미적분을 알고 있어야 한다.

미분과 적분은 여러 가지 자연현상이나 사회현상을 분석하는 도구이다. 우리가 톱을 사용하려면 톱이 어떤 역할을 하는지 아는 것도 중요하지만 그 톱을 능숙하게 이용하기 위해서는 반복적인 연습을 통하여 손에 익히는 것이 필요하다. 미적분을 도구로 직접 사용해야 하는 학생이라면, 미적분의 이론적인 내용을 이해하는 것도 중요하지만 그에 못지 않게 그 계산에 숙달할 필요가 있다. 미적분이 여러 분야에 폭넓게 쓰이는 것도, 서로 다른 현상을 설명하는 데에 같은 방식의 기계적인 계산을 사용한다는 점이 큰 이유 가운데 하나이다.

물론, 톱이라는 도구를 직접 이용하지는 않지만, 그 도구가 어떻게 생겼는지, 어떻게 쓰이는지, 또는 톱의 내력이 어떠한지 알아보는 것도 재미있는 일이다. 미적분은 인류의 과학사에서 가장 위대한 발견 중의 하나로 일컬어지고 있다. 자신의 전공에서 미적분을 도구로 사용하지 않더라도, 미적분이란 무엇이며 어떤 현상을 분석하는 데에 유용한 도구인지를 아는 것은 인류의 역사를 이해하는 데에도 크게 도움이 될 것이다.

이 책을 쓰는 동안 많은 분들의 도움을 받았다. 우선 원고의 상당 부분을 TEX파일로 옮겨 준 박채언 씨와 연습문제 풀이의 초고를 마련해 준 최현석 군께 감사드린다. 이 책을 쓰는 동안 저자들의 여러 가지 자문에 흔쾌히 응해 준 주위 동료들께 감사드린다. 특히, 중앙대학교 경제학과 안국신 교수는 이 책에서 경제학에 관련된 부분을 읽고 의견을 주심으로써 보다 알찬 내용이 되도록 도와 주셨다. 한편, 서울대학교 수리과학부 이우영 교수는 역사에 관한 부분을 읽어 주심으로써 그 내용이 더욱 충실해질 수 있었는데, 이 두 분께 감사드린다. 그럼에도 불구하고 이 책의 내용상 오류가 있다면 이는 전적으로 저자들의 책임이다. 끝으로, 이 책은 서울대학교 자연과학대학에서 지원한 연구비의 지원을 받아 집필되었음을 밝힌다.

2005년 6월

차 례

제 **1** 장

좌표공간과 벡터

변수가 하나인 함수의 경우, 그 변수가 실직선 위를 움직이는 것으로 생각하여 함수의 증감을 생각하는 등 그 함수의 성질을 파악하였다. 마찬가지로 변수가 두 개이면 그 변수를 좌표평면의 한 점으로 이해하는 것이 필요하다. 변수의 개수가 세 개 혹은 네 개인 경우도 마찬가지로서, 좌표공간을 생각하는 것이 편리하다. 이 장의 목적은 다변수함수를 공부하는 준비로서, 좌표공간의 성질을 이해하는 것이다. 좌표공간의 한 점을 원점에서 그 점까지 가는 벡터로 이해하면 합과 스칼라곱, 그리고 내적 등 여러 가지 연산을 정의할 수 있다. 이러한 연산은 공간을 이해하는 데에 핵심적인 역할을 하며, 공간에 있는 직선이나 평면을 식으로 나타내는 데에도 중요한 역할을 한다. 또한, 실직선에서 좌표공간으로 가는 함수는 시간이 지남에 따라서 위치가 변하는 좌표공간의 곡선으로 이해할 수 있는데, 이러한 함수의 미분은 곡선 위를 움직이는 점의 속도를 나타내므로, 그 곡선의 성질을 이해하고 길이를 구하는 데에 중요한 역할을 한다.

좌표공간

공간의 좌표와 두 점 사이의 거리

내분점과 외분점

구의 방정식

벡터

벡터의 정의와 연산

벡터공간

평면벡터의 내적

벡터의 내적과 정사영

벡터방정식

직선의 방정식

평면의 방정식

점과 평면 사이의 거리

직선과 평면의 위치 관계

벡터함수의 미분

매개화된 곡선

벡터의 극한

속도벡터와 접선

곡선의 길이

1.1 좌표공간

평면에 좌표를 도입하는 것과 마찬가지로, 삼차원 공간에 좌표를 도입하면 공간에 놓여 있는 직선과 평면, 그리고 구 등을 방정식으로 표현할 수 있다.

공간의 좌표와 두 점 사이의 거리

공간에서 고정된 점 O를 지나고 서로 수직인 세 수직선을 각각 x축, y축, z축이라고 하자. 좌표평면에서와 같이 x축, y축, z축을 공간에서 좌표축이라 하고, 두 직선 x축과 y축을 포함하는 평면을 xy평면이라 한다. 마찬가지로, y축과 z축, z축과 x축을 포함하는 평면을 각각 yz평면, zx평면이라고 한다.

공간 안에 있는 임의의 점 P에 대하여 x축에 내린 수선의 발의 x좌표를 a라 하자. 마찬가지로, y 축과 z축에 내린 수선의 발의 y좌표 및 z좌표를 각각 b, c라 하자. 이 때, $(a,\ b,\ c)$를 점 P 의 공간좌표 또는 좌표라 하고, 이를

$$P(a,\ b,\ c)$$

와 같이 나타낸다.

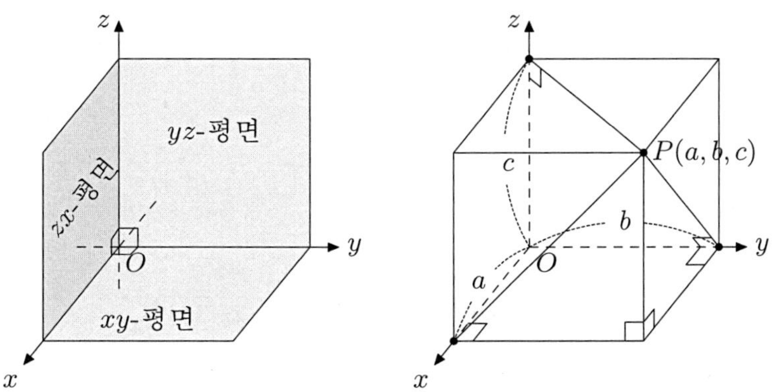

이 때 a를 점 P의 x 좌표, b를 점 P의 y 좌표, c를 점 P의 z 좌표라고 한다. 이와 같이 좌표축이 주어진 공간을 좌표공간이라고 하며, 점 O를 원점이라 하고 $O(0,\ 0,\ 0)$으로 나타낸다.

예를 들어, 다음 그림에서 점 P를 xy평면, yz평면, zx평면 위로 정사영한 점을 각각 B, F, E라 하고 x축, y축, z축에 내린 수선의 발을 각각 A, C, D라고 하면 각 점의 좌표는 다음

$$A(a,\ 0,\ 0),\ B(a,\ b,\ 0),\ C(0,\ b,\ 0),\ D(0,\ 0,\ c),\ E(a,\ 0,\ c),\ F(0,\ b,\ c)$$

과 같다.

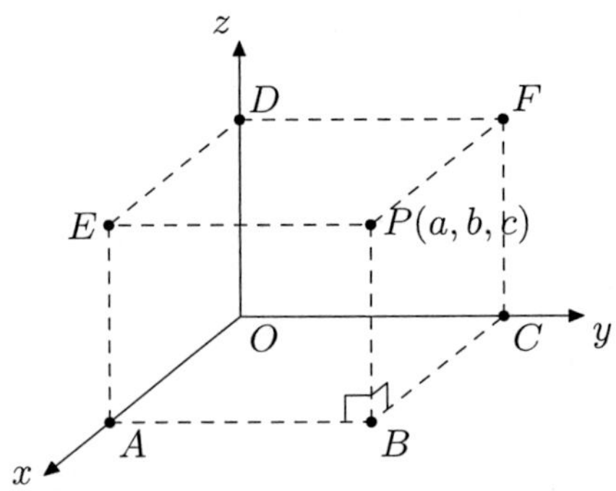

예제 1. 아래 그림에서 $\overline{OP} = 4$, $\angle POB = \frac{\pi}{3}$, $\angle AOB = \frac{\pi}{4}$ 일 때 점 P의 좌표를 구하라. (단, 점 B는 점 P를 xy평면 위로 정사영한 점이다).

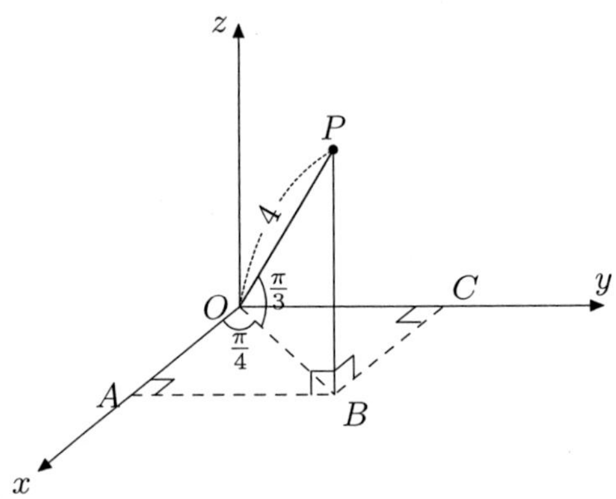

풀이 : 직각삼각형 $\triangle OPB$에서

$$\overline{PB} = \overline{OP}\,\sin\frac{\pi}{3} = 4\cdot\frac{\sqrt{3}}{2} = 2\sqrt{3}$$

$$\overline{OB} = \overline{OP}\,\cos\frac{\pi}{3} = 4\cdot\frac{1}{2} = 2$$

이고, 직각삼각형 $\triangle OAB$에서

$$\overline{OA} = \overline{OB}\,\cos\frac{\pi}{4} = 2\cdot\frac{1}{\sqrt{2}} = \sqrt{2}$$

$$\overline{OC} = \overline{AB} = \overline{OB}\,\sin\frac{\pi}{4} = 2\cdot\frac{1}{\sqrt{2}} = \sqrt{2}$$

이다. 따라서 점 P의 좌표는 $(\sqrt{2},\ \sqrt{2},\ 2\sqrt{3})$이다. □

문제 1.1.1. 점 $(x,\ y)$와 점 $(x,\ y,\ 0)$의 차이점을 말하라.

문제 1.1.2. 다음 그림에서 점 P의 좌표를 구하라.

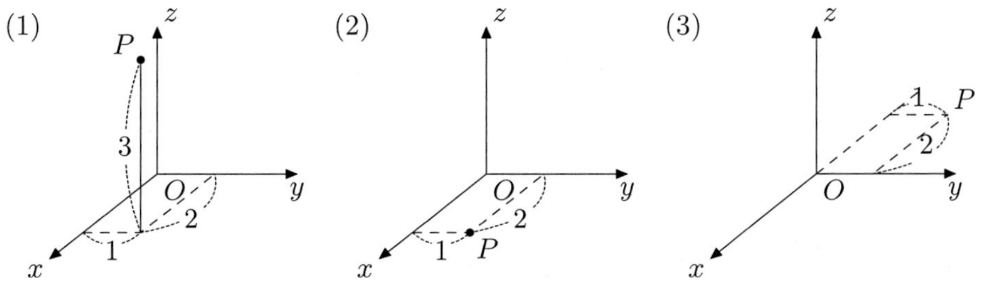

문제 1.1.3. 점 $P(a,\ b,\ c)$를 xy평면과 yz평면 위로 정사영한 좌표를 각각 구하라.

문제 1.1.4. 아래 그림에서 $\overline{OP}=2$, $\angle AOB=45°$, $\angle POB=30°$일 때, 점 P의 좌표를 구하라. (단, 점 B는 점 P를 xy평면 위로 정사영한 점이다). 또 직선 OB 위의 점들의 좌표는 $(a,\ a,\ 0)$ 꼴임을 보이라.

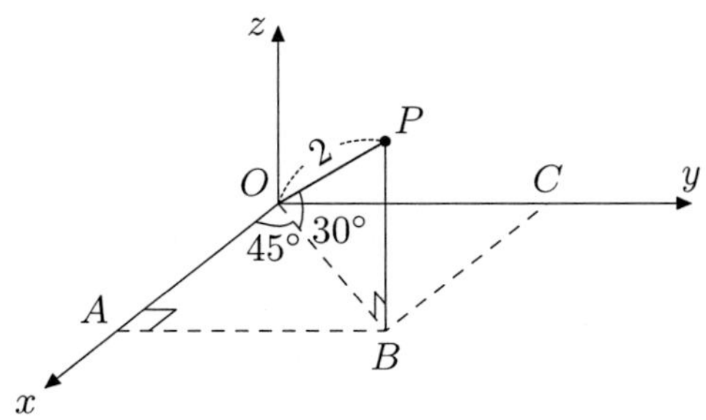

이제, 좌표공간의 한 점 $P(x,\ y,\ z)$과 원점 사이의 거리를 구하여 보자. 점 P를 xy평면 위로 정사영한 점을 B라 하고, 점 B에서 x축에 내린 수선의 발을 A라고 하면

$$\overline{OA}=|x|,\qquad \overline{AB}=|y|,\qquad \overline{PB}=|z|$$

이다. 직각삼각형 OAB에 대하여 피타고라스 정리를 이용하면

$$\overline{OB}^2=\overline{OA}^2+\overline{AB}^2=|x|^2+|y|^2=x^2+y^2$$

이다. 또 직각삼각형 OBP에 대하여 피타고라스 정리를 이용하면

$$\overline{OP}^2=\overline{OB}^2+\overline{PB}^2=x^2+y^2+z^2$$

임을 알 수 있다. 따라서 다음을 얻는다.

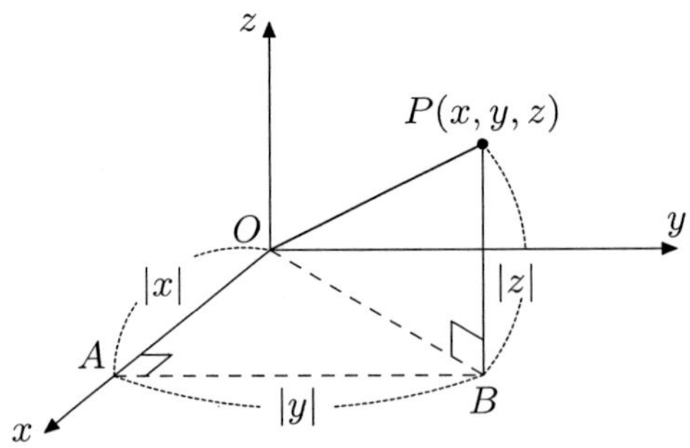

원점과 한 점 $P(x,\ y,\ z)$ 사이의 거리

$$\text{‘}\overline{OP} = \sqrt{x^2 + y^2 + z^2}$$

좌표공간의 두 점 $P(x_1,\ y_1,\ z_1)$과 $Q(x_2,\ y_2,\ z_2)$ 사이의 거리를 구하여 보자. 두 점 P, Q를 xy평면 위로 정사영한 점을 각각 P', Q'라 하고, 점 P에서 직선 QQ'에 내린 수선의 발을 H라고 하자. 이 때 P'와 Q'의 좌표는 각각 $(x_1,\ y_1,\ 0)$, $(x_2,\ y_2,\ 0)$이고, 좌표평면 위에서 두 점 사이의 거리 공식에 의하면

$$\overline{P'Q'}^2 = (x_2 - x_1)^2 + (y_2 - y_1)^2$$

이다. 그런데 $\overline{QH} = |z_2 - z_1|$이므로, 직각삼각형 PHQ에서

$$\begin{aligned}\overline{PQ}^2 &= \overline{PH}^2 + \overline{QH}^2 \\ &= \overline{P'Q'}^2 + \overline{QH}^2 = (x_2 - x_1)^2 + (y_2 - y_1)^2 + (z_2 - z_1)^2\end{aligned}$$

을 얻는다.

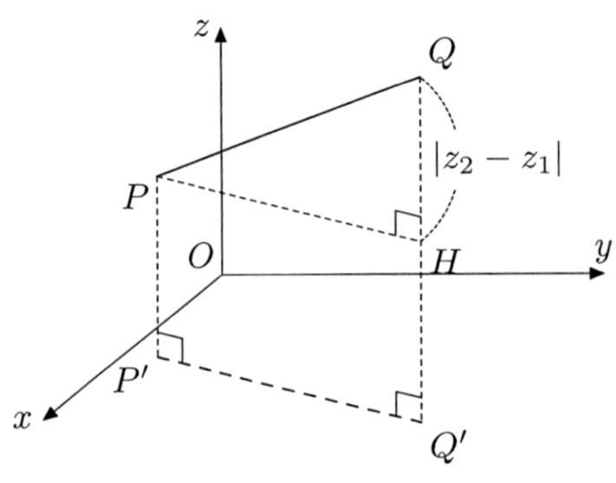

좌표공간에서 두 점 사이의 거리

두 점 $P(x_1,\ y_1,\ z_1)$, $Q(x_2,\ y_2,\ z_2)$ 사이의 거리는

$$\overline{PQ} = \sqrt{(x_2 - x_1)^2 + (y_2 - y_1)^2 + (z_2 - z_1)^2}$$

이다.

예제 2. 세 점 $A(1,\ 1,\ 0)$, $B(0,\ 1,\ 1)$, $C(1,\ 0,\ 1)$을 꼭지점으로 하는 삼각형 $\triangle ABC$는 정삼각형임을 보이라.

풀이 : 각 점 사이의 거리를 계산하면

$$\overline{AB} = \sqrt{(-1)^2 + 0^2 + 1^2} = \sqrt{2}$$
$$\overline{AC} = \sqrt{0^2 + (-1)^2 + 1^2} = \sqrt{2}$$
$$\overline{BC} = \sqrt{1^2 + (-1)^2 + 0^2} = \sqrt{2}$$

이므로 $\triangle ABC$는 정삼각형이다. □

문제 1.1.5. 다음 두 점 사이의 거리를 구하라.

(가) $(0,\ 0,\ 0)$, $(-1,\ 0,\ 1)$

(나) $(1,\ 2,\ 3)$, $(-1,\ -3,\ 4)$

(다) $(-1,\ 1,\ 1)$, $(2,\ 4,\ 1)$

(라) $(-1,\ 0,\ 2)$, $(-3,\ -1,\ 2)$

문제 1.1.6. 두 점 $(-1,\ 0,\ 1)$, $(-2,\ 1,\ 0)$으로부터 같은 거리에 있는 y축 위의 점의 좌표를 구하라.

문제 1.1.7. 세 점 $(-2,\ 2,\ 1)$, $(-1,\ 0,\ 1)$, $(0,\ 3,\ 2)$을 꼭지점으로 하는 삼각형은 직각삼각형임을 보이라.

문제 1.1.8. 세 점 $(1,\ 0,\ 0)$, $(0,\ 1,\ 0)$, $(0,\ 0,\ 1)$을 꼭지점으로 하는 삼각형은 정삼각형임을 보이라.

문제 1.1.9. 세 점 $(2,\ 0,\ 0)$, $(0,\ 2,\ 0)$, $(0,\ 0,\ 2)$로부터 같은 거리에 있는 점 $(x,\ y,\ z)$는 $x = y = z$를 만족함을 보이라.

내분점과 외분점

수직선 위의 두 점 x_1과 x_2사이의 선분을 $m:n$으로 내분하는 점은

$$\frac{mx_2+nx_1}{m+n}$$

임을 알고 있다. 마찬가지로 평면에서 두 점 (x_1,y_1)과 (x_2,y_2)를 잇는 선분을 $m:n$으로 내분하는 점의 좌표는

$$\left(\frac{mx_2+nx_1}{m+n},\frac{my_2+ny_1}{m+n}\right)$$

이다.

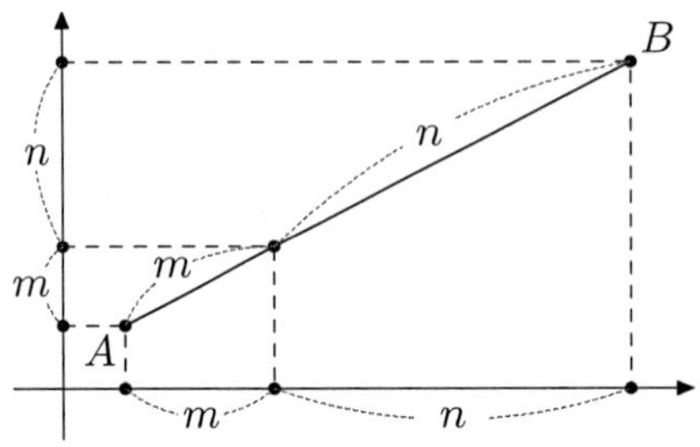

이제, 좌표공간에 놓여 있는 두 점 $A(x_1,\ y_1,\ z_1)$, $B(x_2,\ y_2,\ z_2)$를 잇는 선분 AB를 $m:n$으로 내분하는 점 P의 좌표를 구하여 보자. (단, $m,\ n>0$) 점 $A,\ P,\ B$를 xy평면 위로 정사영한 점을 각각 A', P', B'라 하자. 그러면

$$\overline{AP}:\overline{PB}=\overline{A'P'}:\overline{P'B'}$$

이므로 점 P'는 선분 $A'B'$를 $m:n$으로 내분하는 점이다. 따라서 좌표평면에서 내분점의 좌표를 구하는 방법에 의하여 점 P'의 좌표는

$$\left(\frac{mx_2+nx_1}{m+n},\ \frac{my_2+ny_1}{m+n},\ 0\right)$$

이다. 또한, 점 $A,\ P,\ B$를 zx평면 위로 정사영한 점을 각각 A'', P'', B''라고 할 때, 점 P''의 좌표는

$$\left(\frac{mx_2+nx_1}{m+n},\ 0,\ \frac{mz_2+nz_1}{m+n}\right)$$

이다.

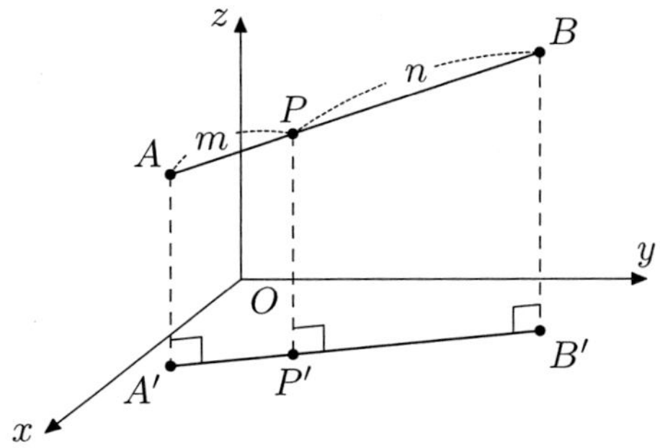

선분의 내분점의 좌표

좌표공간의 두 점 $A(x_1,\ y_1,\ z_1)$, $B(x_2,\ y_2,\ z_2)$를 잇는 선분 AB를 $m:n$(단, $m, n > 0$)으로 내분하는 점의 좌표는

$$\left(\frac{mx_2+nx_1}{m+n},\quad \frac{my_2+ny_1}{m+n},\quad \frac{mz_2+nz_1}{m+n}\right)$$

이다.

특히 선분 AB를 $1:1$로 내분하는 점, 즉 중점의 좌표는

$$\left(\frac{x_1+x_2}{2},\quad \frac{y_1+y_2}{2},\quad \frac{z_1+z_2}{2}\right)$$

이다.

예제 3. 두 점 $A(1,\ 2,\ 3)$, $B(3,\ 2,\ 1)$를 잇는 선분 AB를 $2:1$로 내분하는 점의 좌표를 구하라.

풀이 : 구하는 점의 좌표는

$$\left(\frac{2\cdot 3+1\cdot 1}{2+1},\ \frac{2\cdot 2+1\cdot 2}{2+1},\ \frac{2\cdot 1+1\cdot 3}{2+1}\right)=\left(\frac{7}{3},\ 2,\ \frac{5}{3}\right)$$

이다. □

마찬가지 방법으로 선분의 외분점의 좌표도 구할 수 있다.

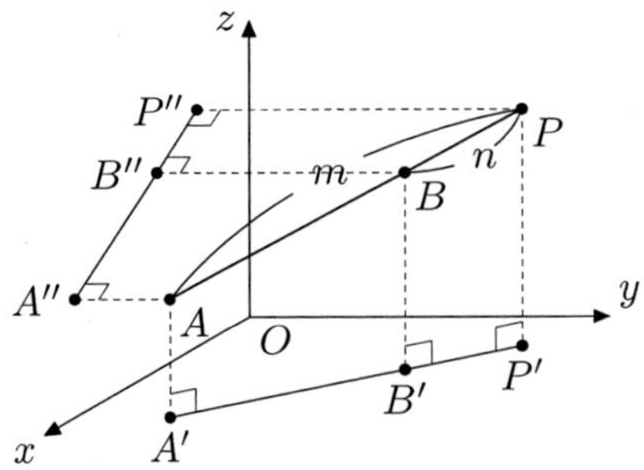

선분의 외분점의 좌표

좌표공간의 두 점 $A(x_1,\ y_1,\ z_1)$, $B(x_2,\ y_2,\ z_2)$를 잇는 선분 AB를 $m : n$(단, $m > n > 0$)으로 외분하는 점의 좌표는

$$\left(\frac{mx_2 - nx_1}{m-n},\ \frac{my_2 - ny_1}{m-n},\ \frac{mz_2 - nz_1}{m-n}\right)$$

이다.

예제 4. 두 점 $A(1,\ 2,\ 3)$, $B(3,\ 2,\ 1)$을 잇는 직선이 xy평면과 만나는 점을 P라고 할 때, 점 P는 선분 AB를 어떻게 외분하는 점인가?

풀이 : 점 P가 선분 AB를 $m : n$으로 외분하는 점이라고 하면, 점 P의 z 좌표는 0이므로 $\dfrac{m - n \cdot 3}{m-n} = 0$이고, 여기에서 $m : n = 3 : 1$을 얻는다. 따라서 점 P는 선분 AB를 $3 : 1$로 외분하는 점이다. □

문제 1.1.10. 점 A, B가 다음과 같을 때, 선분 AB를 $1 : 2$로 내분하는 점의 좌표를 구하라. 또 중점의 좌표를 구하라.

(가) $A(-1,\ 0,\ 1)$, $B(3,\ 3,\ 4)$ (나) $A(-1,\ 2,\ 0)$, $B(1,\ -1,\ 4)$

문제 1.1.11. 사면체 $ABCD$에서 점 G는 $\triangle BCD$의 무게중심이고, 점 G'는 선분 AG를 $2 : 1$로 내분하는 점이다. 점 G'의 좌표를 구하라.

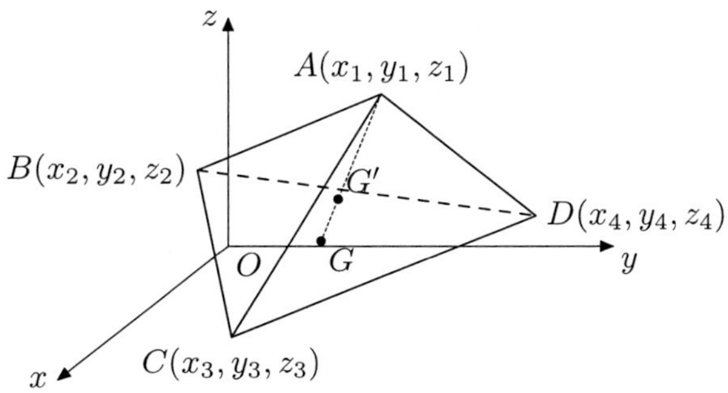

문제 1.1.12. 다음 선분 AB를 $3:2$로 외분하는 점의 좌표를 구하라.

(가) $A(-3,\ 1,\ 2),\ B(0,\ 1,\ 1)$ (나) $A(-1,\ -1,\ 3),\ B(2,\ 4,\ -1)$

문제 1.1.13. 두 점 $(2,\ 1,\ 0),\ (1,\ 2,\ 4)$의 중점과 두 점 $(0,\ 1,\ 4),\ (0,\ 1,\ 2)$의 중점 사이의 거리를 구하라.

문제 1.1.14. 두 점 $A(-1,\ 2,\ 4), B(-3,\ 1,\ 5)$에 대하여 선분 AB를 $1:2$로 내분하는 점과 $3:1$로 외분하는 점 사이의 거리를 구하라.

문제 1.1.15. 다음 점들의 좌표를 구하라.

(가) xy평면에 대하여 점 $(1,\ -1,\ 5)$와 대칭인 점
(나) 원점에 대하여 점 $(2,\ 1,\ 4)$와 대칭인 점
(다) 점 $(1,\ 2,\ 0)$에 대하여 점 $(-1,\ 6,\ 3)$와 대칭인 점
(라) 두 점 $A(1,\ 0,\ 4),\ B(-1,\ 2,\ 6)$을 잇는 선분 AB를 $3:1$로 내분하는 점과 $3:2$로 외분하는 점
(마) 세 점 $A(1,\ 0,\ 1),\ B(-1,\ 2,\ 3),\ C(4,\ 3,\ 1)$을 꼭지점으로 하는 삼각형의 무게중심

구의 방정식

방정식 $f(x, y) = 0$이 평면에서 곡선을 정의하듯이, 세 변수 x, y, z에 관한 방정식 하나는 공간에서 곡면을 정의한다. 이를테면, 공간에서 한 고정된 점으로부터 일정한 거리에 있는 점들의 집합을 구라고 하는데, 이 구의 방정식을 알아보자. 물론, 구의 정의에 나오는 고정된 점을 구의 중심이라 하고, 그 일정한 거리를 구의 반지름의 길이라고 한다.

구의 중심의 좌표를 $C(a,\ b,\ c)$라 하고, 반지름의 길이를 r이라고 할 때, 구 위의 임의의 점 $P(x,\ y,\ z)$에 대하여

$$\overline{CP} = r$$

이다. 그러므로

$$\overline{CP}^2 = (x-a)^2 + (y-b)^2 + (z-c)^2 = r^2$$

을 얻는다. 특히 $a = b = c = 0$, 즉 중심 C가 원점일 때 구의 방정식은

$$x^2 + y^2 + z^2 = r^2$$

이다.

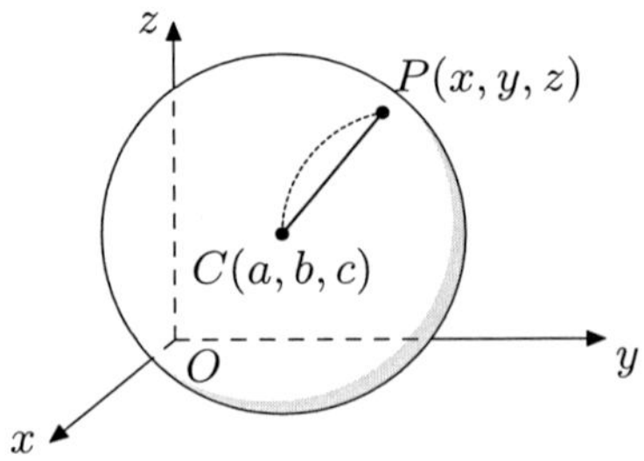

구의 방정식

중심의 좌표가 $(a,\ b,\ c)$ 이고 반지름의 길이가 r인 구의 방정식은

$$(x-a)^2 + (y-b)^2 + (z-c)^2 = r^2$$

이다.

예제 5. 방정식 $x^2 + y^2 + z^2 - 2x - 4y + 6z = 0$은 구의 방정식이다. 중심의 좌표와 반지름의 길이를 구하라.

풀이 : 주어진 방정식은

$$(x-1)^2 + (y-2)^2 + (z+3)^2 = 14$$

이므로 중심의 좌표는 $(1,\ 2,\ -3)$이고, 반지름의 길이는 $\sqrt{14}$이다. □

문제 1.1.16. 다음 구의 방정식을 구하라.

(가) 중심이 $(0,\ 0,\ 0)$, 반지름의 길이가 1

(나) 중심이 $(-1,\ 0,\ 1)$, 반지름의 길이가 2

문제 1.1.17. $(1,\ 3,\ -4)$를 중심으로 하고 원점을 지나는 구의 방정식을 구하라.

문제 1.1.18. 구의 방정식 $x^2+y^2+z^2-x-y-1=0$에서 중심의 좌표와 반지름의 길이를 구하라. 또한, 이 구가 xy평면과 만나는 점들의 집합은 원이 됨을 보이라.

문제 1.1.19. 구와 평면 α가 만날 때, 구의 중심으로부터 평면 α에 내린 수선의 발을 C라고 하면, 구와 평면이 만나는 점들의 집합은 중심을 C로 하는 원임을 보이라.

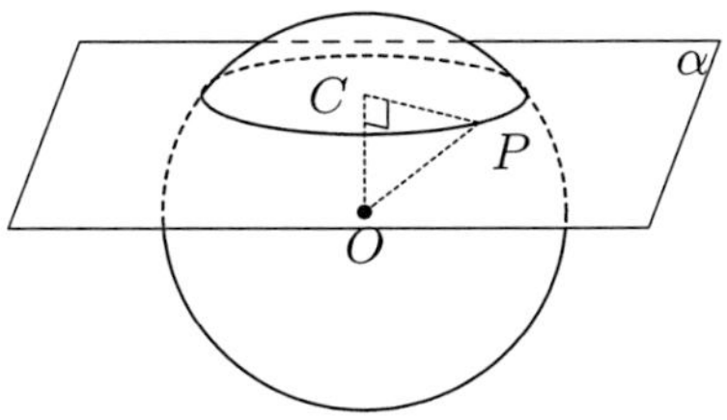

1.2 벡터

벡터는 양 뿐 아니라 방향을 가지는데, 벡터의 출발점을 항상 원점이라 가정하면 그 벡터의 종점은 좌표공간의 한 점에 대응된다. 이러한 벡터의 연산은 공간을 이해하는 데에 핵심적인 역할을 한다.

벡터의 정의와 연산

어떤 도형을 평행이동했을 때, 우리는 이동한 거리 뿐만 아니라 이동한 방향도 생각해야 한다. 일반적으로, 크기 뿐만 아니라 방향을 가진 양을 벡터라고 한다. 예를 들면 힘, 속도, 가속도 등은 벡터이다. 이에 대하여 온도, 부피, 무게 등과 같이 크기만을 가지는 양을 스칼라라고 한다.

벡터는 아래 그림과 같이 점 A에서 점 B까지 화살표를 사용하여 나타내며, 이 때 화살표의 방향이 이 벡터의 방향이다.

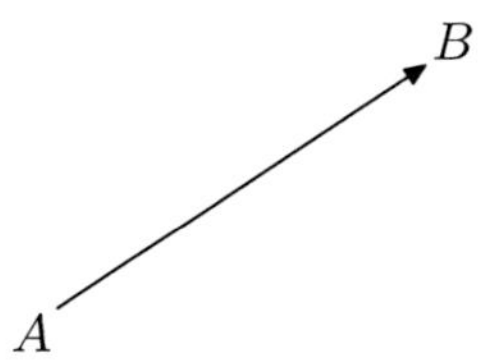

화살표의 길이, 즉 선분 AB의 길이를 이 벡터의 크기라고 한다. 점 A를 시점으로 하고 점 B를 종점으로 하는 벡터를 기호로

$$\overrightarrow{AB}$$

로 나타낸다. 두 벡터 $\overrightarrow{AB}$, $\overrightarrow{CD}$의 시점과 종점은 달라도 그 크기와 방향이 같으면 두 벡터는 같다고 말한다.

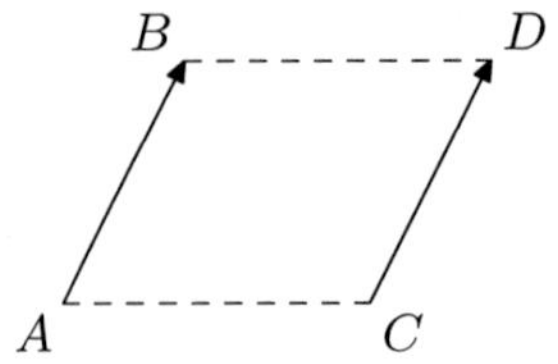

두 벡터 $\overrightarrow{AB}$와 $\overrightarrow{BC}$에 대하여 그 합을 자연스럽게 $\overrightarrow{AC}$로 정의하고, 이를

$$\overrightarrow{AB} + \overrightarrow{BC} = \overrightarrow{AC}$$

라 쓴다. 이 정의에서 벡터 $\overrightarrow{AB}$의 시점과 벡터 $\overrightarrow{BC}$의 종점이 일치하는 경우 그 합을 정의하였다. 임의의 두 벡터 $\overrightarrow{AB}$와 $\overrightarrow{DE}$가 주어지더라도 벡터 $\overrightarrow{DE}$를 평행이동하여 점 D와 B가 겹치도록 하면 두 벡터의 합을 정의할 수 있다.

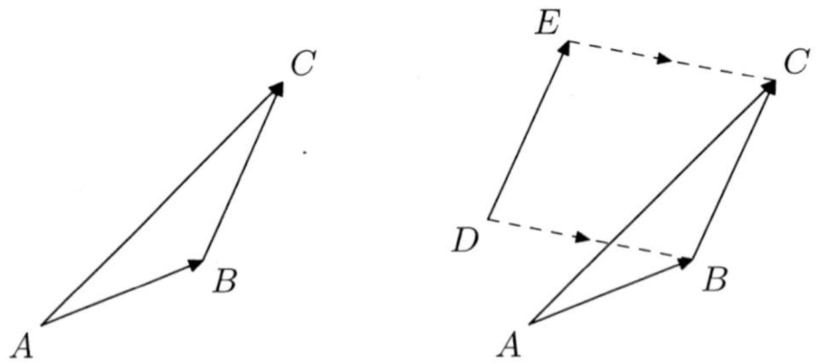

특히, 시점이 일치하는 두 벡터 $\overrightarrow{AB}$와 $\overrightarrow{AC}$의 합을 구하려면, 그림과 같이 선분 BC를 대각선으로 하고 A를 한 꼭지점으로 하는 평행사변형을 그리고 나머지 한 꼭지점을 D라 두면

$$\overrightarrow{AB} + \overrightarrow{AC} = \overrightarrow{AB} + \overrightarrow{BD} = \overrightarrow{AD}$$

가 된다.

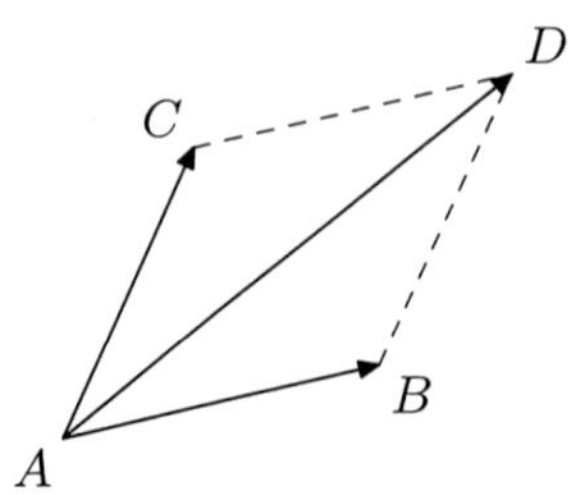

이제부터, 좌표가 주어진 좌표평면 혹은 좌표공간에서 생각하는데, 편의상 좌표평면을 생각하자. 이 경우, 특별한 역할을 하는 원점 $O(0,0)$이 있다. 이 좌표평면 위에 있는 두 점

$$A(a_1, a_2), \qquad B(b_1, b_2)$$

가 주어졌을 때, 벡터 $\overrightarrow{OA}$와 $\overrightarrow{OB}$의 합 $\overrightarrow{OC}$의 종점 C의 좌표는 다음 그림에서 보듯이

$$C(a_1 + b_1, a_2 + b_2)$$

로 주어진다.

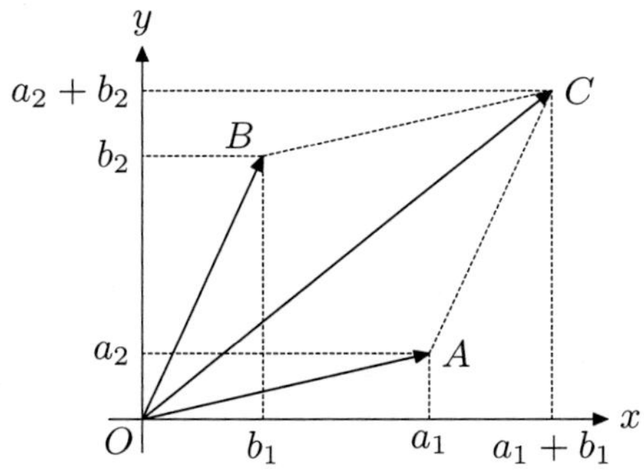

좌표평면 위의 두 점 $A(a_1, a_2)$와 $B(b_1, b_2)$를 시점과 종점으로 하는 벡터 $\overrightarrow{AB}$가 주어졌을 때 이를 평행이동시켜서 그 시점이 O가 되도록 하면, 그 종점 D의 좌표는

$$D(b_1 - a_1, b_2 - a_2)$$

로 주어지고, $\overrightarrow{AB} = \overrightarrow{OD}$이다. 이와 같이 모든 벡터는 그 시점이 O가 되도록 할 수 있는데, 이렇게 되면 굳이 시점을 밝힐 필요가 없게 된다.

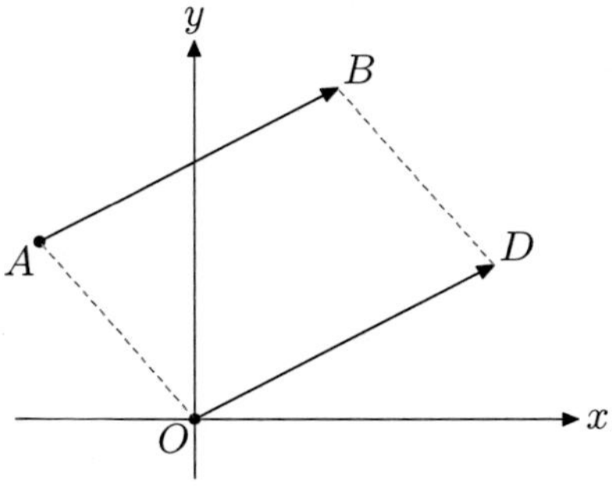

따라서 앞으로 좌표평면의 한 점 A가 주어지면 이를 벡터 $\overrightarrow{OA}$로 이해한다. 이 경우, 위에서 한 이야기를 다시 쓰면

$$(a_1, a_2) + (b_1, b_2) = (a_1 + b_1, a_2 + b_2)$$

가 된다. 만일 좌표평면의 한 점 (a, b)와 복소평면의 한 점 $a+bi$를 대응시켜서 생각하면, 위 등식은 복소평면에서 두 복소수를 더하는 것과 마찬가지이다.

문제 1.2.1. 세 점 $O(0,\ 0,\ 0)$, $A(-1,\ 3,\ 4)$, $B(1,\ 0,\ 1)$가 있을 때, $\overline{OA}$, $\overline{OB}$를 두 변으로 하는 평행사변형의 나머지 꼭지점의 좌표를 구하라.

벡터 $A = \overrightarrow{OA} = (a_1, a_2)$의 두 배는 당연히 방향은 그대로이고 그 길이가 두 배로 늘어난 벡터 $A+A = (2a_1, 2a_2)$를 의미한다. 일반적으로, 스칼라 c가 주어졌을 때 그 스칼라곱 cA를

$$cA = c\,\overrightarrow{OA} = (ca_1, ca_2)$$

로 정의한다.

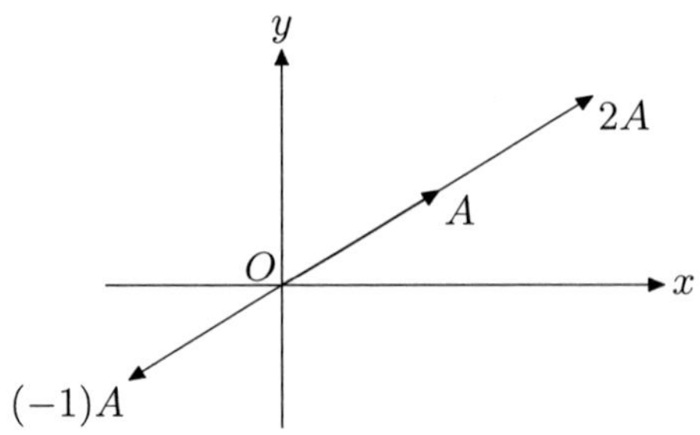

이제, 자연수 n을 고정하고, 실수 n개를 순서대로 늘어놓은

$$(a_1, a_2, \ldots, a_n)$$

을 생각하자. 여기에서

$$(a_1, a_2, \ldots, a_n) = (b_1, b_2, \ldots, b_n)$$

일 필요충분조건은

$$a_1 = b_1, \qquad a_2 = b_2, \qquad \ldots, \qquad a_n = b_n$$

인 것으로 이해한다. 이러한 것을 모두 모은 집합을 $\mathbb{R}^n$이라 쓴다. 즉,

$$\mathbb{R}^n = \{(a_1, a_2, \ldots, a_n) : a_i \in \mathbb{R},\ i = 1, 2, \ldots, n\}$$

이다. 만일 $n=1$이면, $\mathbb{R}^1 = \mathbb{R}$은 직선의 점들을 실수와 일대일대응시키는 실직선이다. 만일 $n=2$이면 $\mathbb{R}^2$는 좌표평면이고, $n=3$인 경우 $\mathbb{R}^3$는 좌표공간이다. 이제 $\mathbb{R}^2$에 정의된 합과 스킬라곱을 염두에 두고, 집합 $\mathbb{R}^n$에 그 합과 스칼라곱을 정의할 수 있다. 즉,

$$A = (a_1, a_2, \ldots, a_n), \qquad B = (b_1, b_2, \ldots, b_n)$$

과 스칼라 $c \in \mathbb{R}$에 대하여

$$A + B = (a_1 + b_1, a_2 + b_2, \ldots, a_n + b_n)$$
$$cA = (ca_1, ca_2, \ldots, ca_n)$$

라 정의한다.

벡터의 합과 스칼라곱

두 벡터 $A = (a_1, a_2, \ldots, a_n)$, $B = (b_1, b_2, \ldots, b_n)$와 스칼라 c에 대하여

$$\begin{aligned} A + B &= (a_1 + b_1, a_2 + b_2, \ldots, a_n + b_n) \\ cA &= (ca_1, ca_2, \ldots, ca_n) \end{aligned}$$

이다.

벡터공간

이제, 이러한 연산의 성질들을 알아보자. 우선

$$A + B = (a_1 + b_1, \ldots, a_n + b_n) = (b_1 + a_1, \ldots, b_n + a_n) = B + A$$

이므로 교환법칙이 성립한다. 또 다른 벡터 $C = (c_1, \ldots, c_n)$ 이 주어지면 두 벡터 $(A+B)+C$와 $A + (B + C)$의 i-번째 좌표는 각각

$$(a_i + b_i) + c_i, \qquad a_i + (b_i + c_i)$$

인데, 이 둘은 같다. 즉, $(A + B) + C$와 $A + (B + C)$의 모든 좌표가 같으므로 결합법칙이 성립한다. 특히, 임의의 $A \in \mathbb{R}^n$ 에 대하여

$$A + O = O + A = A$$

이므로, O는 합에 대하여 항등원이 된다. 만일

$$-A = (-a_1, -a_2, \ldots, -a_n)$$

이라 두면 $A + (-A) = (-A) + A = O$이 되므로 $-A$는 벡터의 합에 대하여 A의 역원이다.

스칼라곱에 대하여 다음

$$\begin{aligned} c(A + B) &= cA + cB \\ (c + d)A &= cA + dA \\ (cd)A &= c(dA) = d(cA) \end{aligned}$$

과 같이 배분법칙과 결합법칙이 성립함은 바로 확인할 수 있다. 이와 같이 $\mathbb{R}^n$ 의 각 원소를 원점을 시점으로 하는 벡터로 이해하고 그 합과 스칼라곱과 같은 연산이 정의되었을 때, 이를 벡터공간이라 한다.

예제 1. $\overrightarrow{AB} + \overrightarrow{BC} + \overrightarrow{CA} = O$ 임을 확인하라.

풀이 : 바로 계산하면

$$\overrightarrow{AB} + \overrightarrow{BC} + \overrightarrow{CA} = (\overrightarrow{AB} + \overrightarrow{BC}) + \overrightarrow{CA} = \overrightarrow{AC} - \overrightarrow{AC} = O$$

이 된다. □

문제 1.2.2. 임의의 벡터 A와 스칼라 c에 대하여

$$(-c)A = -(cA)$$

임을 보이라.

벡터의 연산은 앞으로 변수를 여러 개 가지는 다변수함수를 공부하는 데에 매우 유용하게 쓰인다. 그 외에 공간을 이해하는 데에도 매우 유용하다. 예를 들어서 세 점 A, B, C가 동일 직선 위에 있기 위한 필요충분조건은

$$\overrightarrow{AC} = k\,\overrightarrow{AB}$$

인 실수 k가 존재하는 것이다.

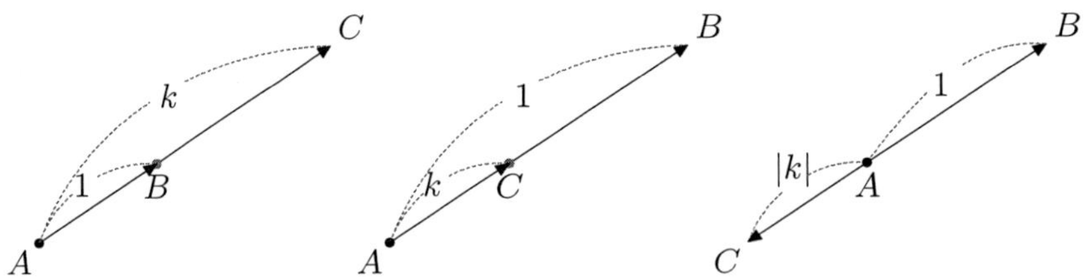

($k > 1$인 경우) ($0 < k < 1$인 경우) ($k < 0$인 경우)

예제 2. 세 점 A, B, $nA + 3B$가 동일 직선 위에 있도록 n의 값을 정하라.

풀이 : 세 점 O, A, B가 동일 직선 위에 있는 경우 점 $C = nA + 3B$도 같은 직선 위에 있게 된다. 이제 세 점 O, A, B가 동일 직선 위에 있지 않다고 가정하자. 그러면 $C - A = \overrightarrow{AC} = k\,\overrightarrow{AB} = k(B - A)$에서

$$nA + 3B - A = k(B - A) = kB - kA$$

이고, 이를 정리하면

$$(n - 1 + k)A = (k - 3)B$$

를 얻는다. 따라서

$$n - 1 + k = 0, \qquad k - 3 = 0$$

임을 알 수 있고 $n = -2$이다. □

평면벡터의 내적

벡터 $A = \overrightarrow{OA}$의 길이를 $\|A\|$로 표시한다. 만일 $A = (a_1, a_2)$이면

$$\|A\| = \sqrt{a_1^2 + a_2^2}$$

으로 주어진다. 영벡터가 아닌 두 벡터 $A = \overrightarrow{OA}$와 $B = \overrightarrow{OB}$에 대하여

$$\angle AOB = \theta \quad (0 \le \theta \le \pi)$$

를 두 벡터 A와 B가 이루는 각이라고 한다. 또한, 두 벡터 $A = \overrightarrow{OA}$와 $B = \overrightarrow{OB}$의 내적 $A \cdot B$를

$$A \cdot B = \|A\| \, \|B\| \, \cos(\angle AOB)$$

로 정의한다. 만일 $A = O$이거나 $B = O$이면 $A \cdot B = 0$이다. 벡터의 내적 $A \cdot B$는 책에 따라서

$$\langle A, B\rangle, \qquad \langle A|B\rangle, \qquad (A, B), \qquad (A|B)$$

등 여러 가지로 나타낸다. 정의에 의하여 두 벡터 A, B가 수직일 필요충분조건, 즉 $\angle AOB = \frac{\pi}{2}$일 필요충분조건은 $A \cdot B = 0$이다.

벡터의 내적과 수직

영벡터가 아닌 평면의 두 벡터 A, B에 대하여 다음이 성립한다.

(가) 두 벡터 A와 B가 이루는 각의 크기가 θ이면

$$A \cdot B = \|A\| \, \|B\| \, \cos\theta$$

이다.

(나) 두 벡터 A, B가 서로 수직일 필요충분조건은 $A \cdot B = 0$ 이다.

영벡터가 아닌 두 평면벡터

$$A = (a_1,\ a_2), \qquad B = (b_1,\ b_2)$$

가 이루는 각의 크기를 θ라고 하자. 이 때, $\triangle AOB$에 대하여 제이코사인법칙

$$\overline{AB}^2 = \overline{OA}^2 + \overline{OB}^2 - 2\,\overline{OA} \cdot \overline{OB}\,\cos\theta$$

을 이용하면

$$A \cdot B = \|A\| \, \|B\| \cos\theta = \frac{1}{2}(\|A\|^2 + \|B\|^2 - \|B - A\|^2)$$

이다. 그런데

$$\|A\|^2 = a_1^2 + a_2^2, \qquad \|B\|^2 = b_1^2 + b_2^2$$
$$\|B - A\|^2 = (b_1 - a_1)^2 + (b_2 - a_2)^2$$

이므로

$$A \cdot B = a_1 b_1 + a_2 b_2$$

임을 알게 된다. 물론, $A = O$이거나 $B = O$인 경우나 $\theta = 0$일 때에도 이 등식은 성립한다.

벡터의 내적과 성분

두 평면벡터 $A = (a_1,\ a_2)$와 $B = (b_1,\ b_2)$의 내적은

$$A \cdot B = a_1 b_1 + a_2 b_2$$

으로 주어진다.

벡터의 내적과 정사영

벡터공간 $\mathbb{R}^n$의 두 벡터 $A = (a_1, a_2, \cdots, a_n)$, $B = (b_1, b_2, \ldots, b_n)$의 내적은

$$A \cdot B = a_1 b_1 + a_2 b_2 + \cdots + a_n b_n$$

으로 정의한다. 그러면 내적은 다음 성질을 가진다.

벡터의 내적

벡터의 내적은 다음 성질을 가진다.

(가) $A \cdot B = B \cdot A$.
(나) $(A + B) \cdot C = A \cdot C + B \cdot C$.
(다) $c(A \cdot B) = (cA) \cdot B = A \cdot (cB)$
(라) $A \cdot A \geq 0$이고, $A \cdot A = 0$일 필요충분조건은 $A = O$이다.

문제 1.2.3. 벡터의 내적에 관한 성질 (가), (나), (다), (라)를 증명하라.

성질 (라)에 의하면 각 벡터 $A = (a_1, a_2, \ldots, a_n)$에 대하여

$$\|A\| = \sqrt{A \cdot A} = \sqrt{a_1^2 + a_2^2 + \cdots + a_n^2}$$

을 정의할 수 있는데, 이는 벡터 A의 길이를 나타낸다.

위에 열거한 성질 (나), (다)를 이용하면 임의의 실수 t에 대하여

$$\begin{aligned}(A+tB)\cdot(A+tB) &= A\cdot(A+tB)+(tB)\cdot(A+tB)\\ &= A\cdot A + A\cdot(tB)+(tB)\cdot A+(tB)\cdot(tB)\\ &= A\cdot A+t(A\cdot B+B\cdot A)+t^2(B\cdot B)\end{aligned}$$

를 얻는다. 여기서 (가)를 이용하면

$$(A+tB)\cdot(A+tB) = A\cdot A+2t(A\cdot B)+t^2(B\cdot B)$$

이다. 그런데 (라)에 의하면 임의의 실수 t에 대하여

$$A\cdot A+2t(A\cdot B)+t^2(B\cdot B)\geq 0$$

이다. 따라서 판별식에서

$$(A\cdot B)^2-(A\cdot A)(B\cdot B)\leq 0$$

을 얻는다. 그런데 $A\cdot A=\|A\|^2$ 이므로 다음 부등식을 얻는다.

쉬바르쯔 부등식

임의의 벡터 A, B에 대하여 부등식

$$|A\cdot B|\leq \|A\|\,\|B\|$$

가 성립한다.

쉬바르쯔 부등식을 내적의 정의에 의하여 다시 쓰면

$$(a_1b_1+a_2b_2+\cdots+a_nb_n)^2\leq(a_1^2+a_2^2+\cdots+a_n^2)(b_1^2+b_2^2+\cdots+b_n^2)$$

이다. 쉬바르쯔 부등식을 이용하면

$$\begin{aligned}\|A+B\|^2 &= (A+B)\cdot(A+B)\\ &= A\cdot A+2A\cdot B+B\cdot B\\ &\leq \|A\|^2+2\|A\|\,\|B\|+\|B\|^2=(\|A\|+\|B\|)^2\end{aligned}$$

이므로 부등식

$$\|A+B\|\leq\|A\|+\|B\|$$

를 얻는데, 이를 삼각부등식이라 부른다. 이 부등식에 $A=X-Y, B=Y-Z$를 대입하면 다음 부등식

$$\|X-Z\|\leq\|X-Y\|+\|Y-Z\|$$

를 얻는다.

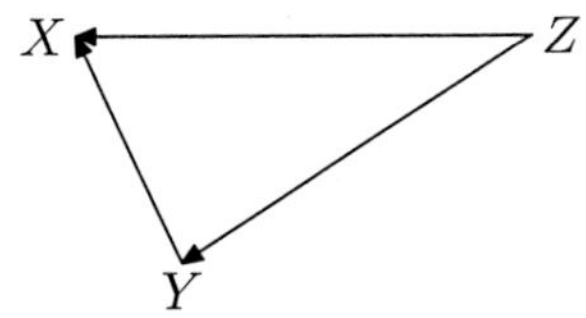

두 벡터 A, B에 대하여(단, $A \neq O$), 벡터 A를 연장하여 얻어지는 직선을 생각하자. 점 B에서 이 직선에 내린 수선의 발을 나타내는 벡터를 $P_A(B)$로 나타내고, 이를 A 에 대한 B의 정사영이라고 한다. 이제 $P_A(B)$는 A에 나란한 벡터이므로, 이를 tA라 두자. 그러면 이 벡터에서 B까지 거리 $\|tA - B\|$는 tA가 정사영일 때 최소가 된다. 그런데

$$f(t) = \|tA - B\|^2 = t^2(A \cdot A) - 2t(A \cdot B) + B \cdot B$$

이므로 $t = \dfrac{A \cdot B}{A \cdot A}$일 때 그 값이 최소이다. 따라서

$$P_A(B) = \frac{A \cdot B}{A \cdot A} A$$

임을 알 수 있다.

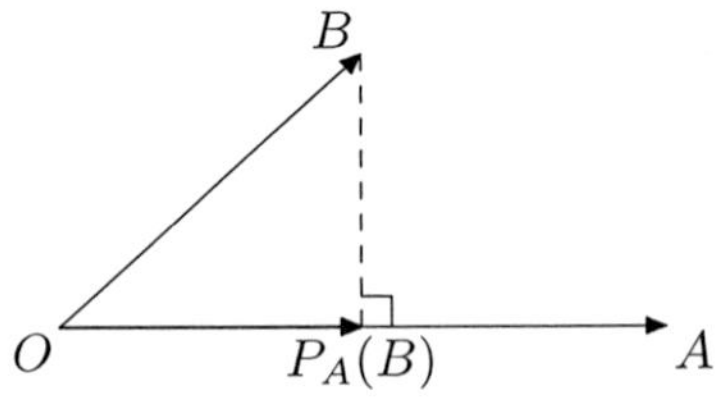

공간에서 영이 아닌 두 벡터 A, B가 이루는 각의 크기를 θ라 두면

$$P_A(B) = (\|B\| \cos\theta) \frac{A}{\|A\|}$$

이므로,

$$\frac{A \cdot B}{\|A\|^2} = \frac{\|B\| \cos\theta}{\|A\|}$$

에서

$$A \cdot B = \|A\| \, \|B\| \, \cos\theta$$

를 얻는다. 공간에서 두 벡터의 사이각이 $\dfrac{\pi}{2}$일 때 수직이라 하듯이, 일반적으로 $A \cdot B = 0$일 때 두 벡터 A와 B가 서로 수직이라 말한다.

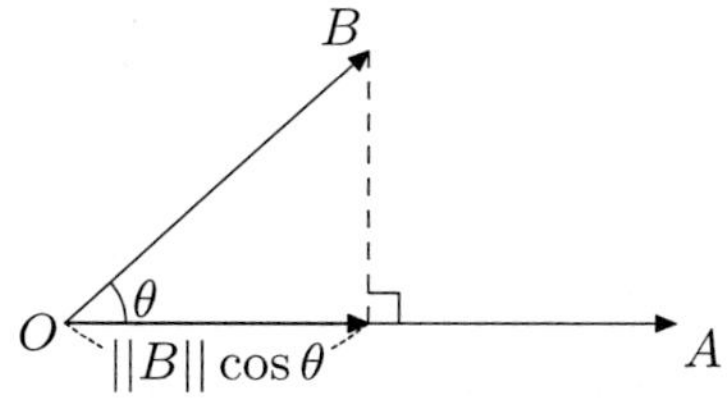

문제 1.2.4. 좌표평면 위의 세 점 $O, A, A+B$를 꼭지점으로 하는 삼각형에서 삼각부등식이 의미하는 바를 설명하라.

문제 1.2.5. 평면벡터 A 와 B가 수직일 필요충분조건이

$$\|A+B\|^2 = \|A\|^2 + \|B\|^2$$

임을 보이라.

문제 1.2.6. 점 G는 $\triangle ABC$의 무게중심일 때, 벡터 $\overrightarrow{OG}$를 $\overrightarrow{OA}$, $\overrightarrow{OB}$, $\overrightarrow{OC}$로 나타내어라.

문제 1.2.7. 두 벡터 A와 B가 서로 수직이고 $C = xA + yB$일 때, 다음

$$x = \frac{A \cdot C}{A \cdot A}, \qquad y = \frac{B \cdot C}{B \cdot B}$$

을 증명하라.

문제 1.2.8. 영벡터가 아닌 두 벡터 A, B에 대하여, $\|A+B\| = \|A-B\|$이면 A와 B가 서로 수직임을 보이라.

문제 1.2.9. 두 벡터 $A = (2,\ -3,\ -4)$와 $B = (2,\ 2,\ 1)$에 수직이고, 크기가 3인 벡터를 구하라.

문제 1.2.10. $\|A\| = 3$, $\|B\| = 4$, $\|A+B\| = 6$일 때, $A \cdot B$를 구하라.

문제 1.2.11. 두 벡터 $A = (-2,\ x,\ -1)$와 $B = (y,\ 6,\ 2)$에 대하여 다음 물음에 답하라.

(가) A와 B가 수직이고 $x + y = 3$일 때 x, y의 값을 구하라.

(나) A와 B가 평행일 때 x, y의 값을 구하라.

더하기와 스칼라곱, 그리고 내적 외에도 삼차원 벡터공간 $\mathbb{R}^3$에는 중요한 연산이 하나 더 있다. 두 벡터

$$A = (a_1, a_2, a_3), \qquad B = (b_1, b_2, b_3)$$

에 대하여 그 외적 $A \times B$를 다음

$$A \times B = (a_2b_3 - a_3b_2,\ a_3b_1 - a_1b_3,\ a_1b_2 - a_2b_1)$$

과 같이 정의한다. 이 연산은 내적과 함께 벡터 미적분에서 중요한 역할을 하는데, 물리학과 공학에서 중요한 역할을 하는 벡터 미적분에 관한 본격적인 공부는 이 책의 범위를 넘는다.

복소수의 연산이 19세기 초반에 확립된 이후 많은 사람들이 벡터의 연산을 정의하려고 노력하였는데, 해밀턴[1)]과 그라스만[2)]의 방법이 많은 주목을 받았다. 특히, 해밀턴은 사원수를 발견하였는데, 사원수는

$$a_0 + ia_1 + ja_2 + ka_3, \qquad a_0, a_1, a_2, a_3 \in \mathbb{R}$$

와 같이 쓸 수 있고 그 연산은 다음 법칙

$$i^2 = j^2 = k^2 = -1, \quad ij = -ji = k, \quad jk = -kj = i, \quad ki = -ik = j$$

를 따른다. 따라서 두 사원수

$$a = a_0 + ia_1 + ja_2 + ka_3, \qquad b = b_0 + ib_1 + jb_2 + kb_3$$

의 곱은

$$\begin{aligned} ab = a_0b_0 &- a_1b_1 - a_2b_2 - a_3b_3 \\ &+ i(a_0b_1 + a_1b_0 + a_2b_3 - a_3b_2) \\ &+ j(a_0b_2 + a_2b_0 + a_3b_1 - a_1b_3) \\ &+ k(a_0b_3 + a_3b_0 + a_1b_2 - a_2b_1) \end{aligned}$$

으로 주어진다. 이러한 사원수의 연산은 복소수의 연산과 마찬가지로 가감승제를 자유롭게 할 수 있으나, 곱하기에 관한 교환법칙이 성립하지 않는다. 만일 $a_2 = a_3 = b_3 = b_3 = 0$이면 두 사원수의 곱은 복소수의 곱과 일치한다. 만일 $a_0 = b_0 = 0$이면 두 순사원수의 곱은

$$-(a_1b_1 + a_2b_2 + a_3b_3) + i(a_2b_3 - a_3b_2) + j(a_3b_1 - a_1b_3) + k(a_1b_2 - a_2b_1)$$

이 되어 내적과 외적으로 표현된다. 이러한 이유 때문에 삼차원 벡터공간의 벡터 미적분을 사원수로 설명하기도 하였다.

---

1) William Rowan Hamilton (1805∼1865), 아일랜드 수학자, 물리학자. 더블린에서 공부하고 활동하였다. 그가 사원수에 관한 착상을 떠올린 것은 1843년 10월 16일 월요일, 부인과 함께 시내에서 운하를 따라서 걷는 중이었는데, 그는 주머니칼로 다리 난간에 $i^2 = j^2 = k^2 = ijk = -1$을 새겨 놓았다고 한다.

2) Hermann Günter Grassmann (1809∼1877), 독일 수학자. 현재 폴란드 영토인 독일 Stettin에서 주로 활동하였는데, 이 곳의 김나지움에서 가르쳤다. 그는 3년간 베를린에서 대학을 다녔으나 수학 과목은 수강한 바 없고 주로 신학과 철학을 공부하였다.

그 이후 19세기 후반까지 벡터의 연산을 어떻게 정의해야 하느냐에 대한 숱한 논쟁을 거치면서[3], 사원수에 의한 방법이 사라지고 깁스[4]와 헤비사이드[5]에 의한 현재의 방식과 기호가 정착되었다.

1.3 벡터방정식

공간에 놓여 있는 직선과 평면, 그리고 구 등의 방정식을 벡터로 표시하면 매우 편리한데, 이 경우 벡터의 연산이 중요한 역할을 한다. 그리고 이러한 도형들의 상호 위치 관계도 벡터의 연산을 이용하여 기술할 수 있다.

직선의 방정식

벡터 $\overrightarrow{OA}$의 종점 A를 지나고, 벡터 B와 평행한 직선을 L이라고 하자. (단, $B \neq O$) 직선 L 위의 임의의 점 X에 대하여

$$\overrightarrow{OX} = \overrightarrow{OA} + \overrightarrow{AX}$$

이고 $\overrightarrow{AX}$와 B가 평행이므로

$$X - A = \overrightarrow{AX} = tB$$

이다. 여기서, t는 실수이다. 따라서

$$X = A + tB$$

가 되는데, 이를 직선의 벡터방정식이라고 한다.

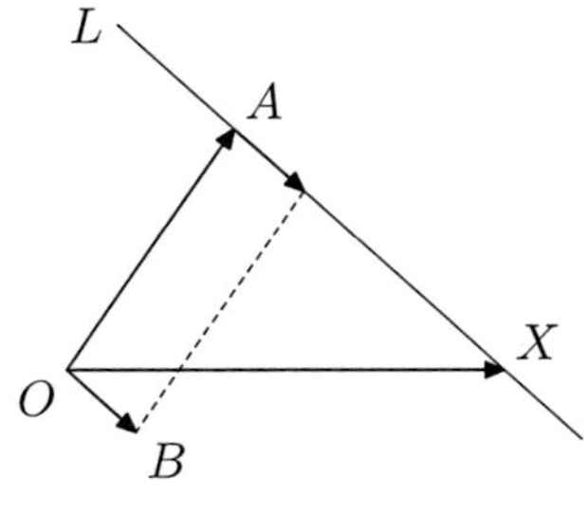

3) 이 논쟁에 대해서는 참고문헌 [26]를 참조하라.

4) Josiah Willard Gibbs (1839∼1903), 미국 수학자, 물리학자. 그는 Yale 대학에서 공부하고 1863년 공학박사학위를 받았는데, 이는 미국에서 수여된 최초의 공학박사이다. 그는 파리와 Heidelberg에서 공부를 계속한 뒤 Yale 대학에서 활동하였다.

5) Oliver Heaviside (1850∼1925), 영국 수학자, 공학자. 정식으로 대학교육을 받은 바 없이 독학으로 수학과 물리학 및 공학을 연구하였는데, 1891년 런던 왕립학회 회원으로 선출되었다.

평면에서 점 $A = (x_0,\ y_0)$를 지나고 벡터 $B = (a,\ b)$에 평행한 직선 위의 임의의 점 $X(x,\ y)$는 벡터방정식

$$X = A + tB$$

의 한 점이므로, 이를 다시 쓰면

$$(x,\ y) = (x_0,\ y_0) + t(a,\ b) = (x_0 + ta,\ y_0 + tb)$$

이다. 이를 성분별로 쓰면 다음

$$x = x_0 + ta, \qquad y = y_0 + tb$$

과 같이 된다. 만일 $ab \neq 0$이면 변수 t를 소거하여 다음과 같이 x, y에 관한 직선의 방정식을 얻는다.

평면에서 직선의 방정식

점 $A(x_0,\ y_0)$를 지나고 벡터 $B = (a,\ b)$에 평행한 직선의 방정식은

$$\frac{x - x_0}{a} = \frac{y - y_0}{b} \quad \text{또는} \quad y - y_0 = \frac{b}{a}(x - x_0)$$

이다. (단, $ab \neq 0$)

공간에서 점 $A(x_0,\ y_0,\ z_0)$를 지나고 벡터 $B = (\ell,\ m,\ n)$ 에 평행한 직선 g의 벡터방정식은

$$X = A + tB$$

에서 다음

$$x = x_0 + t\ell, \qquad y = y_0 + tm, \qquad z = z_0 + tn$$

을 얻는다. 따라서 이 직선의 방정식에서 변수 t를 소거하면 다음과 같이 공간에서 직선의 방정식을 얻는다.

공간에서 직선의 방정식

점 $A(x_0,\ y_0,\ z_0)$를 지나고 벡터 $N = (\ell,\ m,\ n)$에 평행한 직선의 방정식은

$$\frac{x - x_0}{\ell} = \frac{y - y_0}{m} = \frac{z - z_0}{n} \qquad (\text{단, } \ell mn \neq 0)$$

이다. 이 때 $\ell : m : n$을 이 직선의 방향비라 한다.

서로 다른 두 점 $A(x_0,\ y_0,\ z_0)$, $B(x_1,\ y_1,\ z_1)$을 지나는 직선 L은 벡터 $(x_1 - x_0,\ y_1 - y_0,\ z_1 - z_0)$에 평행하므로, 직선 L의 방정식은

$$\frac{x - x_0}{x_1 - x_0} = \frac{y - y_0}{y_1 - y_0} = \frac{z - z_0}{z_1 - z_0} \quad (x_0 \neq x_1,\ y_0 \neq y_1,\ z_0 \neq z_1)$$

이다.

예제 1. 두 점 $A(2,\ 1,\ 4)$, $B(1,\ 2,\ 1)$을 지나는 직선이 xy평면과 만나는 점의 좌표를 구하라.

풀이 : 두 점을 지나는 직선은 점 $A(2,\ 1,\ 4)$를 지나고 $\overrightarrow{AB} = (-1,\ 1,\ -3)$에 나란한 직선이므로

$$(x,\ y,\ z) = (2,\ 1,\ 4) + t(-1,\ 1,\ -3) = (2 - t,\ 1 + t,\ 4 - 3t)$$

이고, xy평면 위의 점은 $z = 0$이므로 $z = 4 - 3t = 0$에서 $t = \dfrac{4}{3}$이다. 따라서 xy평면과 만나는 점은

$$(x,\ y,\ z) = \left(2 - \frac{4}{3},\ 1 + \frac{4}{3},\ 0\right) = \left(\frac{2}{3},\ \frac{7}{3},\ 0\right)$$

이다. □

예제 2. 두 직선

$$\frac{x-3}{2} = \frac{y-1}{1} = \frac{z}{2}, \qquad \frac{x-1}{-2} = \frac{y+3}{3} = \frac{z}{1}$$

이 이루는 각을 θ라 할 때 $\cos\theta$의 값을 구하라.

풀이 : 두 직선은 각각 두 벡터 $(2,\ 1,\ 2)$, $(-2,\ 3,\ 1)$에 평행하므로 구하는 $\cos\theta$의 값은

$$\cos\theta = \frac{-4 + 3 + 2}{\sqrt{9} \cdot \sqrt{14}} = \frac{1}{3\sqrt{14}}$$

이다. □

문제 1.3.1. 점 $A(1,\ 2)$를 지나고 벡터 $N = (-4,\ 2)$에 평행한 직선의 방정식을 구하라.

문제 1.3.2. 점 $A(-1,\ 2,\ 0)$을 지나고 벡터 $N = (1,\ 4,\ 3)$에 평행한 직선의 방정식을 구하고, 이 직선이 xy평면, zx 평면과 만나는 점의 좌표를 각각 구하라.

평면의 방정식

이제, 한 점 $A(x_0,\ y_0,\ z_0)$를 지나고 벡터 $N = (a,\ b,\ c)$(단, $N \neq O$)에 수직인 평면의 방정식을 구하여 보자. 벡터 N은 평면 α와 수직이므로 평면 위에 있는 임의의 직선과 수직이다. 따라서 평면 α 위의 임의의 점 $X(x,\ y,\ z)$에 대하여 $\overrightarrow{AX}$와 N은 서로 수직이다. 그러므로

$$(X - A) \cdot N = \overrightarrow{AX} \cdot N = 0$$

이다.

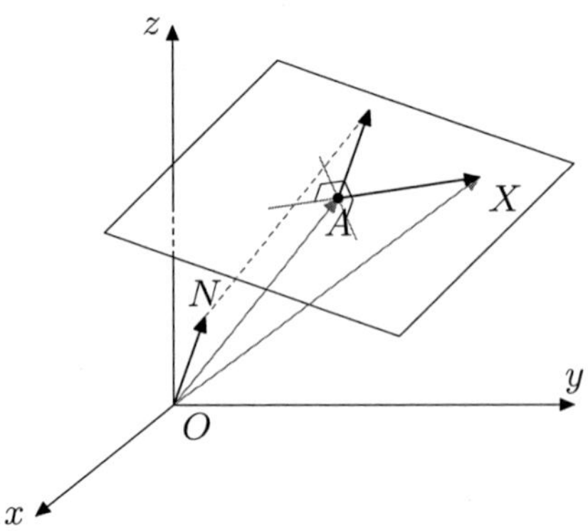

이를 다시 쓰면

$$(x - x_0,\ y - y_0,\ z - z_0) \cdot (a,\ b,\ c) = 0$$

이고,

$$ax + by + cz - (ax_0 + by_0 + cz_0) = a(x - x_0) + b(y - y_0) + c(z - z_0) = 0$$

이 된다. 여기에서, $-(ax_0 + by_0 + cz_0) = d$라고 놓으면 방정식

$$ax + by + cz + d = 0$$

을 얻는다. 역으로 $a,\ b,\ c$ 중 적어도 하나는 0이 아닌 일차방정식

$$ax + by + cz + d = 0$$

은 평면의 방정식이다. 예를 들어, $a \neq 0$이면 이 일차방정식은

$$a\left(x + \frac{d}{a}\right) + by + cz = 0$$

과 같이 나타낼 수 있고, 이 일차방정식은 점 $\left(-\frac{d}{a},\ 0,\ 0\right)$을 지나고 벡터 $N = (a,\ b,\ c)$에 수직인 평면의 방정식이 된다.

평면의 방정식

점 $(x_0,\ y_0,\ z_0)$를 지나고, 벡터 $N=(a,\ b,\ c)$에 수직인 평면의 방정식은

$$a(x-x_0)+b(y-y_0)+c(z-z_0)=0$$

이다. 한편, $x,\ y,\ z$에 관한 일차방정식

$$ax+by+cz+d=0$$

은 벡터 $N=(a,\ b,\ c)$에 수직인 평면의 방정식이다.

예제 3. 세 점 $A(2,\ 0,\ 0)$, $B(0,\ 1,\ 0)$, $C(0,\ 0,\ 2)$를 지나는 평면의 방정식을 구하라.

풀이 : 구하는 평면의 방정식을

$$ax+by+cz+d=0$$

이라 하면, 이 평면이 세 점 $A,\ B,\ C$를 지나야 하므로

$$2a+d=0, \qquad b+d=0, \qquad 2c+d=0$$

을 만족해야 하고, 이를 풀면

$$a=-\frac{d}{2},\ b=-d,\ c=-\frac{d}{2}$$

를 얻는다. 따라서 구하는 평면의 방정식은 $-\frac{1}{2}x-y-\frac{1}{2}z+1=0$, 즉

$$x+2y+z-2=0$$

이다. □

문제 1.3.3. 다음 점 A를 지나고 벡터 N에 수직인 평면의 방정식을 구하라.

(가) $A=(1,\ -1,\ 1),\ N=(2,\ 3,\ 1)$

(나) $A=(2,\ 3,\ -1),\ N=(1,\ 1,\ 1)$

(다) $A=(4,\ 1,\ 0),\ N=(1,\ 0,\ 0)$

(라) $A=(1,\ 0,\ 1),\ N=(0,\ 0,\ 1)$

문제 1.3.4. 다음 평면에 수직인 벡터를 구하라. 또한 다음 평면 가운데 원점을 지나는 평면을 찾아라.

(가) $x-y+z=0$

(나) $2x+y+z=0$

(다) $x+4y+z=1$

(라) $x+y+z=4$

문제 1.3.5. 다음 세 점 A, B, C를 지나는 평면의 방정식을 구하라.

(가) $A(4,\ 2,\ 1)$, $B(-3,\ 5,\ 6)$, $C(5,\ 4,\ 2)$
(나) $A(6,\ -1,\ 3)$, $B(-1,\ 0,\ 1)$, $C(6,\ 5,\ -3)$

문제 1.3.6. 점 $A(-1,\ 6, 0)$을 지나고 평면 $2x+y+4z-1=0$에 수직인 직선의 방정식을 구하라.

점과 평면 사이의 거리

공간에서 한 점 $P(x_0,\ y_0,\ z_0)$와 평면 $ax+by+cz+d=0$ 사이의 거리를 구하여 보자. 점 P에서 이 평면에 내린 수선의 발을 P'라고 하자. 그러면 $N=(a,\ b,\ c)$는 이 평면에 수직인 벡터이므로 $\overrightarrow{PP'}$과 N는 평행이다. 따라서

$$\overrightarrow{PP'}=kN$$

을 만족하는 실수 k가 존재한다. 그런데

$$\begin{aligned} P'=P+\overrightarrow{PP'} &= (x_0,\ y_0,\ z_0)+k(a,\ b,\ c) \\ &= (x_0+ka,\ y_0+kb,\ z_0+kc) \end{aligned}$$

는 평면 위의 점이므로

$$a(x_0+ka)+b(y_0+kb)+c(z_0+kc)+d=0$$

이다. 이를 k에 관하여 정리하면

$$(ax_0+by_0+cz_0+d)+(a^2+b^2+c^2)k=0$$

이므로

$$k=\frac{-(ax_0+by_0+cz_0+d)}{a^2+b^2+c^2}$$

이다. 이제, $\|\overrightarrow{PP'}\|=|k|\,\|N\|$이고 $\|N\|=\sqrt{a^2+b^2+c^2}$이므로, 점 P와 평면 사이의 거리는

$$\|\overrightarrow{PP'}\|=\frac{|\,ax_0+by_0+cz_0+d\,|}{\sqrt{a^2+b^2+c^2}}$$

로 주어진다.

점과 평면 사이의 거리

공간좌표에서 점 $(x_0,\ y_0,\ z_0)$와 평면 $ax+by+cz+d=0$ 사이의 거리는

$$\frac{|\,ax_0+by_0+cz_0+d\,|}{\sqrt{a^2+b^2+c^2}}$$

이다.

예제 4. 점 $A(1,\ 1,\ 1)$에서 평면 $\alpha : 2x+y+z-2=0$에 내린 수선의 발의 좌표를 구하라.

풀이 : 점 A에서 평면 α에 내린 수선의 발을 B라고 하면, $\overrightarrow{AB}$는 평면 α에 수직인 벡터 $N=(2,\ 1,\ 1)$과 평행하므로, $\overrightarrow{AB}=kN$이고

$$B=A+\overrightarrow{AB}=A+kN=(1+2k,\ 1+k,\ 1+k)$$

이다. 점 $B(1+2k,\ 1+k,\ 1+k)$는 평면 α 위에 있으므로

$$2(1+2k)+(1+k)+(1+k)-2=0$$

에서 $k=-\dfrac{1}{3}$를 얻는다. 따라서 수선의 발 B의 좌표는 $\left(\dfrac{1}{3},\ \dfrac{2}{3},\ \dfrac{2}{3}\right)$이다. □

문제 1.3.7. 다음 점 A와 평면 α 사이의 거리를 구하라.

(가) $A(-1,\ 1,\ 0),\ \alpha : 2x+3y+z+1=0$
(나) $A(-2,\ 0,\ 1),\ \alpha : x-y+z=4$

문제 1.3.8. 다음 점 A에서 평면 α에 내린 수선의 발의 좌표를 구하라.

(가) $A(-1,\ -2,\ 1),\ \alpha : x+y+z-1=0$
(나) $A(4,\ -1,\ 5),\ \alpha : 3x-y+z+6=0$
(다) $A(0,\ 0,\ 0),\ \alpha : 2x-y-3z+4=0$

직선과 평면의 위치 관계

이제, 방향비가 $\ell : m : n$인 직선 L과 벡터 $N=(a,\ b,\ c)$에 수직인 평면 α 의 위치 관계에 대하여 알아보자. 직선 L은 벡터 $A=(\ell,\ m,\ n)$에 평행하고, 벡터 $N=(a,\ b,\ c)$ 는 평면 α 에 수직이다. 만일 직선 L과 평면 α 가 수직으로 만나면 B와 N이 서로 평행하므로, $B=kN$ 이다. 따라서

$$\ell=ka, \qquad m=kb, \qquad n=kc$$

이고, 여기에서

$$\frac{\ell}{a}=\frac{m}{b}=\frac{n}{c}$$

임을 알게 된다. 만일 직선 L과 평면 α가 평행하면, $B=(\ell,\ m,\ n)$과 N은 수직이다. 따라서

$$B\cdot N=a\ell+bm+cn=0$$

임을 알 수 있다.

문제 1.3.9. 다음에서 직선 L과 평면 α가 수직임을 보이라.

(가) $L:\dfrac{x-1}{1}=\dfrac{y}{4}=\dfrac{z-3}{1},\quad \alpha: x+4y+z+5=0$
(나) $L: x-5=2y=3z,\quad \alpha: 6x+3y+2z-7=0$

문제 1.3.10. 다음에서 직선 L과 평면 α가 평행임을 보이라.

(가) $L:\dfrac{x-1}{3}=\dfrac{y}{2}=\dfrac{z-1}{3},\quad \alpha: 4x-3y-2z+4=0$
(나) $L: x-1=y-5=2(z-6),\quad \alpha: 7x-3y-8z+1=0$

예제 5. 다음 두 평면

$$2x-y-2z=-1,\qquad x+y-4z=-3$$

이 이루는 예각의 크기를 구하라.

풀이 : 각 평면에 수직인 두 벡터

$$N_1=(2,\ -1,\ -2),\qquad N_2=(1,\ 1,\ -4)$$

가 이루는 각의 크기를 θ라고 하면

$$\cos\theta=\frac{2\times 1+(-1)\times 1+(-2)\times(-4)}{\sqrt{2^2+(-1)^2+(-2)^2}\sqrt{1^2+1^2+(-4)^2}}=\frac{1}{\sqrt{2}}$$

이다. 따라서 구하는 각은 $\theta=\dfrac{\pi}{4}$이다. □

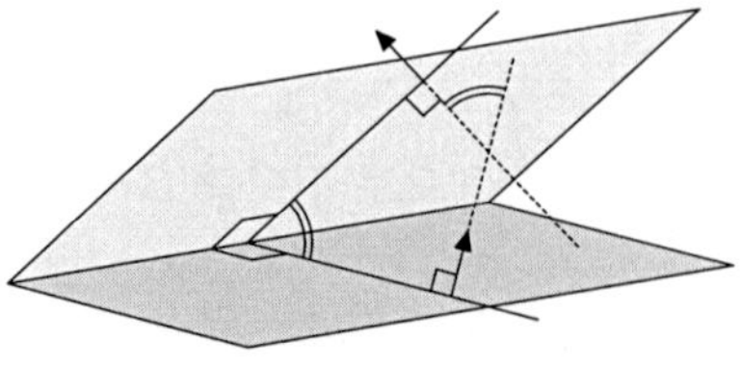

문제 1.3.11. 다음 두 평면

$$x - y = 5, \qquad 2x - y + 2z - 6 = 0$$

이 이루는 예각의 크기를 구하라.

문제 1.3.12. xy평면과 평면 $x + y + z = 0$이 이루는 예각의 크기를 구하라.

문제 1.3.13. 다음 직선과 평면

$$x - 7 = y - 1 = \frac{z}{\sqrt{2}}, \qquad x - y + \sqrt{2}\,z + 5 = 0$$

이 이루는 예각의 크기를 구하라.

예제 6. 평행사변형 $ABCD$에서 변 AB의 중점을 E, 대각선 AC를 $1:2$로 내분하는 점을 F라고 할 때 세 점 E, F, D는 일직선 위에 있음을 증명하라.

풀이 : 기호를 간편하게 하기 위하여 $\overrightarrow{AB} = P$, $\overrightarrow{AD} = Q$라고 하면, $\overrightarrow{BA} = -P$이고 $\overrightarrow{BC} = Q$이다. 이 때 점 F는 선분 AC를 $1:2$로 내분하므로

$$\overrightarrow{BF} = \frac{2\overrightarrow{BA} + \overrightarrow{BC}}{3} = \frac{Q - 2P}{3}$$

이다. 또한, $\overrightarrow{EB} = \frac{1}{2}P$이므로

$$\overrightarrow{EF} = \overrightarrow{EB} + \overrightarrow{BF} = \frac{1}{2}P + \frac{Q - 2P}{3} = \frac{-P + 2Q}{6}$$

이다. 한편

$$\overrightarrow{ED} = \overrightarrow{EA} + \overrightarrow{AD} = -\frac{1}{2}P + Q = \frac{-P + 2Q}{2}$$

이므로, $\overrightarrow{ED} = 3\,\overrightarrow{EF}$이고, 따라서 세 점 E, F, D는 일직선 위에 있다. □

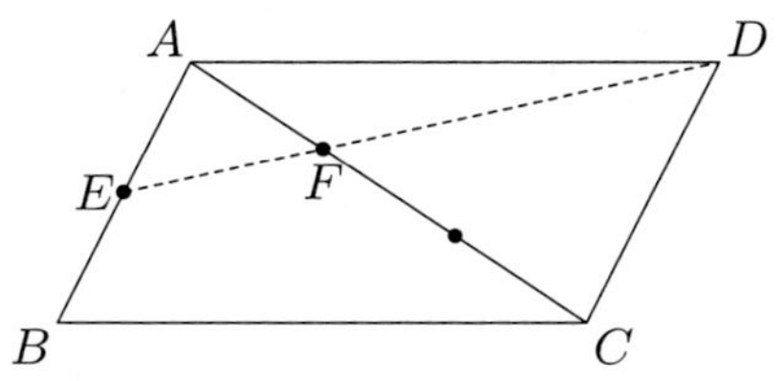

예제 7. $\triangle ABC$에서 각 꼭지점에서 대변에 내린 수선은 한 점에서 만남을 증명하라.

풀이 : 삼각형을 평행이동하면, 점 B에서 변 AC에 내린 수선과 점 C에서 변 AB에 내린 수선의 교점을 원점 O라 가정해도 된다. 직선 OB는 변 AC에 수직이므로 $0 = B\cdot\overrightarrow{AC} = B\cdot(C-A)$에서

$$B \cdot C = B \cdot A$$

이다. 한편 직선 OC는 변 AB에 수직이므로 $0 = C \cdot \overrightarrow{AB} = C \cdot (B - A)$에서

$$C \cdot B = C \cdot A$$

이다. 따라서 $B \cdot A = C \cdot A$를 얻고 $A \cdot (C - B) = 0$이므로, 직선 OA는 변 BC에 수직임을 알게 된다. 따라서 각 꼭지점에서 대변에 내린 수선들은 한 점에서 만난다. □

예제 8. 정사면체 $OABC$에서 직선 AB와 직선 OC는 서로 수직임을 보이라.

풀이 : 먼저

$$\overrightarrow{OC} \cdot \overrightarrow{OA} = \|\overrightarrow{OC}\|\,\|\overrightarrow{OA}\| \cos 60° = \|\overrightarrow{OA}\|^2 \cos 60°$$
$$\overrightarrow{OC} \cdot \overrightarrow{OB} = \|\overrightarrow{OC}\|\,\|\overrightarrow{OB}\| \cos 60° = \|\overrightarrow{OA}\|^2 \cos 60°$$

이므로

$$\overrightarrow{OC} \cdot \overrightarrow{AB} = \overrightarrow{OC} \cdot (\overrightarrow{OB} - \overrightarrow{OA}) = \overrightarrow{OC} \cdot \overrightarrow{OB} - \overrightarrow{OC} \cdot \overrightarrow{OA} = 0$$

이다. □

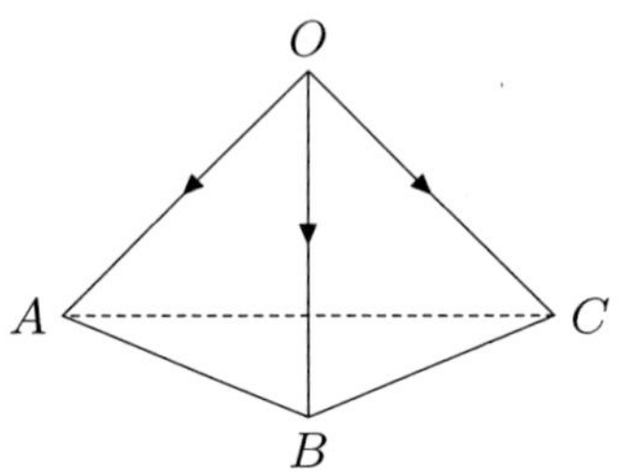

점 A를 지나고 벡터 B와 평행한 직선 $\overrightarrow{OX} = \overrightarrow{OA} + tB$과, 점 P를 지나고 벡터 N에 수직인 평면 $(X - P)\cdot N = 0$의 교점을 구하려면, 직선의 방정식을 평면의 방정식에 대입하여

$$(A + tB - P) \cdot N = 0$$

에서 $t = -\dfrac{(A - P) \cdot N}{B \cdot N}$을 얻고 이를 직선의 벡터방정식에 대입하면 된다.

예제 9. 점 $P(1,\ 2,\ 1)$을 지나고 벡터 $N = (1,\ 1,\ 2)$에 수직인 평면과 점 $A(1,\ 1,\ 1)$을 지나고 벡터 $B = (0,\ 1,\ 1)$와 평행한 직선이 만나는 점을 구하라.

풀이 : 위에서 제시한 방법에 의하여 $t = -\dfrac{(A-P)\cdot N}{B\cdot N} = \dfrac{1}{3}$ 이므로 구하는 점은

$$(x,\ y,\ z) = (1,\ 1,\ 1) + \frac{1}{3}(0,\ 1,\ 1) = \left(1,\ \frac{4}{3},\ \frac{4}{3}\right)$$

이다. □

예제 10. 세 점 $P_1(2,\ 1,\ 1)$, $P_2(1,\ 2,\ 1)$, $P_3(1,\ 1,\ 2)$를 지나는 평면과 점 $A(1,\ 1,\ 1)$을 지나고 벡터 $B = (0,\ 1,\ 1)$와 평행한 직선이 만나는 점을 구하라.

풀이 : 두 벡터 $\overrightarrow{P_1P_2} = (-1,\ 1,\ 0)$, $\overrightarrow{P_1P_3} = (-1,\ 0,\ 1)$에 수직인 벡터 $N = (a,\ b,\ c)$를 구하기 위하여

$$0 = \overrightarrow{P_1P_2}\cdot N = -a+b, \qquad 0 = \overrightarrow{P_1P_3}\cdot N = -a+c$$

을 연립하여 풀면, $N = (1,\ 1,\ 1)$을 얻는다. 그런데 평면은 $P_1(2,\ 1,\ 1)$을 지나므로, 구하는 평면의 방정식은

$$(X - P_1)\cdot N = 0$$

이다. 여기에 직선의 벡터방정식 $X = A + t\,B$을 대입하면

$$(A + tB - P_1)\cdot N = 0$$

에서

$$t = -\frac{(A-P_1)\cdot N}{B\cdot N} = -\frac{(-1,\ 0,\ 0)\cdot(1,\ 1,\ 1)}{(0,\ 1,\ 1)\cdot(1,\ 1,\ 1)} = \frac{1}{2}$$

이므로 만나는 점은

$$X = A + \frac{1}{2}B = (1,\ 1,\ 1) + \frac{1}{2}(0,\ 1,\ 1) = \left(1,\ \frac{3}{2},\ \frac{3}{2}\right)$$

이다. □

문제 1.3.14. 다음 직선과 평면이 만나는 점의 좌표를 구하라.

$$\frac{x-1}{2} = \frac{y}{3} = \frac{z-5}{1}, \qquad x + 2y + 3z = 1$$

1.4 벡터함수의 미분

좌표공간에서 점들이 움직이는 것을 함수로 표현하면 곡선을 나타낼 수 있고, 일변수함수의 경우와 마찬가지로 이 함수를 미분함으로써 곡선의 접선을 구할 수 있다. 이러한 곡선의 미분은 곡선 위의 점들이 진행하는 방향 뿐 아니라 속력을 알려주는데, 이를 이용하면 점들의 이동거리, 즉 곡선의 길이를 구할 수 있다.

매개화된 곡선

구간 $[a,b]$ 에서 벡터공간 $\mathbb{R}^n$ 으로 가는 연속함수

$$X(t) = (x_1(t),\ x_2(t),\ \ldots,\ x_n(t)) \in \mathbb{R}^n \tag{1.1}$$

는 t가 변함에 따라서 벡터공간의 점 $X(t)$가 어떻게 변하는지 표현한다. 따라서 이 함수는 벡터공간을 움직이는 물체의 운동을 나타내고, 이 함수의 치역은 이 운동의 자취, 즉 곡선을 나타낸다. 이를 매개화된 곡선이라 부르고, t를 매개변수라 부른다. 앞에서 공부한 직선의 방정식

$$X(t) = A + tB$$

는 대표적인 예이다. 또한,

$$X(t) = (\cos t, \sin t)$$

는 원을 나타낸다. 이 경우, 편각을 매개변수로 사용하였다.

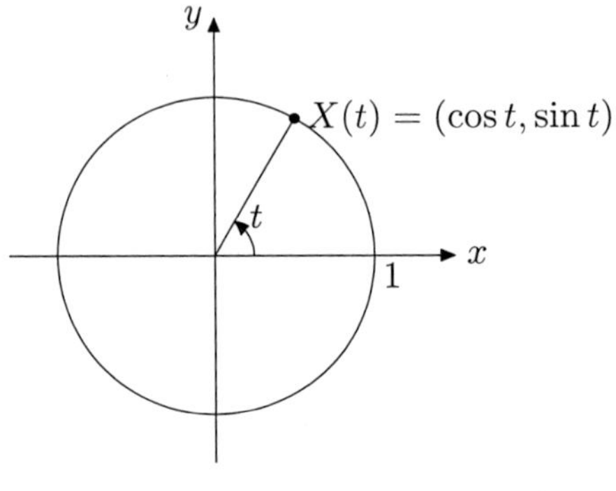

예제 1. 점 $(-1,0)$을 지나는 직선의 기울기를 매개변수로 하여, 단위원을 매개화된 곡선으로 표현하라.

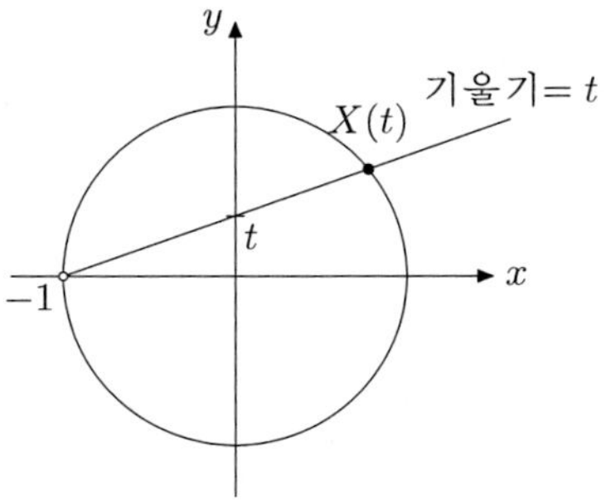

풀이 : 그림에서 점 $(-1,0)$을 지나고 기울기가 t인 직선 $y = t(x+1)$과 단위원 $x^2+y^2=1$을 연립하여 풀면

$$x = \frac{1-t^2}{1+t^2}, \qquad y = \frac{2t}{1+t^2}$$

을 얻는다. 따라서

$$X(t) = \left(\frac{1-t^2}{1+t^2}, \frac{2t}{1+t^2}\right)$$

가 구하는 원의 매개화이다. □

문제 1.4.1. 두 함수 $x(t) = \dfrac{1-t^2}{1+t^2}$와 $y(t) = \dfrac{2t}{1+t^2}$의 그래프의 개형을 그리라.

벡터의 극한

이제 함수 (1.1)의 극한 $\lim_{t\to t_0} X(t) = A$가 무슨 의미인지 생각하여 보자. 이는 $t \to t_0$에 따라서 두 벡터 $X(t)$와 $A = (a_1, \ldots a_n)$의 거리가 가까워진다는 의미이다. 즉,

$$\lim_{t\to t_0} \|X(t) - A\| = 0 \tag{1.2}$$

을 의미한다. 그런데, 임의의 $i = 1, \ldots, n$에 대하여 부등식

$$|x_i(t) - a_i| \le \|X(t) - A\| \le |x_1(t) - a_1| + \cdots + |x_n(t) - a_n| \tag{1.3}$$

이 성립하므로, (1.2)를 주장하는 것이나

$$\lim_{t\to t_0} |x_i(t) - a_i| = 0, \qquad i = 1, 2, \ldots, n$$

을 주장하는 것이나 마찬가지이다. 즉, 함수 벡터함수 $X(t)$의 성분함수 $x_i(t)$들의 극한을 구하면 구하고자 하는 극한벡터 A의 성분들을 얻을 수 있다는 의미이다. 이를 다음

$$\lim_{t\to t_0} (x_1(t), \ldots, x_n(t)) = \left(\lim_{t\to t_0} x_1(t), \ldots, \lim_{t\to t_0} x_n(t)\right)$$

과 같이 간결하게 표현할 수 있다.

문제 1.4.2. 부등식 (1.3)를 증명하라.

속도벡터와 접선

매개화된 곡선

$$X(t) = (x_1(t), \dots, x_n(t))$$

가 주어졌을 때, 구간 $[t_0, t_1]$ 에서 평균속도는 위치의 변화를 시각의 변화량, 즉, 시간으로 나눈 벡터

$$\frac{X(t_1) - X(t_0)}{t_1 - t_0}$$

를 뜻한다. 만약 $X(t)$ 의 각 성분함수 $x_i(t)$ 가 미분가능하면 시각 t_0 에서 속도벡터는

$$\begin{aligned} X'(t_0) &= \lim_{h \to 0} \frac{X(t_0 + h) - X(t_0)}{h} \\ &= \lim_{h \to 0} \left(\frac{x_1(t_0 + h) - x_1(t_0)}{h}, \dots, \frac{x_n(t_0 + h) - x_n(t_0)}{h} \right) \\ &= (x_1'(t_0), \dots, x_n'(t_0)) \end{aligned}$$

으로 주어진다. 즉, 속도벡터는 평균속도벡터의 극한값으로 정의한다. 속도벡터는 그냥 속도라 부르기도 한다. 한편, 매개화된 곡선 $X(t)$ 의 속도벡터의 크기

$$v(t) = \|X'(t)\|$$

를 속력이라고 부른다.

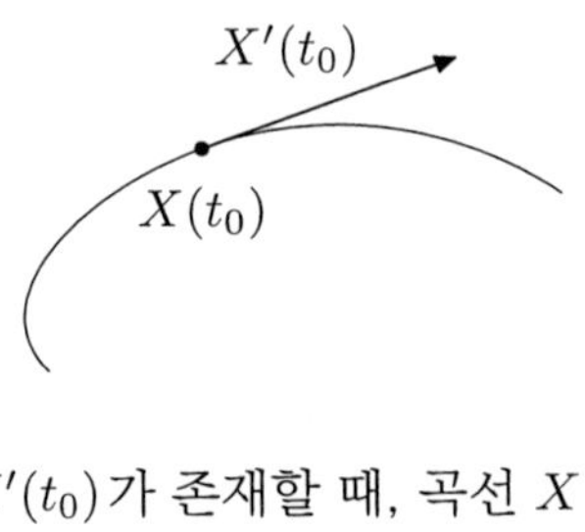

매개화된 곡선의 속도벡터 $X'(t_0)$ 가 존재할 때, 곡선 $X(t)$ 가 $t = t_0$ 에서 미분가능하다고 말한다. 이는 속도벡터의 정의에 의하여 각 성분함수

$$x_1(t),\ x_2(t),\ \dots,\ x_n(t)$$

가 모두 미분가능하다고 말하는 것과 마찬가지이다.

예제 2. 좌표평면 위를 움직이는 점 P 의 시각 t 일 때 위치가

$$X(t) = (2 \sin t,\ \cos t)$$

로 주어져 있을 때, $t = \dfrac{\pi}{3}$ 에서 점 P 의 속도와 속력을 구하라.

풀이 : 먼저, 속도는

$$X'(t) = (2\cos t,\ -\sin t)$$

이므로, $t = \dfrac{\pi}{3}$ 일 때 속도와 속력은 각각

$$X'\left(\frac{\pi}{3}\right) = \left(2\cdot\frac{1}{2},\ -\frac{\sqrt{3}}{2}\right) = \left(1,\ -\frac{\sqrt{3}}{2}\right)$$
$$v\left(\frac{\pi}{3}\right) = \sqrt{1^2 + \left(-\frac{\sqrt{3}}{2}\right)^2} = \frac{\sqrt{7}}{2}$$

이다. □

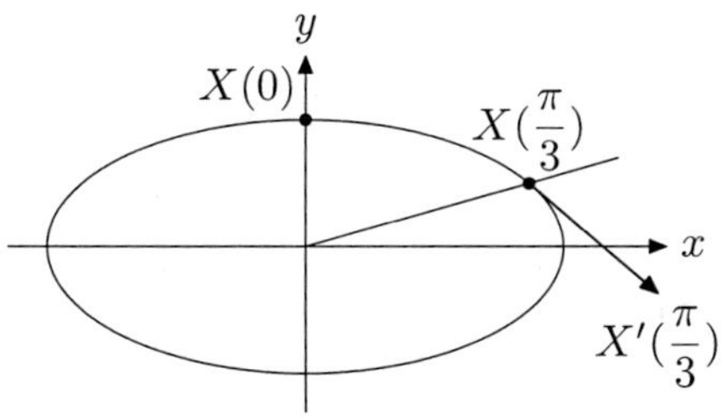

매개화된 곡선 $X(t)$ 의 속도벡터 $X'(t_0)$ 는 $t = t_0$ 일 때 곡선의 진행방향을 말해주므로, $X(t_0)$ 에서 이 곡선에 접하는 접선은

$$X = X(t_0) + sX'(t_0), \qquad s \in \mathbb{R}$$

로 주어진다.

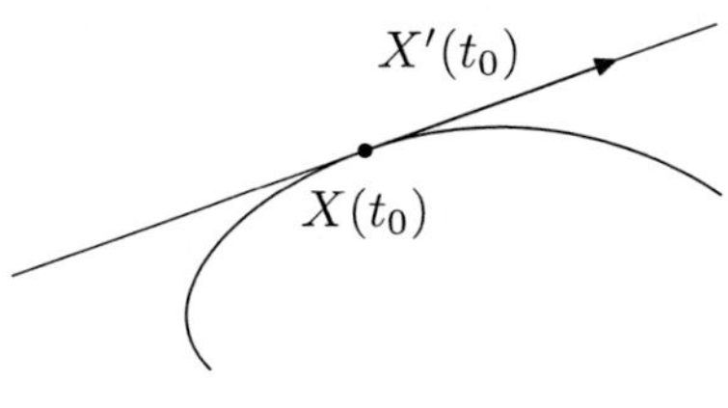

문제 1.4.3. 매개화된 곡선 $X(t) = (2t+1,\ 3-t^3)$ 에서 $t = 1$ 일 때 접선의 방정식을 구하라.

곡선의 길이

매개화된 곡선 $X(t)$의 순간속력이 $\|X'(t)\|$이므로, 이 함수를 적분하면 곡선의 길이, 혹은 운동 거리

$$\int_a^b \|X'(t)\|\, dt$$

를 얻는다. 평면에서 매개화된 곡선 $X(t) = (x(t), y(t))$의 경우, $X(a)$부터 $X(b)$까지 길이는

$$\int_a^b \sqrt{[x'(t)]^2 + [y'(t)^2]}\, dt$$

이다. 함수 $y = f(x)$의 그래프를 $X(t) = (t, f(t))$같이 매개화된 곡선으로 쓰면 제 1권 6.3절에서 공부한 곡선의 길이를 다시 한 번 확인할 수 있다.

매개화된 곡선의 길이

매개화된 곡선 $X(t) = (x(t), y(t))$에서, $X(a)$부터 $X(b)$까지 길이는

$$\int_a^b \sqrt{[x'(t)]^2 + [y'(t)]^2}\, dt$$

이다.

예제 3. 시각 t에서 동점 P의 위치벡터가

$$X(t) = (t^3,\ 3t^2 - 1)$$

로 주어져 있을 때, $t = 0$에서 $t = \sqrt{5}$까지 P의 운동 거리를 구하라.

풀이 : 미분하면 $x'(t) = 3t^2$, $y'(t) = 6t$이므로, 운동 거리는

$$\int_0^{\sqrt{5}} \sqrt{(3t^2)^2 + (6t)^2}\, dt = \int_0^{\sqrt{5}} 3t\sqrt{t^2 + 4}\, dt$$

이다. 여기서 $t^2 + 4 = u$라고 하면 $\dfrac{du}{dt} = 2t$ 이고, $t = 0$일 때 $u = 4$이며 $t = \sqrt{5}$일 때 $u = 9$이므로

$$\int_4^9 3 \cdot \frac{1}{2}\sqrt{u}\, du = \Big[u^{\frac{3}{2}}\Big]_4^9 = 19$$

이다. □

예제 4. 좌표평면 위를 움직이는 점 $P(x, y)$가

$$x = t - \sin t, \quad y = 1 - \cos t, \qquad 0 \le t \le 2\pi$$

를 만족할 때,

(가) $\dfrac{dy}{dx} = \sqrt{3}$이 되는 t를 구하라.

(나) $0 \le t \le 2\pi$ 동안 점 P가 움직인 거리를 구하라.

풀이 : (가) 먼저 $\dfrac{dx}{dt} = 1 - \cos t$, $\dfrac{dy}{dt} = \sin t$ 이므로

$$\frac{dy}{dx} = \frac{\sin t}{1 - \cos t} = \sqrt{3}$$

을 정리하면,

$$\sqrt{3} = \sqrt{3}\cos t + \sin t = 2\sin\left(t + \frac{\pi}{3}\right)$$

이다. 그러므로 $t = 0$, $\dfrac{\pi}{3}$, 2π 이다. 그러나 $t = 0$와 $t = 2\pi$는 분모를 0으로 만들기 때문에 $t = \dfrac{\pi}{3}$ 이다.

(나) 움직인 거리를 ℓ 이라 두면,

$$\begin{aligned}
\ell &= \int_0^{2\pi} \sqrt{\left(\frac{dx}{dt}\right)^2 + \left(\frac{dy}{dt}\right)^2}\,dt \\
&= \int_0^{2\pi} \sqrt{(1 - \cos t)^2 + (\sin t)^2}\,dt = \int_0^{2\pi} \sqrt{2 - 2\cos t}\,dt \\
&= 2\int_0^{2\pi} \sqrt{\left(\sin\frac{t}{2}\right)^2}\,dt = 2\int_0^{2\pi} \sin\frac{t}{2}\,dt = 8
\end{aligned}$$

이다. □

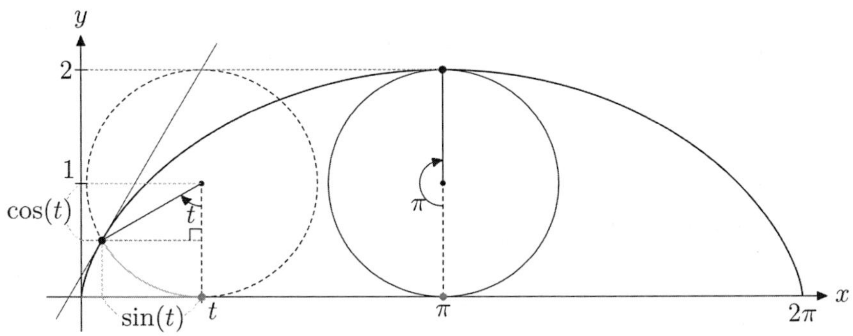

문제 1.4.4. 매개변수로 나타낸 곡선 $(x,\ y) = (\cos^2 t,\ \sin^2 t)$ 의 $t = 0$ 에서 $t = \pi$ 까지의 길이를 구하라.

문제 1.4.5. 평면에서 t 초 후의 위치가

$$(x(t), y(t)) = (-e^t \cos t, e^t \sin t)$$

로 주어지는 동점 P 가 있다.

(가) 시각 0 에서 t 까지 점 P 가 운동한 거리를 구하라.

(나) $(-1, 0)$ 에서 출발하여 매초 1 의 속력으로 P 와 동일한 곡선을 움직이는 동점 Q 의 s 초 후의 좌표를 s 의 함수로 나타내라.

문제 1.4.6. 좌표평면에서 $\sqrt{x} + \sqrt{y} = 1$ 로 주어진 곡선의 길이를 구하라.

이제, 마지막으로 극좌표로 주어진 곡선 $r = f(\theta)$ 의 길이를 구해 보자. 이 곡선을 매개화하여 다시 쓰면

$$X(\theta) = (r\cos\theta, r\sin\theta) = (f(\theta)\cos\theta,\ f(\theta)\sin\theta)$$

이다. 이 곡선의 x 성분과 y 성분을 미분하면 각각

$$f'(\theta)\cos\theta - f(\theta)\sin\theta, \qquad f'(\theta)\sin\theta + f(\theta)\cos\theta$$

이다. 따라서

$$\begin{aligned}\|X'(t)\|^2 &= [f'(\theta)\cos\theta - f(\theta)\sin\theta]^2 + [f'(\theta)\sin\theta + f(\theta)\cos\theta]^2 \\ &= [f'(\theta)]^2 + [f(\theta)]^2\end{aligned}$$

이다.

극좌표로 주어진 곡선의 길이

극좌표로 주어진 곡선 $r = f(\theta)$ 의 $\theta = \alpha$ 부터 $\theta = \beta$ 까지의 길이는

$$\int_\alpha^\beta \sqrt{[f'(\theta)]^2 + [f(\theta)]^2}\, dt$$

이다.

예제 5. 극좌표계에서

$$r = 1 - \cos\theta \qquad (0 \le \theta \le 2\pi)$$

로 주어진 곡선의 길이를 구하라.

풀이 : 우선

$$r' = \sin\theta, \qquad r^2 + r'^2 = 2 - 2\cos\theta = 4 \cdot \frac{1-\cos\theta}{2} = 4\sin^2\frac{\theta}{2}$$

이므로, 구하는 길이는

$$\int_0^{2\pi} \sqrt{r^2 + r'^2}\, d\theta = \int_0^{2\pi} 2\sin\frac{\theta}{2}\, d\theta = 4\left[-\cos\frac{\theta}{2}\right]_0^{2\pi} = 8$$

이다. □

문제 1.4.7. 극좌표계에서 $r = 1 + \sin\theta \quad (0 \le \theta \le 2\pi)$ 로 주어진 곡선의 길이를 구하라.

1.5 연습문제

1.5.1. 두 점 $A(1,\ 2,\ 3)$, $B(5,\ 4,\ 8)$을 잇는 직선이 xy평면과 만나는 점 P는 선분 AB 를 $m : n$으로 외분한다. 이 때, $\dfrac{n}{m}$의 값과 점 P의 좌표를 구하라.

1.5.2. 네 점 $(0,\ 0,\ 0)$, $(1,\ 0,\ 0)$, $(0,\ 1,\ 0)$, $(0,\ 0,\ 1)$을 지나는 구의 중심의 좌표와 반지름의 길이를 구하라.

1.5.3. 세 점 $(0,\ 0,\ 0)$, $(1,\ 3,\ 2)$, $(2,\ 1,\ 1)$을 지나고 중심이 xy평면 위에 있는 구의 방정식을 구하라.

1.5.4. 아래 그림과 같이 좌표공간의 세 점 $A(a,\ 0,\ 0)$, $B(0,\ b,\ 0)$, $C(0,\ 0,\ c)$에 대하여 점 O에서 선분 AB에 내린 수선의 발을 H라고 할 때, 점 H의 좌표를 구하고

$$\overline{BC}^2 = \overline{CH}^2 + \overline{HB}^2$$

임을 보이라.

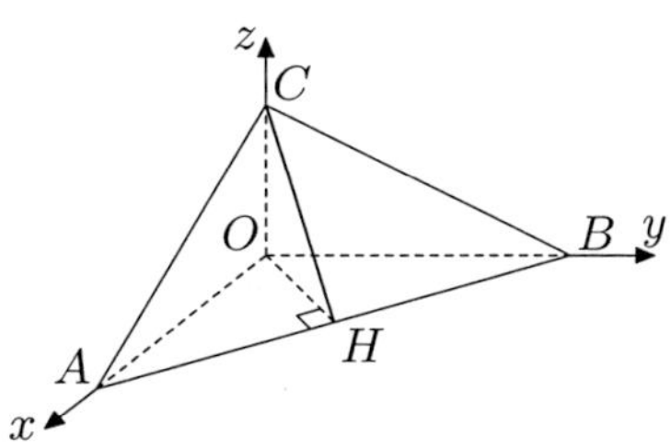

1.5.5. 공간에서 두 점 A, B로부터 같은 거리에 있는 점들은 선분 AB의 중점을 지나고 직선 AB와 수직인 평면임을 보이라.

1.5.6. 아래 그림과 같이 한 변의 길이가 a인 정육면체에서 점 P 는 점 A에서 면 $\triangle BDH$에 내린 수선의 발이다. 이 때, $\overline{AP}$를 구하라.

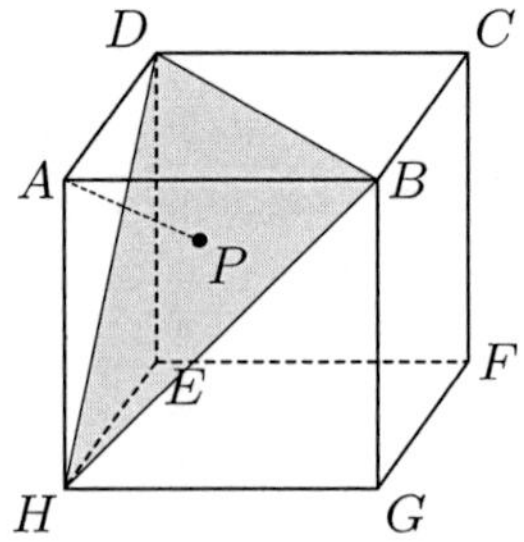

1.5.7. 두 벡터 $A = (1,\ 2)$, $B = (-1,\ 3)$에 대하여 다음 등식

$$mA + nB = (-4,\ 6)$$

을 만족하는 $m,\ n$을 구하라.

1.5.8. 영벡터가 아닌 두 벡터 $A,\ B$가 평행하지 않고 $mA + nB = O$일 때, $m = n = 0$임을 증명하라.

1.5.9. 실수 t에 관한 함수 $f(t) = \|tA + B\|^2$가 최소값을 가질 때 t의 값을 구하라.

1.5.10. 공간에서 세 벡터 $A,\ B,\ C$는 서로 수직이다. $P = \ell A + mB + nC$일 때

$$\ell = \frac{A \cdot P}{A \cdot A}, \quad m = \frac{B \cdot P}{B \cdot B}, \quad n = \frac{C \cdot P}{C \cdot C}$$

임을 증명하라.

1.5.11. 다음 두 직선

$$x - 1 = 3(y - 4) = 2z, \qquad 3(x - 6) = y - 1 = -z$$

이 이루는 각의 크기가 $\theta \left(0 < \theta < \dfrac{\pi}{2}\right)$라고 할 때, $\cos\theta$를 구하라.

1.5.12. (가) 세 점 $O(0,\ 0,\ 0)$, $A(2,\ 1,\ 3)$, $B(-1,\ 1,\ 2)$를 지나는 평면 α의 방정식을 구하라.
(나) 위 문제에서 임의의 실수 $s,\ t$에 대하여 $s\overrightarrow{OA} + t\overrightarrow{OB} = \overrightarrow{OP}$인 점 $P(x,\ y,\ z)$는 평면 α 위에 있음을 보이라.

1.5.13. 다음 두 평면

$$x - 4y + z - 1 = 0,\ 2x + y - z - 6 = 0$$

이 이루는 각의 크기가 $\theta \left(0 < \theta < \dfrac{\pi}{2}\right)$라고 할 때, $\cos\theta$의 값을 구하라.

1.5.14. 다음 두 평면

$$x + y + z = 1, \qquad 2x + y - z = 5$$

이 만나는 교선의 방정식을 구하라.

1.5.15. 다음 직선의 방정식을 구하라.

(가) 점 $(1,\ -1,\ 3)$을 지나고 방향비가 $2:1:3$인 직선
(나) 두 점 $(1,\ 1,\ 0)$, $(-1,\ 2,\ 3)$을 지나는 직선
(다) 점 $(1,\ 3,\ 1)$을 지나고 직선 $x - 1 = y - 2 = 3(z - 1)$에 평행한 직선

1.5.16. 다음 평면의 방정식을 구하라.

(가) 세 점 $(-1,\ 1,\ 0)$, $(2,\ 3,\ -4)$, $(6,\ 1,\ 1)$을 지나는 평면

(나) 한 점에서 만나는 다음 두 직선을 포함하는 평면

$$\frac{x-1}{2}=\frac{y-1}{3}=\frac{z-2}{6}, \qquad x-1=y-1=z-2$$

(다) 평행한 다음 두 직선을 포함하는 평면

$$\frac{x-6}{4}=\frac{y}{1}=\frac{z-1}{3}, \qquad \frac{x}{4}=\frac{y-3}{1}=\frac{z-2}{3}$$

1.5.17. 좌표평면 위의 한 점 $A(x_0,\ y_0)$을 지나고 $N=(a,\ b)$에 수직인 직선 g가 있다. 이 직선 위의 임의의 점 $X(x,\ y)$에 대하여 $\overrightarrow{AX} \perp N$임을 이용하여

$$a(x-x_0)+b(y-y_0)=0$$

이 직선 g의 방정식임을 보이라.

1.5.18. $\triangle ABC$에서 변 BC의 중점을 M이라고 하면

$$\overline{AB}^2+\overline{AC}^2=2(\overline{AM}^2+\overline{BM}^2)$$

임을 증명하라.

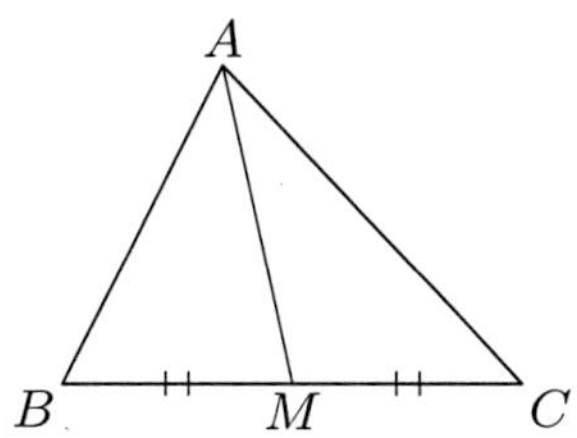

1.5.19. 아래 정육면체에서 직선 AG는 직선 BD, FH와 수직임을 증명하라.

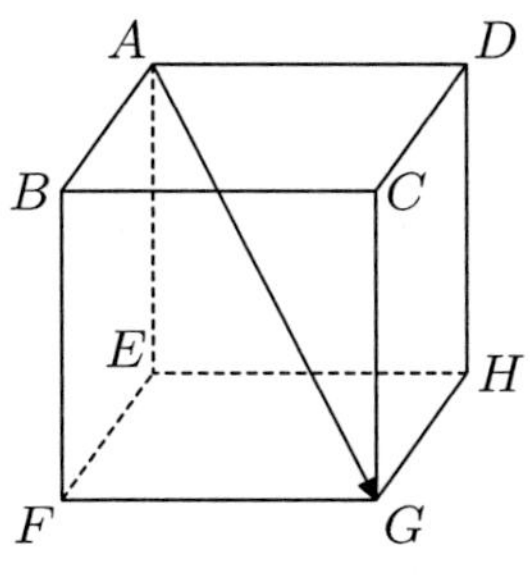

1.5.20. $\triangle ABC$에서 변 BC의 중점을 M, 선분 AM을 $2:1$로 내분하는 점을 G, 변 AC의 중점을 M'라고 할 때 세 점 B, G, M'가 일직선 위에 있음을 증명하라.

1.5.21. 한 점 $(-1,\ 2,\ 1)$을 지나고, 다음 직선에 수직인 평면의 방정식을 구하라.

$$\frac{x-1}{3}=\frac{y-5}{4}=\frac{z-1}{1}$$

1.5.22. 점 $(1,\ -3,\ 2)$를 지나고, 직선 $4(x-1)=6y=7(z-1)$에 수직인 평면의 방정식을 구하라. 직선 $\dfrac{x-x_0}{a}=\dfrac{y-y_0}{b}=\dfrac{z-z_0}{c}$와 평면 $ax+by+cz+d=0$은 수직임을 증명하라. 단, a, b, c는 0이 아니다.

1.5.23. $\triangle ABC$는 $\overline{AB}=\overline{AC}$인 이등변삼각형이다. 변 BC의 중점을 M이라고 할 때, 선분 AM과 BC가 수직임을 증명하라.

1.5.24. 다음과 같이 정의된 매개화된 곡선

$$X(t)=(t,|t|)$$

이 미분가능한 곡선인지 살펴보아라. 이 곡선의 그림을 그리라. 이제 매개화된 곡선

$$X(t)=\begin{cases}(t^2,t^2), & t\geq 0\\ (t^2,-t^2), & t\leq 0\end{cases}$$

의 그림을 그리고 이 곡선이 미분가능한지 살펴보아라. 끝으로, 두 곡선의 차이를 설명하라.

1.5.25. x축 위에 점 P와 y축 위에 점 Q가 있다. 이 두 점 사이의 거리를 일정하게 유지하면서 점 P가 x축의 양의 방향으로 일정한 속력 c로 움직인다. 선분 PQ와 x축이 이루는 각이 $\dfrac{\pi}{6}$가 될 때, Q의 속력을 구하라.

1.5.26. 평면 위를 움직이는 점 P의 t 초 후의 위치가 $(\cos 2t,\ 1+\sin t)$라 한다.

(가) 점 P의 자취를 좌표평면 위에 그리라.

(나) $0\leq t\leq \pi$에서 점 P의 속력의 최대값과 최소값을 구하라.

제 2 장

일차식과 행렬

우리가 중학교에서 처음 배운 함수가 일차함수이듯이, 다변수함수에서도 일차함수를 먼저 공부한다. 특히, 중학교에서 이미 공부한 일차 연립방정식을 푸는 방법을 체계적으로 살펴보고 이를 바탕으로 행렬을 도입하여, 일차방정식을 푸는 과정이 행렬에서 어떠한 조작을 하는 것인지 알아본다. 행렬을 보다 체계적으로 공부하기 위하여 행렬들의 합과 스칼라곱, 그리고 곱을 정의하고 이러한 연산들이 어떠한 의미를 가지는지 알아본다. 행렬은 그저 숫자들의 나열에 지나지 않지만 무수히 많은 해석이 가능하다. 여기에서는 행렬을 어떻게 선형변환으로 이해하는가 알아보고, 특히 평면에서 선형변환의 구체적인 예들을 알아본다. 또한, 일차식들의 부등호로 정의된 영역에서 주어진 일차식의 최대값과 최소값을 어떻게 구하는지 알아본다.

2.1 일차연립방정식과 행렬

일차연립방정식을 풀 때 중요한 것은 미지수가 아니라 그 계수들인데, 이 계수들을 행렬로 표시하면 매우 편리하다. 일차방정식을 풀 때 사용하는 여러 가지 조작이 행렬에서 어떠한 조작에 해당하는지 알고 나면 일차방정식을 보다 체계적으로 풀 수 있다.

일차연립방정식

변수가 x 한 개인 일차동차식은

$$ax$$

형태이고, 변수가 x, y 두 개인 일차동차식은

$$ax + by$$

의 꼴이다. 일반적으로 변수가 $x_1, x_2, \ldots, x_n$ 인 일차동차식은

$$a_1x_1 + a_2x_2 + \cdots + a_nx_n$$

으로 주어진다. 만일

$$A = (a_1, a_2, \cdots, a_n), \qquad X = (x_1, x_2, \ldots, x_n)$$

라 두면 위 동차식은 내적

$$a_1x_1 + a_2x_2 + \cdots + a_nx_n = A \cdot X$$

로 쓸 수 있다. 미지수가 하나인 일차방정식의 일반형이 $ax = b$ 이듯이, 변수가 n개인 일차방정식의 일반형은

$$A \cdot X = b$$

의 형태로 주어진다. 만일 $n = 2$이면 이 방정식의 해집합은 좌표평면의 직선을 나타내며, $n = 3$인 경우 이 방정식의 해집합은 좌표공간의 평면을 나타낸다.

이제 간단한 연립방정식의 예

$$2x + 3y = 2$$
$$5x - 2y = 7$$

를 살펴보자. 이 방정식을 풀기 위하여 첫째식에 2를 곱하고 둘째식에 3을 곱한 후 서로 더하여 $19x = 25$를 얻는데, 이 방식의 핵심은 원래 방정식과 새로이 얻은 방정식

$$2x + 3y = 2$$
$$19x = 25$$

의 해가 같다는 사실이다.

일반적으로, 연립방정식

$$A_1 \cdot X = b_1, \qquad A_2 \cdot X = b_2$$

가 주어져 있다고 하자. 만일 X가 이 방정식의 해라면, 임의의 상수 a_1, a_2에 대하여

$$\begin{aligned}(a_1A_1 + a_2A_2) \cdot X &= (a_1A_1) \cdot X + (a_2A_2) \cdot X \\ &= a_1(A_1 \cdot X) + a_2(A_2 \cdot X) = a_1b_1 + a_2b_2\end{aligned}$$

가 성립한다. 따라서 X는 연립방정식

$$\begin{aligned}A_1 \cdot X &= b_1 \\ (a_1A_1 + a_2A_2) \cdot X &= a_1b_1 + a_2b_2\end{aligned}$$

의 해가 된다. 역으로 X가 이 방정식의 해라면

$$\begin{aligned}a_2A_2 \cdot X &= [(a_1A_1 + a_2A_2) - a_1A_1] \cdot X \\ &= (a_1A_1 + a_2A_2) \cdot X - a_1A_1 \cdot X \\ &= (a_1b_1 + a_2b_2) - a_1b_1 = a_2b_2\end{aligned}$$

이므로, 만일 $a_2 \neq 0$이면 $A_2 \cdot X = b_2$를 얻고, 따라서 X는 원래 방정식

$$\begin{aligned}A_1 \cdot X &= b_1 \\ A_2 \cdot X &= b_2\end{aligned}$$

의 해가 된다.

일차연립방정식의 해

벡터 $A_1, A_2, \cdots, A_m \in \mathbb{R}^n$과 $b_1, b_2, \cdots, b_m \in \mathbb{R}$에 대하여 일차연립방정식

$$\begin{aligned}A_1 \cdot X &= b_1 \\ A_2 \cdot X &= b_2 \\ &\cdots \\ A_m \cdot X &= b_m\end{aligned}$$

의 해는 방정식 $A_i \cdot X = b_i$를

$$(cA_i + dA_j) \cdot X = cb_i + db_j$$

로 바꾸어도 그 해가 변하지 않는다. (단, $c \neq 0$)

행렬과 일차연립방정식의 풀이

이와 같은 원리를 이용하는 데에 미지수는 아무런 역할을 하지 못하므로, 방정식의 계수만 추리는 것이 편리하다. 위에서 예로 살펴본 연립방정식

$$2x + 3y = 2$$
$$5x - 2y = 7$$

의 경우 다음

$$\begin{pmatrix} 2 & 3 & 2 \\ 5 & -2 & 7 \end{pmatrix}$$

과 같이 그 계수만 늘어놓는다. 숫자들을 이와 같이 늘어놓은 것을 행렬이라 한다. 이 행렬에서 벡터 $(2, 3, 2)$는 첫째 행 혹은 첫째 행벡터라 부른다. 물론 $(5, -2, 7)$는 둘째 행이다. 한편, $\begin{pmatrix} 2 \\ 5 \end{pmatrix}$는 첫째 열이 된다. 또한, i-번째 행과 j-번째 열에 있는 수를 (i, j) 원이라 부른다. 위 행렬에서 $(2, 3)$ 원은 7이다. 일반적으로 행이 m개이고 열이 n개인 행렬을 $m \times n$행렬이라 부른다. 위 행렬은 2×3행렬이다. 행과 열의 개수가 같은 행렬을 정사각행렬이라 한다. 특히 정사각행렬에서 $(1, 1)$ 원, $(2, 2)$ 원들과 같이 대각선에 위치한 원들을 대각원이라 한다.

이 행렬을 보면서 연립방정식을 풀어보자. 먼저, 첫째 행에 2를 곱하고, 둘째 행에 3을 곱하여 얻은 행렬

$$\begin{pmatrix} 4 & 6 & 4 \\ 15 & -6 & 21 \end{pmatrix}$$

이 나타내는 연립방정식은 원래 방정식과 같은 근을 가진다. 이 행렬에서 둘째 행을 두 행의 합으로 바꾸어서 얻은 행렬

$$\begin{pmatrix} 4 & 6 & 4 \\ 19 & 0 & 25 \end{pmatrix}$$

도 마찬가지이다. 물론, 둘째 행에 $\dfrac{1}{19}$를 곱하여 얻은 행렬

$$\begin{pmatrix} 4 & 6 & 4 \\ 1 & 0 & \dfrac{25}{19} \end{pmatrix}$$

에서는 $x = \dfrac{25}{19}$가 바로 보인다. 앞으로, i-번째 행벡터를 R_i로 표시하고, R_i를 $cR_i + dR_j$로

바꿀 때, 이를

$$R_i \to cR_i + dR_j$$

로 표시한다. 물론 R_i와 R_j를 바꾸어도 방정식의 해는 변하지 않는다.

예제 1. 다음 행렬

$$\begin{pmatrix} 1 & -1 & 4 & 19 \\ 2 & 4 & 2 & 8 \\ 1 & 5 & -8 & -35 \end{pmatrix}$$

이 나타내는 연립방정식

$$\begin{cases} x - y + 4z = 19 \\ 2x + 4y + 2z = 8 \\ x + 5y - 8z = -35 \end{cases}$$

을 풀어라

풀이 : 먼저 첫째 열에서 $(1,1)$ 원을 남기고 나머지를 0으로 만드는 것이 편리하다. 이를 위하여

$$R_2 \to R_2 - 2R_1, \qquad R_3 \to R_3 - R_1$$

을 시행하면

$$\begin{pmatrix} 1 & -1 & 4 & 19 \\ 0 & 6 & -6 & -30 \\ 0 & 6 & -12 & -54 \end{pmatrix}$$

를 얻는다. 마찬가지로 둘째 열에서도 $(2,2)$ 원보다 아래에 있는 원들을 0으로 만든다. 이를 위하여

$$R_3 \to R_3 - R_2$$

를 시행하여

$$\begin{pmatrix} 1 & -1 & 4 & 19 \\ 0 & 6 & -6 & -30 \\ 0 & 0 & -6 & -24 \end{pmatrix}$$

를 얻는데, $(1,1)$, $(2,2)$, $(3,3)$ 원이 1이 되도록

$$R_2 \to \frac{1}{6} R_2, \qquad R_3 \to -\frac{1}{6} R_3,$$

를 시행하면

$$\begin{pmatrix} 1 & -1 & 4 & 19 \\ 0 & 1 & -1 & -5 \\ 0 & 0 & 1 & 4 \end{pmatrix}$$

이 된다. 이를 방정식으로 쓰면

$$\begin{aligned} x - y + 4z &= 19 \\ y - z &= -5 \\ z &= 4 \end{aligned}$$

이므로 방정식을 다 푼 것이나 다름없다. 하지만 지금까지 하던 일을 계속하여, 처음 세 열에서 $(1,1)$, $(2,2)$, $(3,3)$ 원만 1이고 나머지는 0이 되도록 한다. 이를 위하여

$$R_1 \to R_1 + R_2$$

를 시행하면

$$\begin{pmatrix} 1 & 0 & 3 & 14 \\ 0 & 1 & -1 & -5 \\ 0 & 0 & 1 & 4 \end{pmatrix}$$

를 얻고, 다시

$$R_1 \to R_1 - 3R_3, \qquad R_2 \to R_2 + R_3$$

를 시행하여

$$\begin{pmatrix} 1 & 0 & 0 & 2 \\ 0 & 1 & 0 & -1 \\ 0 & 0 & 1 & 4 \end{pmatrix}$$

를 얻는다. 이 행렬을 방정식으로 표현하면, 우리가 바라던 해

$$\begin{cases} x = 2 \\ y = -1 \\ z = 4 \end{cases}$$

를 얻게 된다. □

문제 2.1.1. 다음 연립방정식을 풀어라.

(가) $\begin{cases} x+y+z=1 \\ x-y-2+z=3 \\ 2x+y+z=2 \end{cases}$ (나) $\begin{cases} x+2y+3z=9 \\ 2x-y+2z=8 \\ 3x-z=3 \end{cases}$

예제 2. 연립방정식

$$\begin{cases} x+y+2z-5w=3 \\ 2x+5y-z-9w=-3 \\ 2x+y-z+3w=-11 \\ x-3y+2z+7w=-5 \end{cases}$$

을 풀어라.

풀이 : 먼저 다음 행렬

$$\begin{pmatrix} 1 & 1 & 2 & -5 & 3 \\ 2 & 5 & -1 & -9 & -3 \\ 2 & 1 & -1 & 3 & -11 \\ 1 & -3 & 2 & 7 & -5 \end{pmatrix}$$

에서 시작하자. 먼저 $R_2 \to R_2 - 2R_1$, $R_3 \to R_3 - 2R_1$ 및 $R_4 \to R_4 - R_1$을 적용하면

$$\begin{pmatrix} 1 & 1 & 2 & -5 & 3 \\ 0 & 3 & -5 & 1 & -9 \\ 0 & -1 & -5 & 13 & -17 \\ 0 & -4 & 0 & 12 & -8 \end{pmatrix}$$

을 얻는데, 이 경우 R_3에 -1을 곱하고 R_2와 자리를 바꾸어

$$\begin{pmatrix} 1 & 1 & 2 & -5 & 3 \\ 0 & 1 & 5 & -13 & 17 \\ 0 & 3 & -5 & 1 & -9 \\ 0 & -4 & 0 & 12 & -8 \end{pmatrix}$$

로 계산하는 것이 편리할 수 있다. 같은 방식으로 계산하면

$$\begin{pmatrix} 1 & 1 & 2 & -5 & 3 \\ 0 & 1 & 5 & -13 & 17 \\ 0 & 0 & 1 & -2 & 3 \\ 0 & 0 & 0 & 0 & 0 \end{pmatrix}$$

이 된다. 여기에서 마지막 행이 나타내는 식은

$$0 \cdot x + 0 \cdot y + 0 \cdot z + 0 \cdot w = 0$$

이므로 이 식은 아무런 역할을 하지 못한다. 계속하여 계산하면

$$\begin{pmatrix} 1 & 0 & 0 & 2 & -5 \\ 0 & 1 & 0 & -3 & 2 \\ 0 & 0 & 1 & -2 & 3 \\ 0 & 0 & 0 & 0 & 0 \end{pmatrix}$$

을 얻는다. 이를 방정식으로 쓰면

$$\begin{aligned} x + 2w &= -5 \\ y - 3w &= 2 \\ z - 2w &= 3 \end{aligned}$$

이 되므로, 구하는 해는

$$x = -2a - 5, \quad y = 3a + 2, \quad z = 2a + 3, \quad w = a, \qquad (\text{단, } a \text{ 실수})$$

가 된다. □

만일 위 예제에서 마지막 방정식이 $x - 3y + 2z + 7w = 15$이었으면 어떻게 되었을까 생각해 보자. 이 경우, 처음 네 열에 관한 계산은 그대로 유지되고 마지막 열의 $(4, 4)$원만 바뀌게 된다. 실제로 계산하면 다음 행렬

$$\begin{pmatrix} 1 & 1 & 2 & -5 & 3 \\ 2 & 5 & -1 & -9 & -3 \\ 2 & 1 & -1 & 3 & -11 \\ 1 & -3 & 2 & 7 & 15 \end{pmatrix}$$

에서 출발하여

$$\begin{pmatrix} 1 & 1 & 2 & -5 & 3 \\ 0 & 1 & 5 & -13 & 17 \\ 0 & 0 & 1 & -2 & 3 \\ 0 & 0 & 0 & 0 & 1 \end{pmatrix}$$

을 얻게 된다. 이 행렬의 마지막 행은 방정식

$$0 \cdot x + 0 \cdot y + 0 \cdot z + 0 \cdot w = 1$$

을 나타내므로 이 방정식은 해를 가지지 않는다.

이와 같이 방정식과 미지수의 개수가 같은 경우, 행렬을 바꾸어 $(1,1)$ 원, $(2,2)$ 원, $(3,3)$ 원 등 대각원 아래를 모두 0 으로 만들었을 때 대각원에 0이 나타나지 않으면 방정식은 유일한 해를 가진다. 그러나 대각원에 0이 나타나면 이 방정식은 무수히 많은 해를 가지거나 해를 가지지 않는다.

문제 2.1.2. 다음 연립방정식을 풀어라.

$$\text{(가)} \begin{cases} x+y+2z+3w=13 \\ x-2y+z+w=8 \\ 3x+y+z-w=1 \end{cases} \qquad \text{(나)} \begin{cases} x+y+z=1 \\ x+y-2z=3 \\ 2x+y+z=2 \end{cases}$$

문제 2.1.3. 다음 연립방정식이 해를 유일하게 가질 a의 조건을 찾아라. 또한, 해를 가지지 않을 a의 조건과 무수히 많은 해를 가질 a의 조건을 찾아라.

$$\text{(가)} \begin{cases} x+y+z=2 \\ x+2y+z=3 \\ x+y-(a^2-5)z=a \end{cases} \qquad \text{(나)} \begin{cases} x+y=3 \\ x+(a^2-8)y=a \end{cases}$$

다음 그림과 같은 도로망이 있는데, a와 b 지점의 차량 통행량을 알고 있다. 이제 어느 지점에 차량 통행 측정기를 설치해야 전체 도로의 통행량을 알 수 있는지 생각해 보자.

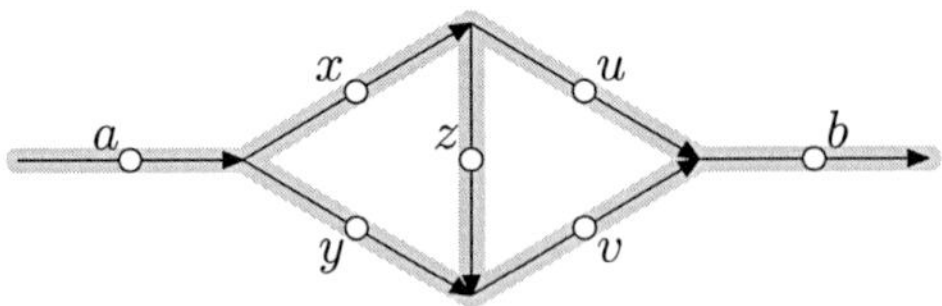

각 지점의 통행량을 그 지점의 문자로 나타내면, 다음 등식

$$a=x+y, \qquad x=z+u, \qquad v=y+z, \qquad b=u+v$$

이 성립해야 한다. 그런데

$$a=x+y=z+u+y=u+v$$

이므로 마지막 관계식은 무의미하고, 실제 a와 b 지점의 통행량은 자동적으로 같을 수 밖에 없다. 따라서 다음 관계식

$$\begin{cases} a=x+y \\ x=z+u \\ v=y+z \end{cases}$$

을 얻는다. 이를 미지수 x,y,z,u,v에 관한 방정식으로 이해하면 미지수의 개수가 방정식의 개수보다 많으므로 그 해가 유일하게 결정되지 않는다. 적어도 두 지점의 통행량을 알아야 그

해가 유일하게 결정될 것이다. 이 방정식을 행렬로 나타내면

$$\begin{pmatrix} 1 & 1 & 0 & 0 & 0 & a \\ 1 & 0 & -1 & -1 & 0 & 0 \\ 0 & 1 & 1 & 0 & -1 & 0 \end{pmatrix} \tag{2.1}$$

가 된다.

이제부터, 해의 유일성을 따지는 데에 상수항에 나타내는 마지막 열은 아무런 역할을 하지 못하므로 이를 무시하고 처음 다섯 열로 이루어진 3×5 행렬을 생각한다. 만일 x, y의 값을 알고 있다면 첫째 열과 둘째 열이 없어지고 z, u, v에 관한 다음 방정식

$$\begin{pmatrix} 0 & 0 & 0 \\ -1 & -1 & 0 \\ 1 & 0 & -1 \end{pmatrix}$$

을 푸는 문제로 귀착된다. 그런데 처음 행이 모두 0이므로 이 방정식의 해는 유일하게 나오지 않는다. 다시 말하여 x와 y 지점에 측정기를 설치하여도 전체 도로의 통행량을 알 수 없다는 것이다. 물론 상식적으로 생각해 보아도 이미 a와 x 지점의 통행량을 알고 있다면 y의 통행량을 바로 알 수 있기 때문에 y 지점에 측정기를 또 설치할 필요는 없을 것이다. 마찬가지로 u, v 지점에 모두 측정기를 설치하는 것도 낭비이다. 실제로 u, v를 상수로 취급하면 (2.1)에서 u, v에 해당하는 두 열을 없애고 다음 행렬

$$\begin{pmatrix} 1 & 1 & 0 \\ 1 & 0 & -1 \\ 0 & 1 & 1 \end{pmatrix}$$

이 나타내는 x, y, z에 관한 방정식을 푸는 문제로 귀착된다.

문제 2.1.4. 이 방정식의 해가 유일하지 않다는 것을 보이라.

이제, x, u 지점의 통행량을 안다고 가정해 보자. 그러면 원래 방정식에서 x, u를 상수로 취급할 수 있다는 말이고, 행렬 (2.1)에서 x, u에 해당하는 두 열을 없애고 다음 행렬

$$\begin{pmatrix} 1 & 0 & 0 \\ 0 & -1 & 0 \\ 1 & 1 & -1 \end{pmatrix}$$

을 생각하면 되는데, 이 행렬이 나타내는 방정식의 해가 유일하게 결정됨은 바로 확인할 수 있다. 다시 말하여 x, u 두 지점에 통행량 측정기를 설치하면 전체 통행량을 알 수 있다는 말이 된다.

끝으로, z 지점의 통행량을 알고 있다고 가정해 보자. 그러면 행렬 (2.1)에서 z에 해당하는 열을 없애고

$$\begin{pmatrix} 1 & 1 & 0 & 0 \\ 1 & 0 & -1 & 0 \\ 0 & 1 & 0 & -1 \end{pmatrix}$$

을 생각하면 된다. 이 경우, 어느 열을 없애더라도 그 해가 유일하게 나온다. 즉, 각 열을 하나씩 없앤 다음 행렬들

$$\begin{pmatrix} 1 & 0 & 0 \\ 0 & -1 & 0 \\ 1 & 0 & -1 \end{pmatrix}, \quad \begin{pmatrix} 1 & 0 & 0 \\ 1 & -1 & 0 \\ 0 & 0 & -1 \end{pmatrix}, \quad \begin{pmatrix} 1 & 1 & 0 \\ 1 & 0 & 0 \\ 0 & 1 & -1 \end{pmatrix}, \quad \begin{pmatrix} 1 & 1 & 0 \\ 1 & 0 & -1 \\ 0 & 1 & 0 \end{pmatrix}$$

이 나타내는 방정식은 모두 해가 유일하게 결정된다. 따라서 z 지점과 다른 지점 아무 곳이나 하나 더 골라서 두 곳에 측정기를 설치하면 전체 통행량을 알 수 있게 된다.

문제 2.1.5. 위에 주어진 네 행렬들에 대하여, 이 행렬이 나타내는 방정식의 해가 유일하게 결정됨을 보이라.

2.2 행렬의 연산과 선형변환

행렬에서도 더하기 및 곱하기와 같은 연산을 할 수 있다. 이러한 연산은 여러 가지로 해석할 수 있는데, 행렬을 공간 사이에 정의된 선형변환으로 이해하면 행렬의 곱하기는 바로 선형변환의 합성에 해당하는 연산이다.

행렬의 연산

만약 $A = (a_{ij})$와 $B = (b_{ij})$가 $m \times n$ 행렬이면, 그 합 $A + B$를 다음

$$A + B = (a_{ij} + b_{ij})$$

과 같이 정의한다. 또한 실수 c에 대하여 스칼라곱 cA를

$$cA = (ca_{ij})$$

와 같이 정의한다. 예를 들어서,

$$2\begin{pmatrix} 0 & 1 \\ 2 & 3 \end{pmatrix} = \begin{pmatrix} 0 & 2 \\ 4 & 6 \end{pmatrix}$$

$$\begin{pmatrix} 0 & 1 & 2 \\ 3 & 4 & 5 \end{pmatrix} + \begin{pmatrix} 1 & 2 & 3 \\ 4 & 5 & 6 \end{pmatrix} = \begin{pmatrix} 1 & 3 & 5 \\ 7 & 9 & 11 \end{pmatrix}$$

이다. 모든 항이 0인 행렬을 영행렬이라 하고, O으로 나타낸다. 즉,

$$O = \begin{pmatrix} 0 & \cdots & 0 \\ \vdots & \ddots & \vdots \\ 0 & \cdots & 0 \end{pmatrix}$$

이다. 그러면 영행렬은 합에 관한 항등원이 된다. 행렬의 합과 스칼라곱은 벡터의 합과 스칼라곱이 가지고 있는 성질을 모두 만족시킴을 바로 확인할 수 있다.

행렬에서 더하기 외에도 곱하기를 할 수 있다. 만일 두 행렬 $A = (a_{ij})$와 $B = (b_{jk})$가 각각 $m \times n$행렬 및 $n \times \ell$행렬이라면, 두 행렬의 곱 AB는 $m \times \ell$행렬로서 (i, k)원이 A의 i번째 행벡터와 B의 k번째 열벡터의 내적

$$\sum_{j=1}^{n} a_{ij} b_{jk}$$

이 되도록 정의한다. 다음

$$\begin{pmatrix} a_{11}\ a_{12}\ \cdots\ a_{1n} \\ \vdots \\ \boxed{a_{i1}\ a_{i2}\ \cdots\ a_{in}} \\ \vdots \\ a_{m1}\ a_{m2}\ \cdots\ a_{mn} \end{pmatrix} \begin{pmatrix} b_{11} & & \boxed{\begin{matrix} b_{1k} \\ b_{2k} \\ \vdots \\ b_{nk} \end{matrix}} & & b_{1l} \\ b_{21} & \cdots & & \cdots & b_{2l} \\ \vdots & & & & \vdots \\ b_{n1} & & & & b_{nl} \end{pmatrix}$$

에서 네모로 표시한 두 벡터를 내적한 것이 $m \times \ell$행렬 AB의 (i, k)원이 된다. 예를 들어서,

$$\begin{pmatrix} 1 & 2 & 3 \\ 4 & 5 & 6 \end{pmatrix} \begin{pmatrix} 1 & 2 \\ 3 & 4 \\ 5 & 6 \end{pmatrix} = \begin{pmatrix} 22 & 28 \\ 49 & 64 \end{pmatrix}$$

이다.

문제 2.2.1. 행렬 A, B, C 에 대하여 곱 AB, BC 가 정의될 때, 다음 등식

$$(AB)C = A(BC)$$

이 성립함을 보이라.

문제 **2.2.2.** 만일 A, A' 이 $m \times n$ 행렬이고, B, B' 이 $n \times \ell$ 행렬이면 다음 등식

$$(A + A')B = AB + A'B$$
$$A(B + B') = AB + AB'$$
$$(tA)B = t(AB) = A(tB)$$

이 성립함을 보이라. 단, t는 실수이다.

행렬의 곱은 여러 가지 상황에서 다양한 방법으로 해석할 수 있는데, 그 한 가지를 예로 들어 보자. 아래 그림과 같이 네 개의 도시 A, B, C, D 를 연결하는 도로가 있다. 이 도로들은 쌍방통행이 가능한 도로들이다.

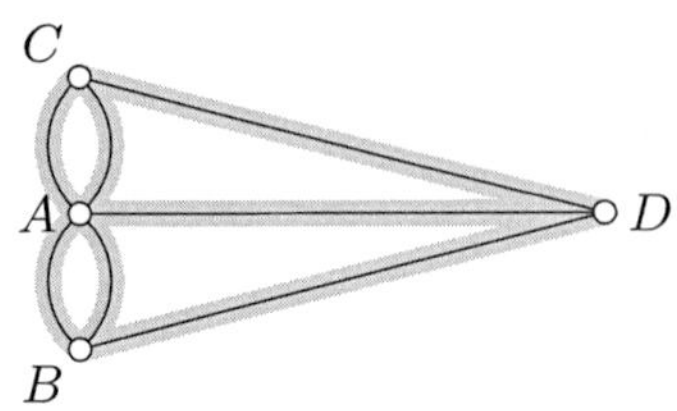

이때 두 도시 사이에 놓인 도로의 개수를 나타내는 행렬을

$$M = \begin{pmatrix} 0 & 2 & 2 & 1 \\ 2 & 0 & 0 & 1 \\ 2 & 0 & 0 & 1 \\ 1 & 1 & 1 & 0 \end{pmatrix}$$

으로 두자. 이때 첫 번째 행은 A도시와 연결된 도로들의 개수를 나타내고, 두 번째 행은 B 도시와, 세 번째 행은 C도시와, 마지막 행은 D도시와 연결된 도로들의 개수를 나타낸다. 이때

$$M^2 = MM = \begin{pmatrix} 9 & 1 & 1 & 4 \\ 1 & 5 & 5 & 2 \\ 1 & 5 & 5 & 2 \\ 4 & 2 & 2 & 3 \end{pmatrix}$$

이다. 이 행렬에서 $(1,1)$ 원은 9인데 이것이 뜻하는 바는 A를 출발하여 다른 도시를 한 번 거쳐서 다시 A에 돌아오는 방법의 개수이다. 마찬가지로 $(1,2)$ 원은 1인데 이것은 A를 출발하여 다른 도시를 한 번 거쳐 B에 도착하는 방법이 오직 한 가지임을 나타낸다.

문제 2.2.3. 위에서 M^3 의 의미를 설명하라.

문제 2.2.4. 동대문, 남대문, 영등포 시장의 과일 가격과 갑, 을, 병이 사려고 하는 과일의 수가 다음과 같이 주어졌다고 하자.

$A =$

	사과	배	복숭아
동대문	30	50	20
남대문	35	50	25
영등포	40	50	30

$B =$

	갑	을	병
사과	30	50	40
배	10	20	20
복숭아	50	50	100

이때 두 행렬의 곱 AB의 각 원이 나타내는 의미를 설명하라.

행렬 $A = (a_{ij})$의 크기가 $m \times n$일 때

$$b_{ij} = a_{ji}$$

인 b_{ij}를 (i, j)원으로 하는 $n \times m$ 행렬 $B = (b_{ij})$를 A의 전치행렬이라고 하고 $B = A^t$로 나타낸다. 이 정의로부터 행렬 A의 전치행렬 A^t는 A의 행과 열을 바꾸어 얻은 행렬임을 알 수 있다. 예를 들어,

$$A = \begin{pmatrix} 1 & -2 & 3 \\ 4 & 5 & 0 \end{pmatrix}$$

에 대하여

$$A^t = \begin{pmatrix} 1 & 4 \\ -2 & 5 \\ 3 & 0 \end{pmatrix}$$

이다. 특히, $A = A^t$를 만족하는 정사각행렬을 대칭행렬이라고 부른다. 대칭행렬은 다음 행렬

$$\begin{pmatrix} 1 & 0 & 4 \\ 0 & 2 & -1 \\ 4 & -1 & 3 \end{pmatrix}$$

에서 보듯이 대각선을 중심으로 대칭을 이룬다.

문제 2.2.5. $n \times n$행렬 A, B와 실수 c에 대하여 다음 성질이 성립함을 보이라.

(가) $(A^t)^t = A$

(나) $(cA)^t = cA^t$

(다) $(A+B)^t = A^t + B^t$

(라) $(AB)^t = B^t A^t$

역행렬

다음

$$I = \begin{pmatrix} 1 & 0 & \cdots & 0 \\ 0 & 1 & \cdots & 0 \\ \vdots & \vdots & \ddots & \vdots \\ 0 & 0 & \cdots & 1 \end{pmatrix}$$

과 같이 정의된 정사각행렬 I를 생각하자. 그러면 임의의 행렬 A에 대하여 다음 등식

$$AI = IA = A$$

이 성립하므로 행렬 I는 정사각행렬들의 곱하기에 대한 항등원의 역할을 한다. 이 행렬 I를 항등행렬이라 부른다. 주어진 정사각행렬의 곱하기에 관한 역원을 역행렬이라고 한다. 즉, 정사각행렬 A와 B가 다음

$$AB = BA = I$$

를 만족할 때, B를 A의 역행렬이라 하고 이를 A^{-1}이라 쓴다.

이제, 주어진 정사각행렬의 역행렬을 어떻게 구할지 생각해 보는데, 먼저 간단한 2×2 행렬

$$\begin{pmatrix} 2 & 5 \\ 1 & 3 \end{pmatrix}$$

을 생각해 보자. 만일 $\begin{pmatrix} x & y \\ z & w \end{pmatrix}$가 역행렬이라면

$$\begin{pmatrix} 2 & 5 \\ 1 & 3 \end{pmatrix} \begin{pmatrix} x & y \\ z & w \end{pmatrix} = \begin{pmatrix} 1 & 0 \\ 0 & 1 \end{pmatrix}$$

인데, 이를 다시 쓰면

$$\begin{pmatrix} 2 & 5 \\ 1 & 3 \end{pmatrix} \begin{pmatrix} x \\ z \end{pmatrix} = \begin{pmatrix} 1 \\ 0 \end{pmatrix}, \qquad \begin{pmatrix} 2 & 5 \\ 1 & 3 \end{pmatrix} \begin{pmatrix} y \\ w \end{pmatrix} = \begin{pmatrix} 0 \\ 1 \end{pmatrix}$$

와 같이 두 개의 연립방정식이 된다. 따라서 두 행렬

$$\begin{pmatrix} 2 & 5 & 1 \\ 1 & 3 & 0 \end{pmatrix}, \qquad \begin{pmatrix} 2 & 5 & 0 \\ 1 & 3 & 1 \end{pmatrix}$$

의 행들을 변환하여 방정식을 풀면 되는데, 이는 다음 행렬

$$\begin{pmatrix} 2 & 5 & 1 & 0 \\ 1 & 3 & 0 & 1 \end{pmatrix}$$

을 변환하는 것이나 마찬가지이다. 먼저, $R_1 \to \frac{1}{2}R_1$ 에서

$$\begin{pmatrix} 1 & \frac{5}{2} & \frac{1}{2} & 0 \\ 1 & 3 & 0 & 1 \end{pmatrix}$$

를 얻고, $R_2 \to R_2 - R_1$ 으로 변환하면

$$\begin{pmatrix} 1 & \frac{5}{2} & \frac{1}{2} & 0 \\ 0 & \frac{1}{2} & -\frac{1}{2} & 1 \end{pmatrix}$$

가 된다. 이제, $(1,2)$ 원을 0 으로 만들기 위하여 $R_1 \to R_1 - 5R_2$ 를 시행하면

$$\begin{pmatrix} 1 & 0 & 3 & -5 \\ 0 & \frac{1}{2} & -\frac{1}{2} & 1 \end{pmatrix}$$

인데 $(2,2)$ 원을 1 로 만들기 위하여 $R_2 \to 2R_2$ 를 하면

$$\begin{pmatrix} 1 & 0 & 3 & -5 \\ 0 & 1 & -1 & 2 \end{pmatrix}$$

를 얻는다. 처음 연립방정식을 생각하면 다음 등식

$$\begin{pmatrix} 2 & 5 \\ 1 & 3 \end{pmatrix} \begin{pmatrix} 3 & -5 \\ -1 & 2 \end{pmatrix} = I$$

이 성립할 것이다. 또한, 직접 계산하면

$$\begin{pmatrix} 3 & -5 \\ -1 & 2 \end{pmatrix} \begin{pmatrix} 2 & 5 \\ 1 & 3 \end{pmatrix} = I$$

이 되므로 우리가 찾는 역행렬이 $\begin{pmatrix} 3 & -5 \\ -1 & 2 \end{pmatrix}$ 임을 알았다. 일반적으로, 같은 크기의 두 정사각행렬 A와 B 가 $AB = I$를 만족하면 $BA = I$가 자동적으로 성립한다.[1)] 따라서 위와 같은 방법으로 행을 변환하면 역행렬을 얻을 수 있다. 물론, 행렬의 크기가 더 큰 경우도 마찬가지이다.

만일 위와 같이 행을 변환하였을 때, 왼쪽 정사각행렬이 항등행렬이 되지 않으면 원래 방정식이 풀리지 않는다는 뜻이고, 이는 역행렬이 존재하지 않는다는 의미가 된다. 예를 들어서, 행렬

$$\begin{pmatrix} 2 & 6 \\ 1 & 3 \end{pmatrix}$$

의 경우, 다음 행렬

$$\begin{pmatrix} 2 & 6 & 1 & 0 \\ 1 & 3 & 0 & 1 \end{pmatrix}$$

을 변환하면

$$\begin{pmatrix} 1 & 3 & \frac{1}{2} & 0 \\ 0 & 0 & -\frac{1}{2} & 1 \end{pmatrix}$$

가 되는데, 이는 역행렬을 가지지 않는다는 뜻이다.

문제 2.2.6. 다음 행렬이 역행렬을 가지는가 살펴보고, 역행렬이 있는 경우 이를 구하라.

(가) $\begin{pmatrix} \cos\theta & -\sin\theta \\ \sin\theta & \cos\theta \end{pmatrix}$

(나) $\begin{pmatrix} 1 & 2 & -3 \\ 1 & -2 & 1 \\ 5 & -2 & -3 \end{pmatrix}$

(다) $\begin{pmatrix} 1 & 1 & 1 \\ 0 & 2 & 3 \\ 5 & 5 & 1 \end{pmatrix}$

(라) $\begin{pmatrix} 1 & 1 & 1 & 1 \\ 1 & 2 & -1 & 2 \\ 1 & -1 & 2 & 1 \\ 1 & 3 & 3 & 2 \end{pmatrix}$

행렬과 선형변환

앞에서 설명하였듯이, 벡터 $A \in \mathbb{R}^n$는 다음

$$A \cdot X = a_1x_1 + a_2x_2 + \cdots + a_nx_n$$

1) 참고문헌 [6]의 제 1장을 참조하라.

과 같이 n변수 일차동차식을 결정하고, 임의의 일차동차식은 이와 같은 꼴이다. 이 일차동차식을 함수로 이해한다면

$$X \mapsto A \cdot X : \mathbb{R}^n \to \mathbb{R}^1$$

이 된다. 벡터 A가 $1 \times n$ 행렬임을 기억하고 X를 $n \times 1$행렬로 이해한다면, A가 $m \times n$ 행렬인 경우에도 같은 이야기를 할 수 있다. 다시 말하여, $m \times n$행렬 A가 주어지면 다음

$$\Lambda_A(X) = AX$$

과 같이 정의된 함수

$$\Lambda_A : \mathbb{R}^n \to \mathbb{R}^m$$

을 얻는다. 만일 $X, Y \in \mathbb{R}^n$이고 $c \in \mathbb{R}$이면 다음

$$\Lambda_A(X+Y) = A(X+Y) = AX + AY = \Lambda_A(X) + \Lambda_A(Y)$$
$$\Lambda_A(cX) = A(cX) = c(AX) = c\Lambda_A(X)$$

이 성립한다.

예를 들어서 $A = \begin{pmatrix} 1 & 2 & 3 \\ -2 & 4 & -1 \end{pmatrix}$라 하면 Λ_A는 $\mathbb{R}^3$에서 $\mathbb{R}^2$로 가는 함수이다. 그런데

$$\begin{pmatrix} 1 & 2 & 3 \\ -2 & 4 & -1 \end{pmatrix} \begin{pmatrix} x \\ y \\ z \end{pmatrix} = \begin{pmatrix} x + 2y + 3z \\ -2x + 4y - z \end{pmatrix}$$

이므로, 함수 $\Lambda_A : \mathbb{R}^3 \to \mathbb{R}^2$는 다음

$$\Lambda_A \begin{pmatrix} x \\ y \\ z \end{pmatrix} = \begin{pmatrix} x + 2y + 3z \\ -2x + 4y - z \end{pmatrix}$$

와 같이 쓸 수 있다. 벡터를 예전처럼 행으로 쓴다면

$$\Lambda_A(x, y, z) = (x + 2y + 3z,\ -2x + 4y - z)$$

가 된다.

일반적으로 함수 $\Lambda : \mathbb{R}^n \to \mathbb{R}^m$이 다음 두 성질

$$\Lambda(X+Y) = \Lambda(X) + \Lambda(Y), \qquad \Lambda(cX) = c\Lambda(X)$$

를 만족할 때, 이를 선형변환 혹은 일차변환이라고 부른다.

문제 2.2.7. 두 선형변환의 합성은 선형변환임을 보이라.

문제 2.2.8. 선형변환의 역변환이 존재하는 겨우, 그 역변환도 선형변환임을 보이라.

이제, 선형변환 $\Lambda : \mathbb{R}^n \to \mathbb{R}^m$ 이 주어졌을 때, 이 함수가 어떤 모양일지 알아보자. 이를 위하여

$$E_1 = \begin{pmatrix} 1 \\ 0 \\ \vdots \\ 0 \end{pmatrix}, \quad E_2 = \begin{pmatrix} 0 \\ 1 \\ \vdots \\ 0 \end{pmatrix}, \ldots, \quad E_n = \begin{pmatrix} 0 \\ 0 \\ \vdots \\ 1 \end{pmatrix}$$

이라 두면, 정의역의 벡터 $X \in \mathbb{R}^n$ 를 다음

$$X = \begin{pmatrix} x_1 \\ x_2 \\ \vdots \\ x_n \end{pmatrix} = x_1E_1 + x_2E_2 + \cdots + x_nE_n$$

과 같이 쓸 수 있다. 그러면 선형변환의 정의에 의하여

$$\begin{aligned} \Lambda(X) &= \Lambda(x_1E_1 + x_2E_2 + \cdots + x_nE_n) \\ &= \Lambda(x_1E_1) + \Lambda(x_2E_2) + \cdots + \Lambda(x_nE_n) \\ &= x_1\Lambda(E_1) + x_2\Lambda(E_2) + \cdots + x_n\Lambda(E_n) \end{aligned}$$

이 된다. 이제, 각 $\Lambda(E_i)$ 는 $\mathbb{R}^m$ 의 원소이므로

$$\Lambda(E_1) = \begin{pmatrix} a_{11} \\ a_{21} \\ \vdots \\ a_{m1} \end{pmatrix}, \quad \Lambda(E_2) = \begin{pmatrix} a_{12} \\ a_{22} \\ \vdots \\ a_{m2} \end{pmatrix}, \ldots, \quad \Lambda(E_n) = \begin{pmatrix} a_{1n} \\ a_{2n} \\ \vdots \\ a_{mn} \end{pmatrix}$$

과 같이 쓸 수 있다. 이렇게 결정된 a_{ij} 들을 이용하여 $m \times n$ 행렬 $A = (a_{ij})$ 를 정의하면

$$\Lambda(E_1) = AE_1, \quad \Lambda(E_2) = AE_2, \ \ldots, \quad \Lambda(E_n) = AE_n$$

이므로, 임의의 $X \in \mathbb{R}^n$에 대하여

$$\begin{aligned}\Lambda(X) &= \Lambda(x_1E_1 + x_2E_2 + \cdots + x_nE_n) \\ &= x_1\Lambda(E_1) + x_2\Lambda(E_2) + \cdots + x_n\Lambda(E_n) \\ &= x_1AE_1 + x_2AE_2 + \cdots + x_nAE_n \\ &= A(x_1E_1 + x_2E_2 + \cdots + x_nE_n) = AX = \Lambda_A(X)\end{aligned}$$

이 된다. 즉,

$$\Lambda = \Lambda_A$$

이다. 따라서 임의의 선형변환 $\Lambda : \mathbb{R}^n \to \mathbb{R}^m$은 적절한 $m \times n$행렬 A에 대하여 Λ_A의 꼴로 쓰여질 수 있다.

예제 1. 임의의 선형변환 $\lambda : \mathbb{R}^n \to \mathbb{R}$은 일차동차식으로 주어짐을 보이라.

풀이 : 만일

$$\lambda(E_1) = a_1, \quad \lambda(E_2) = a_2, \ \ldots, \quad \lambda(E_n) = a_n$$

이라 두고 $A = (a_1, a_2, \ldots, a_n)$라 하면, 지금까지 한 이야기에 의하여

$$\lambda(X) = AX = a_1x_1 + a_2x_2 + \cdots + a_nx_n$$

이 된다. □

함수 $\Lambda : \mathbb{R}^n \to \mathbb{R}^m$이 선형변환이고,

$$\Lambda(X) = (\lambda_1(X),\ \lambda_2(X),\ \ldots,\ \lambda_m(X)) \in \mathbb{R}^m$$

이라 하자. 이를 지금까지 쓰던 방식대로 쓰면 물론

$$\Lambda(X) = \begin{pmatrix} \lambda_1(X) \\ \lambda_2(X) \\ \vdots \\ \lambda_m(X) \end{pmatrix} \in \mathbb{R}^m$$

과 같이 된다. 그러면

$$\begin{pmatrix} \lambda_1(X+Y) \\ \lambda_2(X+Y) \\ \vdots \\ \lambda_m(X+Y) \end{pmatrix} = \Lambda(X+Y) = \Lambda(X) + \Lambda(Y) = \begin{pmatrix} \lambda_1(X) \\ \lambda_2(X) \\ \vdots \\ \lambda_m(X) \end{pmatrix} + \begin{pmatrix} \lambda_1(Y) \\ \lambda_2(Y) \\ \vdots \\ \lambda_m(Y) \end{pmatrix}$$

이므로, 각 $i = 1, 2, \ldots, m$에 대하여

$$\lambda_i(X+Y) = \lambda_i(X) + \lambda_i(Y)$$

가 성립해야 한다. 마찬가지로 $\lambda_i(cX) = c\lambda_i(X)$도 성립한다. 따라서 각 성분함수

$$\lambda_i : \mathbb{R}^n \to \mathbb{R}$$

도 선형변환이고, 따라서 일차식으로 표현된다. 예를 들어서 다음 함수

$$\Lambda \begin{pmatrix} x \\ y \end{pmatrix} = \begin{pmatrix} x^2 \\ x-y \end{pmatrix}$$

는 첫 번째 성분함수가 선형이 아니므로 선형변환이 아니다.

예제 2. 다음

$$\Lambda \begin{pmatrix} x \\ y \end{pmatrix} = \begin{pmatrix} 2x-7y \\ x \end{pmatrix}$$

과 같이 정의된 선형변환 $\Lambda : \mathbb{R}^2 \to \mathbb{R}^2$에 대응하는 행렬을 구하라.

풀이 : 먼저

$$\Lambda(E_1) = \Lambda \begin{pmatrix} 1 \\ 0 \end{pmatrix} = \begin{pmatrix} 2 \\ 1 \end{pmatrix}, \qquad \Lambda(E_2) = \Lambda \begin{pmatrix} 0 \\ 1 \end{pmatrix} = \begin{pmatrix} -7 \\ 0 \end{pmatrix}$$

이므로, 구하는 행렬은

$$\begin{pmatrix} 2 & -7 \\ 1 & 0 \end{pmatrix}$$

이다. □

문제 2.2.9. 다음과 같이 정의된 선형변환 Λ에 대응하는 행렬을 구하라.

(가) $\Lambda(x, y) = (2x+y, x, -x+4y)$
(나) $\Lambda(x, y, z) = (x+z, -y+2z, 4x)$
(다) $\Lambda(x, y, z, w) = (x+w, -4x+2y-z, 3y+z+w)$

두 선형변환 $\Lambda_A : \mathbb{R}^n \to \mathbb{R}^m$과 $\Lambda_B : \mathbb{R}^\ell \to \mathbb{R}^n$을 합성한 변환

$$\Lambda_A \circ \Lambda_B : \mathbb{R}^\ell \to \mathbb{R}^m$$

에 대응하는 행렬이 무엇인지 알아보자. 이를 위하여, 각 $k = 1, 2, \ldots, \ell$에 대하여

$$(\Lambda_A \circ \Lambda_B)(E_k) = \Lambda_A(\Lambda_B(E_k))$$

를 구해야 한다. 그런데 $\Lambda_B(E_k)$는 행렬 $B = (b_{jk})$의 k번째 열이므로

$$\Lambda_B(E_k) = \begin{pmatrix} b_{1k} \\ b_{2k} \\ \vdots \\ b_{nk} \end{pmatrix} = b_{1k}E_1 + b_{2k}E_2 + \cdots + b_{nk}E_n$$

가 된다. 따라서

$$\begin{aligned} \Lambda_A(\Lambda_B(E_k)) &= \Lambda_A(b_{1k}E_1 + b_{2k}E_2 + \cdots + b_{nk}E_n) \\ &= b_{1k}\Lambda_A(E_1) + b_{2k}\Lambda_A(E_2) + \cdots + b_{nk}\Lambda_A(E_n) \\ &= b_{1k}\begin{pmatrix} a_{11} \\ a_{21} \\ \vdots \\ a_{m1} \end{pmatrix} + b_{2k}\begin{pmatrix} a_{12} \\ a_{22} \\ \vdots \\ a_{m2} \end{pmatrix} + \cdots + b_{nk}\begin{pmatrix} a_{1n} \\ a_{2n} \\ \vdots \\ a_{mn} \end{pmatrix} \end{aligned}$$

이다. 그런데 이 벡터의 i-원은

$$b_{1k}a_{i1} + b_{2k}a_{i2} + \cdots + b_{nk}a_{in} = a_{i1}b_{1k} + a_{i2}b_{2k} + \cdots + a_{in}b_{nk}$$

이고, 이것이 바로 행렬의 곱 AB의 (i, k)원이다. 따라서 $(\Lambda_A \circ \Lambda_B)(E_k)$은 바로 AB의 k 번째 열벡터이다. 즉, $(\Lambda_A \circ \Lambda_B)$에 대응하는 행렬은 AB이고, 이를 다시 쓰면 다음 등식

$$\Lambda_A \circ \Lambda_B = \Lambda_{AB}$$

이 성립함을 알게 된다.

평면에서 정의된 선형변환

이제부터, $m = n = 2$로 고정하고 선형사상 $\Lambda : \mathbb{R}^2 \to \mathbb{R}^2$의 의미를 알기 위하여 몇 가지 예를 살펴보기로 한다. 먼저 다음과 같이 정의된 행렬

$$\begin{pmatrix} a & 0 \\ 0 & b \end{pmatrix}$$

에 의하여 uv 좌표평면의 점들이 xy 좌표평면으로 어떻게 보내지는지 살펴보자. 이 행렬에 의한 변환 $\Lambda : \mathbb{R}^2 \to \mathbb{R}^2$는

$$\Lambda(u, v) = (au, bv) = (x, y)$$

이므로 (u, v)와 (x, y) 사이의 관계는

$$x = au, \qquad y = bv$$

로 주어진다. 이 변환은 점 $(1, 0)$을 $(a, 0)$으로 보내고 $(0, 1)$을 $(0, b)$로 보낸다. 예를 들어서 uv 평면 위에 있는 원 $u^2 + v^2 = 1$을 뒤에서 공부하게 될 타원[2)]

$$\frac{x^2}{a^2} + \frac{y^2}{b^2} = 1$$

으로 보낸다.

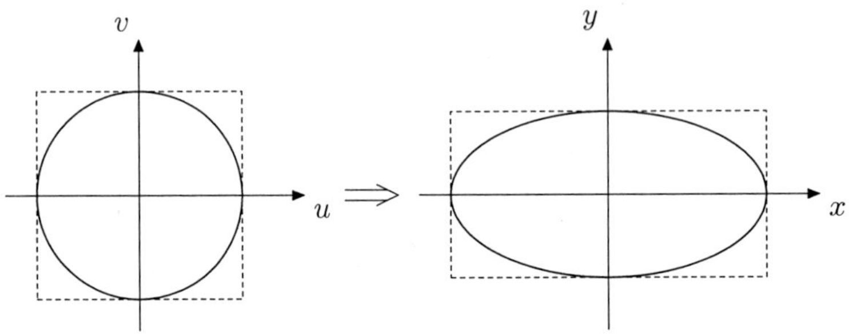

문제 2.2.10. 행렬 $\begin{pmatrix} 1 & 0 \\ 0 & -1 \end{pmatrix}$ 이 어떠한 변환인지 설명하라.

이제 좌표평면을 θ 만큼 회전시키는 변환 R_θ 를 생각하여 보자. 이를 위하여 우선 이 변환이 선형변환인지 알아보자. 벡터를 c 배만큼 스칼라곱하고 나서 회전을 시키는 것과 회전을 먼저 시키고 c 배만큼 스칼라배하는 것은 마찬가지이다. 즉,

$$R_\theta(cX) = cR_\theta(X)$$

이다. 또한, 다음 그림에서 보듯이

$$R_\theta(X + Y) = R_\theta(X) + R_\theta(Y)$$

가 성립하는 것 또한 분명하다.

---

2) 타원에 대해서는 102 쪽에서 설명한다.

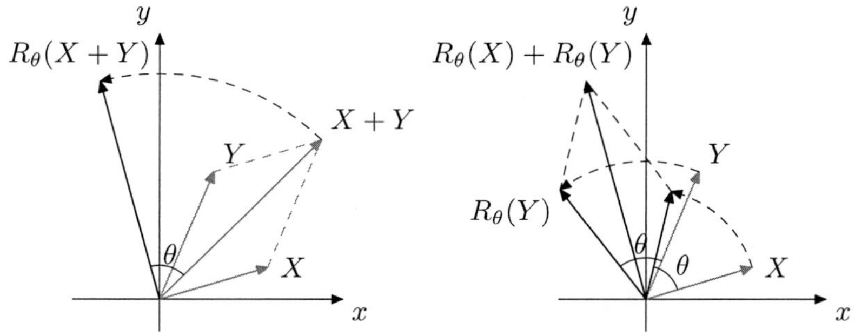

또한, 다음 그림에서 보듯이

$$R_\theta(E_1) = \begin{pmatrix} \cos\theta \\ \sin\theta \end{pmatrix}, \qquad R_\theta(E_2) = \begin{pmatrix} -\sin\theta \\ \cos\theta \end{pmatrix}$$

이므로 선형변환 R_θ 는 다음 행렬

$$R_\theta = \begin{pmatrix} \cos\theta & -\sin\theta \\ \sin\theta & \cos\theta \end{pmatrix}$$

로 주어진다.

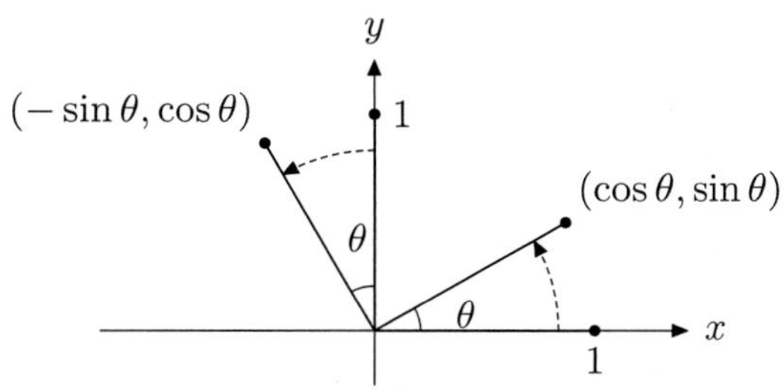

예를 들어서 $\dfrac{\pi}{4}$ 만큼 회전시키는 행렬은

$$R_{\pi/4} = \frac{1}{\sqrt{2}} \begin{pmatrix} 1 & -1 \\ 1 & 1 \end{pmatrix}$$

로 주어진다. 이 변환이 점 $U = (u, v)$를 $X = (x, y)$로 옮긴다면

$$\begin{pmatrix} x \\ y \end{pmatrix} = \frac{1}{\sqrt{2}} \begin{pmatrix} 1 & -1 \\ 1 & 1 \end{pmatrix} \begin{pmatrix} u \\ v \end{pmatrix} = \frac{1}{\sqrt{2}} \begin{pmatrix} u - v \\ u + v \end{pmatrix}$$

가 된다. 혹은 $R_{-\pi/4}(X) = U$ 에서

$$\begin{pmatrix} u \\ v \end{pmatrix} = \frac{1}{\sqrt{2}} \begin{pmatrix} 1 & 1 \\ -1 & 1 \end{pmatrix} \begin{pmatrix} x \\ y \end{pmatrix} = \frac{1}{\sqrt{2}} \begin{pmatrix} x+y \\ -x+y \end{pmatrix}$$

가 되므로, 다음 관계

$$u = \frac{x+y}{\sqrt{2}}, \qquad v = \frac{-x+y}{\sqrt{2}}$$

를 가지게 된다. 예를 들어서 uv 좌표평면 위에 있는 쌍곡선[3] $uv = 1$ 을 $45°$ 회전하면 쌍곡선

$$-\frac{x^2}{(\sqrt{2})^2} + \frac{y^2}{(\sqrt{2})^2} = 1$$

이 된다.

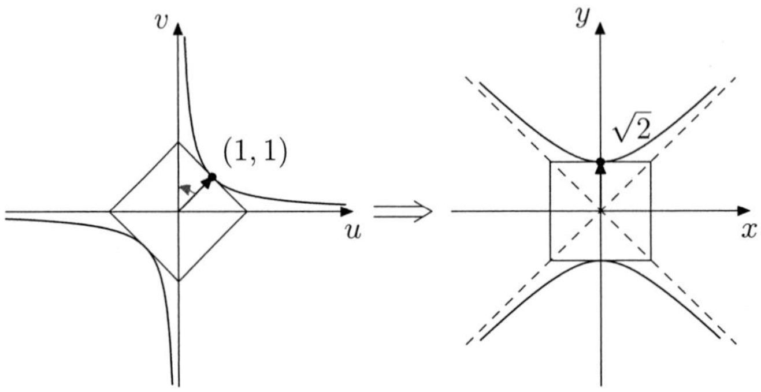

문제 2.2.11. 방정식 $x^2 - y^2 = 1$ 로 주어진 곡선이 쌍곡선 $xy = 1$ 과 어떻게 연관되는지 설명하고, 이 곡선의 그래프를 그리라.

문제 2.2.12. 타원 $\frac{x^2}{2} + y^2 = 1$ 을 $45°$ 만큼 회전시켜 얻는 곡선의 방정식을 구하라.

기원전 1세기 중국 한나라 시대에 씌여진 내용을 담고 있는 『구장산술』[4]이라는 책을 보면, 일차연립방정식을 푸는데 그 계수만을 늘어놓고 행을 조작하는 방법이 나온다. 이 방법은 19

3) 쌍곡선에 대해서는 108 쪽에서 설명한다.

4) 九章算術: 漢書 藝文志에 보면 한나라의 고급관리였던 許商과 杜忠이 저술한 算術에 관한 책이 있었음을 알 수 있다. 이 책들은 분실되었으나, 당나라 시대에 기술관료들을 양성하기 위한 교재로서 『算經十書』라는 이름으로 열 종의 책이 편찬되었다. 그 중 하나가 『九章算術』인데, 기하 부분은 고대 희랍 시대에 미치지 못하지만 대수 부분은 고대 희랍보다 앞선 수준이다.

세기에 이르러서 가우스[5]소거법이라는 이름으로 유럽에 알려졌다.

행렬이라는 개념은 일차방정식 뿐 아니라 다음 장에서 공부할 이차동차식을 연구하는 과정에서도 자연스레 나오기 때문에 18세기부터 여러 수학자들이 그 성질을 연구하였고 특히 19세기에 들어와서 체계적으로 연구되기 시작하였는데, 그 대상은 행렬 자체보다는 다음 장에서 공부할 행렬식이었다. 케일리[6]는 1858년 논문에서 행렬을 정식으로 정의하고 그 연산에 관한 성질들을 체계적으로 연구하기 시작하였다.

행렬은 숫자들을 나열한 것이기 때문에 그 자체로서는 별 의미가 없다. 행렬의 의미를 해석하는 방법 중에서 가장 기본적인 것은 이 장에서 공부한 일차연립방정식이나 선형변환인데, 이는 기본적으로 일차식에 관한 것이다. 그 다음으로 자연스러운 방법이 다음 장에서 공부할 이차동차식이다. 따라서 행렬에 대하여 공부하는 것은 결국 다변수 일차식과 이차식을 공부하는 것이나 마찬가지이다. 이 외에도 행렬의 의미를 해석하는 방법은 무수히 많은데, 이에 대한 체계적인 공부는 이 책의 범위를 넘는다. 행렬의 연산에서 그 곱하기가 비가환이라는 사실은 20세기에 들어와서 양자역학의 기초를 다지는 데에 중요하게 이용되었다.

2.3 선형계획법

행렬의 조작을 이용하여 일차부등식으로 주어진 영역 위에서 일차식의 최대값과 최소값을 구하는데, 이는 경영학 등에서 매우 중요한 역할을 한다.

기하학적 방법

주어진 여건 하에서 원하는 최대값이나 최소값을 찾는 문제는 실생활에서 수시로 부딪히는 문제이고, 우리가 미분을 공부하는 가장 큰 이유 가운데 하나이기도 하다. 그런데 원하는 값이 일차함수로 주어지면 이야기가 좀 간단해진다. 예를 들어서 구간에서 정의된 일차함수의 최대값과 최소값은 구간의 양끝점에서 주어진다.

---

5) Johann Carl Friedrich Gauss (1777∼1855), 독일 수학자, 천문학자. Archimedes, Newton, Euler등과 더불어 역사상 최고의 수학자로 일컬어진다. 주로 Göttingen에서 활동하였다. 그는 "수학은 과학의 여왕이고, 정수론은 수학의 여왕이다"라는 말을 남겼다.

6) Arthur Cayley (1821∼1895), 영국 수학자. Cambridge에서 공부하고 법률가로 활동하면서 왕성하게 수학 논문을 발표하였다. 그는 1863년 Cambridge에 교수로 임명되면서 수입이 많이 줄었으나, 수학 연구에 시간을 많이 낼 수 있게 된 점을 다행으로 생각했다고 한다. 그는 수학 역사상 Euler와 Cauchy에 이어서 세 번째로 많은 양의 수학 저술을 남겼다.

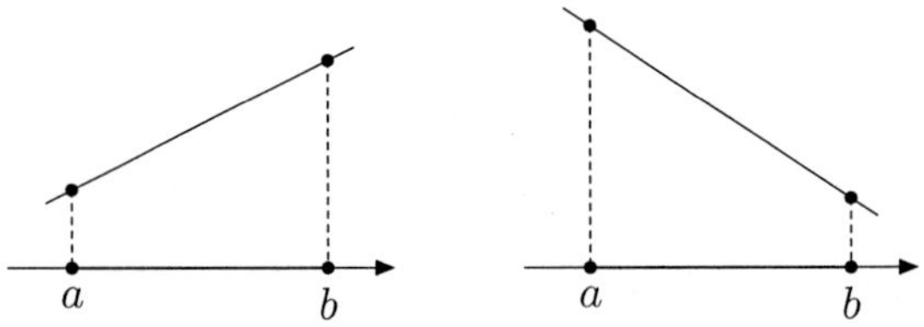

이변수 일차함수의 경우에도 마찬가지이다. 예를 들어서

$$f(x, y) = 2x + y$$

의 경우를 살펴보자. 이미 지난 1.3절에서 알아본 바와 같이, xyz좌표공간에서 $z = f(x, y)$의 그래프를 그리면 평면이 된다. 이제, 원점에서 출발하여 이 평면 위를 움직일 때, 그 기울기를 생각해 보자. 이는 원점에서 1만큼 움직였을 때 z의 좌표가 얼마인지 보면 된다.

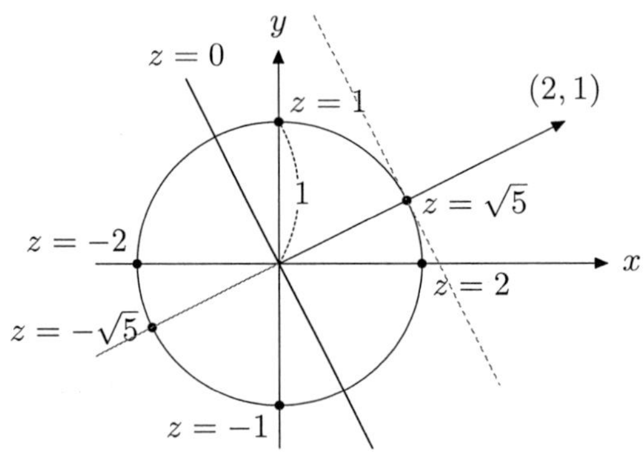

예를 들어서 x축의 양의 방향으로 움직이면 $z = f(1, 0) = 2$ 가 그 기울기이다. 또한, y축의 음의 방향으로 움직이면 $z = f(0, -1) = -1$이 그 기울기이다. 만일 길이가 1인 벡터 (u, v)를 잡으면

$$z = f(u, v) = 2u + v = (2, 1) \cdot (u, v)$$

과 같이 기울기가 내적으로 주어진다. 따라서 기울기가 가장 큰 방향은 벡터 $(2, 1)$이 가리키는 방향이고, 이 방향으로 움직일 때 가장 빨리 최대값에 도달하게 된다. 만일 벡터 $(2, 1)$과 수직인 방향으로 움직이면 함수값의 변화가 없게 된다. 따라서 평면 위에 주어진 영역 A 위에서 함수

$$f(x, y) = 2x + y$$

의 최대값을 찾으려면 벡터 $(2, 1)$ 방향으로 가장 멀리 나간 곳을 찾으면 된다. 최소값을 구하는 경우에는 물론 반대 방향으로 가장 멀리 나간 곳을 찾으면 될 것이다.

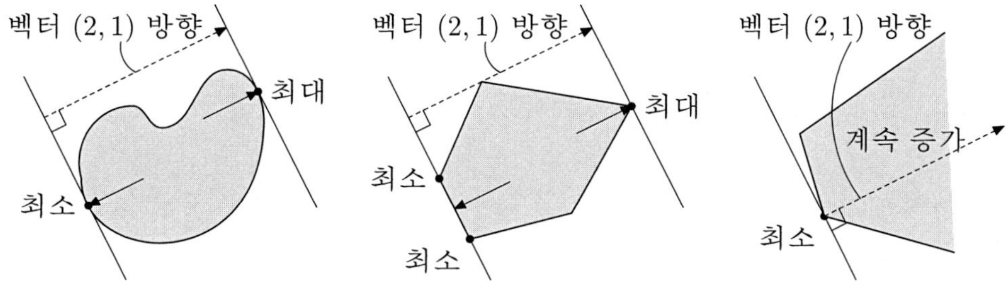

만일 주어진 영역을 결정하는 제한식들이 일차식으로 주어지면 문제는 훨씬 간단해진다. 이미 살펴본 바와 같이 변수가 두 개인 일차식은 평면 위의 직선을 정의하므로, 일차식에 의한 부등식은 그 직선의 한 쪽, 즉 반평면을 정의해 준다. 따라서 여러 제한식들을 동시에 만족하는 영역이 존재하면, 그 영역은 다각형이 되거나 또는 반직선을 포함하는 영역이 된다. 제한식에 의하여 결정된 영역이 반직선을 포함하는 경우에는 최대값이나 최소값이 존재하지 않을 수도 있지만, 주어진 영역이 다각형 모양인 경우에는 꼭지점에서 최대값과 최소값이 생기므로, 각 꼭지점에서 함수값을 구해 보면 최대값과 최소값을 알 수 있다.

예제 1. 다음 부등식

$$x \geq 0, \quad y \geq 0$$
$$2x - y \geq 2, \quad x - y \leq 2, \quad x + y \leq 4$$

에 의하여 주어진 영역 위에서 함수 $f(x, y) = 2x + y$의 최대값을 구하라.

풀이 : 먼저, 부등식이 나타내는 영역을 좌표평면 위에 그리면 다음과 같다.

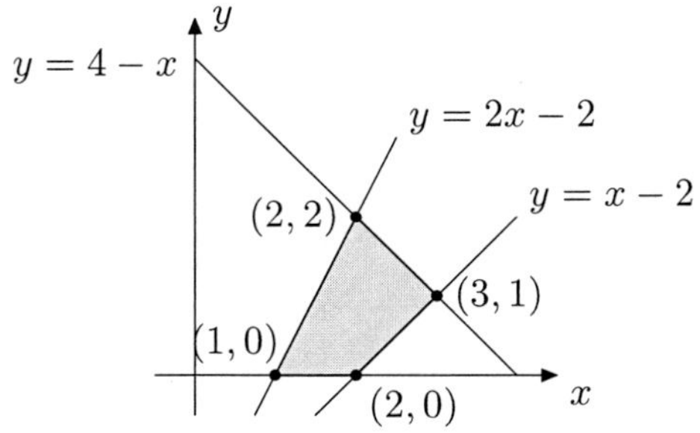

각 꼭지점을 결정하는 일차식을 연립하여 함수값을 계산하면

$$f(1, 0) = 2, \quad f(2, 0) = 4, \quad f(3, 1) = 7, \quad f(2, 2) = 6$$

가 되므로, 위에서 설명한 바에 의하여 함수 f는 꼭지점 $(3, 1)$에서 최대값 7을 가진다. □

문제 2.3.1. 다음 부등식

$$x \geq 0, \quad y \geq 0$$
$$x + 2y \leq 10, \quad 2x + y \leq 8, \quad x - y \leq 1$$

에 의하여 주어진 영역 위에서 다음 함수들

$$f(x, y) = x + 3y, \quad g(x, y) = 2x + 3y, \quad h(x, y) = 3x + 2y$$

의 최대값을 구하라.

예제 2. 두 종류의 기계 M_1, M_2를 이용하여 두 가지 형태의 필통 A, B를 생산하는 공장이 있다. 필통 A 한 개를 만들기 위해서 기계 M_1은 2분, M_2는 4분 사용되며, B를 한 개 만들기 위해서 M_1과 M_2를 사용하는 시간은 각각 8분, 4분이다. A를 한 개 팔 때마다 29원의 이익이 생기고, B를 한 개 팔 때마다 45원의 이익이 생긴다고 할 때, 전체 이익을 최대로 하기 위해서 매 시간마다 각각 몇 개씩 만들어야 하는가?

풀이 : 한 시간 동안 생산되는 A와 B의 개수를 각각 x, y라 하자. 주어진 조건에서 M_1이 사용되는 시간은 $2x + 8y$분이고, M_2가 사용되는 시간은 $4x + 4y$분이므로 다음 부등식

$$x \geq 0, \quad y \geq 0$$
$$2x + 8y \leq 60, \quad 4x + 4y \leq 60$$

을 동시에 만족하는 (x, y)에 대해서 $f(x, y) = 29x + 45y$의 최대값을 구하면 된다. 주어진 영역을 좌표평면 위에 그리면 다음과 같이 다각형이 되고,

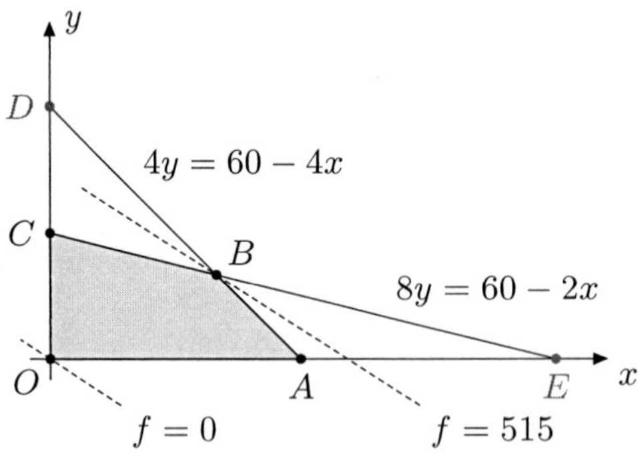

$f(x, y)$는 꼭지점 $B = (10, 5)$에서 최대가 된다. 따라서 전체 이익을 최대로 하기 위해서는 매 시간마다 A필통 10개와 B필통 5개를 만들면 된다. □

문제 2.3.2. 금속 M_1과 M_2를 각각 다른 비율로 혼합하여 두 종류의 합금 A_1과 A_2를 생산하는 공장이 있다. M_1과 M_2를 1 : 1의 비율로 혼합하면 A_1을 만들 수 있고, 1 : 3의 비율로 혼합하면 A_2를

만들 수 있다고 한다. 합금 A_1의 1톤당 이익이 30만원이고 A_2의 1톤당 이익이 25만원이라고 할 때, 총 이익을 최대로 하기 위해서는 각 합금을 몇 톤씩 생산해야 하는지 구하라. (단, 하루에 공급되는 M_1의 양은 10톤이고 M_2의 양은 15톤이라고 한다.)

단체법

앞의 예제 2에서 일차 제한식을 동시에 만족하는 (x, y)를 실현가능해라고 하며 $f(x, y)$를 목적함수라고 한다. 즉, 선형계획법이란 제한식과 목적함수가 일차식으로 주어질 때, 실현가능해 중에서 목적함수를 최대 또는 최소로 하는 해를 찾는 것이다. 이 때, 목적함수를 최대 또는 최소로 하는 실현가능해를 최적해라고 한다. 이미 설명한 바와 같이 제한식에 의하여 결정되는 영역이 다각형인 경우에는 실현가능해 중에서 꼭지점을 모두 구한 다음, 목적함수가 최대 또는 최소가 되는 꼭지점을 구하면 최적해가 된다.

가능한 모든 꼭지점을 구하기 위해서는 제한식을 모두 등식으로 바꾼 다음 목적함수에 나타나는 변수의 개수만큼 제한식을 연립하여 풀면 된다. 이 때, 유일하게 결정된 해가 나머지 제한식을 만족하면 실현가능해이면서 꼭지점이 된다. 예를 들어, 예제 2의 그림에서 $2x + 8y = 60$과 $4x + 4y = 60$을 연립하여 얻은 점 B는 실현가능해이므로 영역의 꼭지점이 되지만, $x = 0$과 $4x + 4y = 60$을 연립하여 얻은 점 D는 실현가능해가 아니므로 결정된 영역의 꼭지점이 될 수 없다.

변수가 세 개인 경우에도 문제의 본질은 변하지 않는다. 다만 다각형이 다면체로 바뀔 뿐이다. 이 경우 꼭지점은 서로 다른 세 개의 제한식을 연립하여 풀 때 유일하게 결정되는 점들 중에서 나머지 제한식을 모두 만족하는 점이다. 따라서 제한식의 개수가 n개이면 가능한 꼭지점의 개수는 n개 중에서 3개를 뽑는 방법의 수인 $\dfrac{n!}{3!(n-3)!}$를 넘지 못한다. 하지만 변수와 제한식의 개수가 커지면 꼭지점을 모두 계산하여 실행가능해인지를 판별하고, 각 점에서 함수값을 조사하여 최대값과 최소값을 구하는 것은 매우 번거로운 일이다.

이런 문제를 좀 더 효율적으로 해결하기 위해서 고안된 방법으로 단체법이 있다. 단체법이란 간단히 말해서 실현가능해 중에서 영역의 꼭지점이 되는 점을 하나 선택한 후, 이 꼭지점으로부터 가장 큰 함수값을 가지는 인접 꼭지점으로 이동하는 것을 반복하여 최적해를 찾는 방법이다. 어떤 꼭지점을 결정하는 제한식 중에서 오직 한 개의 제한식만을 다른 제한식으로 대체하여 얻어지는 꼭지점은 처음에 고려한 꼭지점에 인접한 꼭지점이 된다.

예제 2에서 살펴본 예를 다시 생각해 보자. 새로운 변수 s, t를

$$s = 60 - 2x - 8y, \quad t = 60 - 4x - 4y$$

라고 두면, 주어진 영역은 다음 방정식

$$
\begin{aligned}
s &= 60 - 2x - 8y \\
t &= 60 - 4x - 4y
\end{aligned} \tag{2.2}
$$

의 음이 아닌 해 (x, y, s, t)를 찾는 것과 마찬가지이다. 이 때 주어진 영역의 꼭지점에 대응되는 해는 적어도 목적함수에 나타나는 변수 개수 이상, 즉 두 개 이상이 0이 되는 음이 아닌 해이다. 예를 들어 예제 2의 그림에서 꼭지점 B는 $s = t = 0$에 대응되는 점이고, 꼭지점 O는 $x = y = 0$에 대응되는 점이다. 처음에 출발하는 영역의 꼭지점으로 O를 선택하자. 함수값

$$f(x, y) = 29x + 45y$$

에서 x와 y의 계수가 양수이므로 x, y가 증가하면 함수값이 더 커질 수 있음을 의미하고, 따라서 꼭지점 O는 최적해가 아니다.

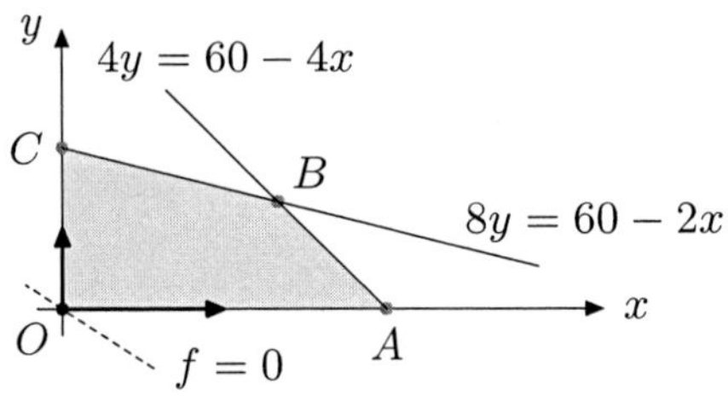

꼭지점 O에 인접한 꼭지점 중 함수값이 최대가 되는 것을 찾기 위해 우선 $y = 0$을 만족하는 인접 꼭지점들을 살펴보자. 위의 식 (2.2)에서 $s \geq 0$, $t \geq 0$가 성립해야 하므로 x는 다음 부등식

$$
\begin{aligned}
s &= 60 - 2x \geq 0 \\
t &= 60 - 4x \geq 0
\end{aligned}
$$

을 동시에 만족해야 한다. 여기에서 가능한 x의 최대 증가량 Δx는 $t = 0$일 때 $\Delta x = 15$이다. 또한, 이에 대응되는 함수값의 증가량 Δf는 $t = y = 0$일 때

$$\Delta f = 29 \cdot \Delta x = 435$$

가 된다. 또한, $x = 0$인 경우에도 마찬가지로 계산하면 $x = s = 0$일 때

$$\Delta y = \frac{60}{8}, \quad \Delta f = 45 \cdot \Delta y = 337.5$$

가 되고, 이로부터 함수값이 가장 커지는 O의 인접 꼭지점은 $y = t = 0$임을 알 수 있다.

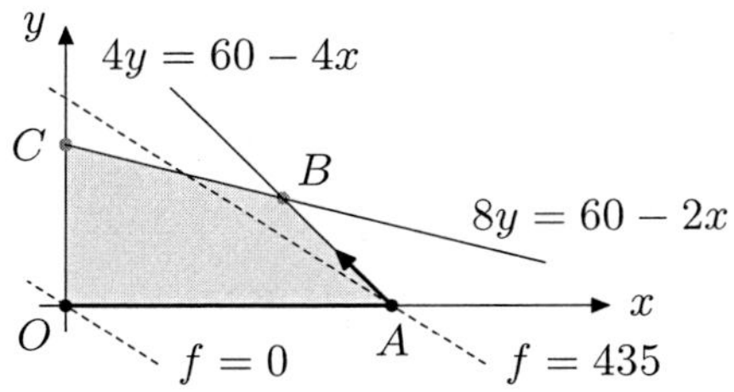

이제 주어진 방정식 (2.2)를 y, t에 관한 식으로 고쳐 쓰면

$$\begin{aligned} x &= 15 - y - \frac{1}{4}t \\ s &= 30 - 6y + \frac{1}{2}t \end{aligned} \tag{2.3}$$

가 되고, 위 식에서 주어진 x를 목적함수에 대입하면

$$f = 29(15 - y - \frac{1}{4}t) + 45y = 435 + 16y - \frac{29}{4}t$$

를 얻는다. 이 식의 의미는 $y = t = 0$인 꼭지점에서 함수값이 435이며, y의 계수가 양수이고 t의 계수는 음수이므로 인접한 영역의 꼭지점 중에서 y값이 증가하는 꼭지점, 즉 $t = 0$을 만족하는 인접 꼭지점으로 이동하면 함수값이 더 커질 수 있음을 뜻한다. 다시 위의 식 (2.3)에서 $x \geq 0$, $s \geq 0$임을 생각하면 가능한 y의 최대 증가량과 대응되는 함수의 증가량은 $t = s = 0$일 때

$$\Delta y = 5, \quad \Delta f = 16 \cdot \Delta y = 80$$

이 되고, y를 s, t에 관한 식 $y = 5 - \frac{1}{6}s + \frac{1}{12}t$로 바꾸어 목적함수에 대입하면

$$f = 435 + 16(5 - \frac{1}{6}s + \frac{1}{12}t) - \frac{29}{4}t = 515 - \frac{8}{3}s - \frac{71}{12}t$$

가 된다. 이 목적함수에서 s와 t의 계수가 모두 음수이므로 더 이상 함수값이 증가하는 인접 꼭지점으로 이동할 수 없음을 뜻하고, 따라서 $s = t = 0$에 대응하는 영역의 꼭지점 $(x, y) = (10, 5)$가 주어진 문제의 최적해임을 알 수 있다.

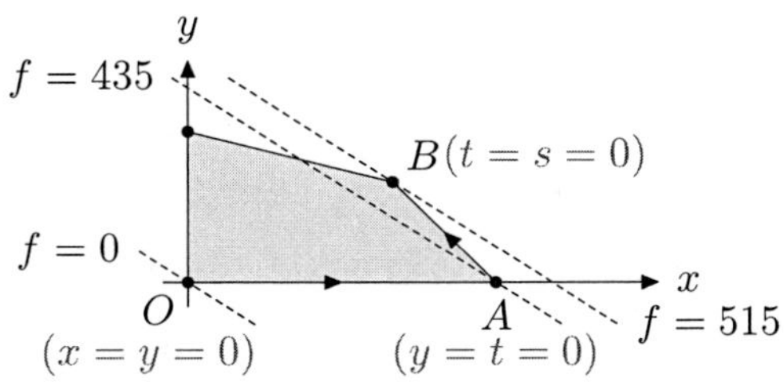

앞에서 설명한 내용을 염두에 두면, 행렬의 행에 대한 기본 연산을 이용하여 필요한 계산을 보다 쉽게 할 수 있다. 우선 우변에 상수값이 놓이도록 주어진 방정식과 목적함수를 정리하면

$$\begin{aligned} 2x + \ 8y + s \qquad\qquad &= 60 \\ 4x + \ 4y \quad + t \qquad &= 60 \\ -29x - 45y \qquad\quad + f &= 0 \end{aligned}$$

가 되고, 이를 행렬로 표현하여

$$\begin{pmatrix} 2 & 8 & 1 & 0 & 0 & 60 \\ \textcircled{4} & 4 & 0 & 1 & 0 & \textcircled{60} \\ -29 & -45 & 0 & 0 & 1 & 0 \end{pmatrix}$$

를 얻는다. 3 행에서 x, y 에 대응되는 수가 음수인 것은 x 나 y 가 증가할 때 목적함수값이 증가할 수 있다는 것을 나타낸다. 가능한 x 의 최대 증가량 15 는 제한식을 표현하는 1, 2 행의 1 열과 마지막 열의 비

$$\frac{60}{2}, \quad \frac{60}{4}$$

의 최소값으로부터 구해지고, y 의 최대 증가량 7.5 는 1, 2 행의 2 열과 마지막 열의 비

$$\frac{60}{8}, \quad \frac{60}{4}$$

의 최소값으로부터 구해진다. 대응되는 목적함수의 증가량

$$\begin{aligned} 29 \cdot \Delta x &= 29 \cdot \frac{60}{4} = 435 \\ 45 \cdot \Delta y &= 45 \cdot \frac{60}{8} = 337.5 \end{aligned}$$

를 비교하여 x 가 증가할 때 목적함수값이 더 커짐을 알 수 있다. 이제 증가량 15 를 가능하게 한 2 행을 기준으로 다음과 같은 행변환

$$R_1 \to R_1 - \frac{1}{2}R_2, \quad R_3 \to R_3 + \frac{29}{4}R_2, \quad R_2 \to \frac{1}{4}R_2$$

를 시행하여 2 행을 제외한 모든 x 의 계수를 0 으로 만들면 행렬

$$\begin{pmatrix} 0 & \textcircled{6} & 1 & -\frac{1}{2} & 0 & \textcircled{30} \\ 1 & 1 & 0 & \frac{1}{4} & 0 & 15 \\ 0 & -16 & 0 & \frac{29}{4} & 1 & 435 \end{pmatrix}$$

를 얻게 된다. 이 행렬은 $y = t = 0$일 때, $x = 15$, $s = 30$이며 함수값은 $f = 435$가 된다는 것을 나타내고 있다. 다시 목적함수를 표현하는 행렬의 3행을 보면 y의 계수가 음수이므로 y가 증가할 때 함수값이 커짐을 알 수 있고, 1, 2행의 2열과 마지막 열의 비를 비교하여 최소값을 주는 1행을 기준으로 다음과 같은 행변환

$$R_2 \to R_2 - \frac{1}{6}R_1, \quad R_3 \to R_3 + \frac{16}{6}R_1, \quad R_1 \to \frac{1}{6}R_1$$

을 시행한다. 이 때 얻어지는 행렬

$$\begin{pmatrix} 0 & 1 & \frac{1}{6} & -\frac{1}{12} & 0 & 5 \\ 1 & 0 & -\frac{1}{6} & \frac{1}{3} & 0 & 10 \\ 0 & 0 & \frac{8}{3} & \frac{71}{12} & 1 & 515 \end{pmatrix}$$

에서 3행의 모든 계수가 양수인데, 이는

$$f = 515 - \frac{8}{3}s - \frac{71}{12}t$$

를 나타내므로 더 이상 함수값이 증가할 수 없음을 알 수 있다. 따라서 $s = t = 0$일 때 $x = 10$, $y = 5$가 최적해가 되며 목적함수의 최대값은 515가 된다.

예제 3. 다음 부등식

$$x \geq 0, \quad y \geq 0, \quad z \geq 0$$

$$4x + 2y + z \leq 60, \quad 2x + 3y + 3z \leq 50, \quad x + 3y + z \leq 45$$

에 의하여 주어진 영역 위에서 함수 $f(x, y, z) = 12x + 6y + 4z$의 최대값을 구하라.

풀이 : 주어진 영역은 다음 방정식

$$\begin{cases} u = 60 - 4x - 2y - z \\ v = 50 - 2x - 3y - 3z \\ w = 45 - x - 3y - z \end{cases}$$

의 음이 아닌 해 (x, y, z, u, v, w)에 대응되며, 영역의 꼭지점에 대응되는 음이 아닌 해는 적어도 세 개의 변수가 0이 되는 경우이다. $x = y = z = 0$인 경우에 u, v, w는 모두 양수이므로 영역의 꼭지점이 되고 이 꼭지점에서 출발한다. 또한 목적함수에서 x, y, z의 계수가 모두 양수이므로 각 변수의 최대 증가량에 대한 함수의 증가량을 조사하면

$$x = y = v = 0\text{일 때,} \quad \Delta z = \frac{50}{3}, \ \Delta f = 4\Delta z = \frac{200}{3},$$

$$x = z = w = 0\text{일 때,} \quad \Delta y = 15, \ \Delta f = 6\Delta y = 90,$$

$$y = z = u = 0\text{일 때,} \quad \Delta x = 15, \ \Delta f = 12\Delta x = 180$$

가 되고, 따라서 $y = z = u = 0$에 대응되는 꼭지점으로 이동한다. x를 u에 관한 식으로 변환하면

$$\begin{aligned} x &= 15 - \frac{1}{2}y - \frac{1}{4}z - \frac{1}{4}u \\ v &= 20 - 2y - \frac{5}{2}z + \frac{1}{2}u \\ w &= 30 - \frac{5}{2}y - \frac{3}{4}z + \frac{1}{4}u \end{aligned}$$

가 되고 목적함수는

$$\begin{aligned} f &= 12\left(15 - \frac{1}{2}y - \frac{1}{4}z - \frac{1}{4}u\right) + 6y + 4z \\ &= 180 + z - 3u \end{aligned}$$

가 된다. 목적함수에서 z의 계수가 양수이므로 $y = z = u = 0$ 에 대응되는 꼭지점은 최적해가 아니며, z의 증가에 따른 함수의 증가량이 최대가 되는 영역의 인접 꼭지점으로 이동하여야 한다. $y = u = 0$이면서 $x \geq 0, v \geq 0, w \geq 0$을 동시에 만족하는 z의 최대 증가량은 $v = 0$일 때 결정되므로 다음에 이동하여야 할 꼭지점은 $y = u = v = 0$에 대응되는 점이다. z를 v에 관한 식으로 변환하면

$$z = 8 - \frac{4}{5}y + \frac{1}{5}u - \frac{2}{5}v$$

가 되고, 이 때 목적함수는

$$f = 188 - \frac{4}{5}y - \frac{14}{5}u - \frac{2}{5}v$$

이다. 목적함수에서 각 변수의 계수가 음수이므로 더이상 함수값은 증가할 수 없고, $y = u = v = 0$에 대응되는 꼭지점에서 함수값은 최대가 된다. 즉, $(x, y, z) = (13, 0, 8)$일 때 최대값 188을 가진다. □

행렬의 행에 대한 기본 연산을 이용한 계산법을 위 예제에도 적용해 보자. 주어진 제한식과 목적함수

$$\begin{aligned} 4x + 2y + z + u \quad &= 60 \\ 2x + 3y + 3z + v \quad &= 50 \\ x + 3y + z + w \quad &= 45 \\ -12x - 6y - 4z + f \quad &= 0 \end{aligned}$$

로부터 대응되는 행렬은

$$\begin{pmatrix} \textcircled{4} & 2 & 1 & 1 & 0 & 0 & 0 & \textcircled{60} \\ 2 & 3 & 3 & 0 & 1 & 0 & 0 & 50 \\ 1 & 3 & 1 & 0 & 0 & 1 & 0 & 45 \\ -12 & -6 & -4 & 0 & 0 & 0 & 1 & 0 \end{pmatrix}$$

가 되고, 마지막 행에서 x, y, z의 계수가 모두 음수이므로

	변수의 최대 증가량	Δf
Δx	$\min\{\frac{60}{4}, \frac{50}{2}, 45\} = 15$	$12 \cdot 15 = 180$
Δy	$\min\{\frac{60}{2}, \frac{50}{3}, \frac{45}{3}\} = 15$	$6 \cdot 15 = 90$
Δz	$\min\{60, \frac{50}{3}, 45\} = \frac{50}{3}\}$	$4 \cdot \frac{50}{3} = \frac{200}{3}$

를 계산한다. 이제 목적함수의 최대 증가량을 주는 1 행 1 열을 기준으로 행변환

$$R_2 \to R_2 - \frac{1}{2}R_1, \quad R_3 \to R_3 - \frac{1}{4}R_1, \quad R_4 \to R_4 + 3R_1, \quad R_1 \to \frac{1}{4}R_1$$

을 시행하여 다음 행렬

$$\begin{pmatrix} 1 & \frac{1}{2} & \frac{1}{4} & \frac{1}{4} & 0 & 0 & 0 & 15 \\ 0 & 2 & \textcircled{\frac{5}{2}} & -\frac{1}{2} & 1 & 0 & 0 & \textcircled{20} \\ 0 & \frac{5}{2} & \frac{3}{4} & -\frac{1}{4} & 0 & 1 & 0 & 30 \\ 0 & 0 & -1 & 3 & 0 & 0 & 1 & 180 \end{pmatrix}$$

을 얻는다. 마지막 행에서 z의 계수가 음수이므로 z의 가능한 증가량

$$\Delta z = \min\{15 \cdot 4, 20 \cdot \frac{2}{5}, 30 \cdot \frac{4}{3}\} = 8$$

로부터 2 행 3 열을 기준으로 행변환

$$R_1 \to R_1 - \frac{1}{10}R_2, \quad R_3 \to R_3 - \frac{3}{10}R_2, \quad R_4 \to R_4 + \frac{2}{5}R_2, \quad R_2 \to \frac{2}{5}R_2$$

를 적용한다. 계산된 행렬

$$\begin{pmatrix} 1 & \frac{3}{10} & 0 & \frac{3}{10} & -\frac{1}{10} & 0 & 0 & 13 \\ 0 & \frac{4}{5} & 1 & -\frac{1}{5} & \frac{2}{5} & 0 & 0 & 8 \\ 0 & \frac{19}{10} & 0 & -\frac{1}{10} & -\frac{3}{10} & 1 & 0 & 24 \\ 0 & \frac{4}{5} & 0 & \frac{14}{5} & \frac{2}{5} & 0 & 1 & 188 \end{pmatrix}$$

의 마지막 행에서 모든 계수가 양수이므로 더이상 함수값이 증가하지 않음을 알 수 있다. 따라서 $x = 13$, $y = 0$, $z = 8$일 때 함수의 최대값은 188이 된다.

문제 2.3.3. 다음 부등식

$$x \geq 0, \quad y \geq 0, \quad z \geq 0$$
$$x + 2y + 4z \leq 100, \quad 2x + y \leq 40$$

에 의하여 주어진 영역 위에서 다음 함수 $f(x, y, z) = 4x + 6y + 8z$의 최대값을 구하라.

문제 2.3.4. 다음 부등식

$$x \geq 0, \quad y \geq 0$$
$$3x + 4y \leq 60, \quad 4x + 3y \leq 60, \quad 5x + y \leq 60$$

에 의하여 주어진 영역 위에서 다음 함수 $f(x, y, z) = 3x + 2y$의 최대값을 구하라.

특별한 경우의 단체법

지금까지 살펴본 예들은 영역의 꼭지점을 결정하는 제한식의 개수가 목적함수를 이루는 변수의 개수와 동일한 경우였다. 만일 목적함수를 이루는 변수의 개수보다 많은 제한식에 의하여 영역의 꼭지점이 결정되는 경우에는 단체법을 적용할 때 어떤 차이가 있을까 생각해 보자. 예를 들어 다음 부등식

$$x \geq 0, \quad y \geq 0$$
$$2x + y \leq 16, \quad x + y \leq 8, \quad y \leq 3.5$$

에 의하여 결정되는 영역 위에서 함수 $f(x, y) = 150x + 300y$의 최대값을 구하는 문제를 생각해 보자. 새로운 변수 u, v, w를

$$u = 16 - 2x - y$$
$$v = 8 - x - y$$
$$w = 3.5 - y$$

라고 두고 단체법을 적용하자.

목적함수를 이루는 변수가 2개이므로 영역의 꼭지점에 대응되는 음이 아닌 해는 적어도 2개의 변수가 0이 되어야 한다. 먼저 $x = y = 0$인 경우에 나머지 변수는 모두 양수가 되므로 영역의 꼭지점에 대응되고, 이 꼭지점에 인접한 꼭지점 중에서 함수값이 가장 큰 영역의 점을

찾는다. 목적함수에서 x, y의 계수가 모두 양수이므로 x와 y각각에 대해서 가능한 함수의 최대 증가량을 조사하여야 한다. 위 식으로부터

$$
\begin{aligned}
y = u = 0\text{일 때,} &\quad \Delta x = 8,\ \Delta f = 150\Delta x = 1200 \\
y = v = 0\text{일 때,} &\quad \Delta x = 8,\ \Delta f = 150\Delta x = 1200 \\
x = w = 0\text{일 때,} &\quad \Delta y = 3.5,\ \Delta f = 300\Delta y = 1050
\end{aligned}
$$

가 되고, x가 증가하는 꼭지점으로 이동하여야 함을 알 수 있다. 문제는 $y = u = 0$에 대응되는 꼭지점이나 $y = v = 0$에 대응되는 꼭지점 모두 동일한 함수값의 증가를 가져온다는 것인데, 이는 다음 그림에서 보듯이 두 조건에 대응되는 꼭지점이 동일한 꼭지점 C이기 때문이다.

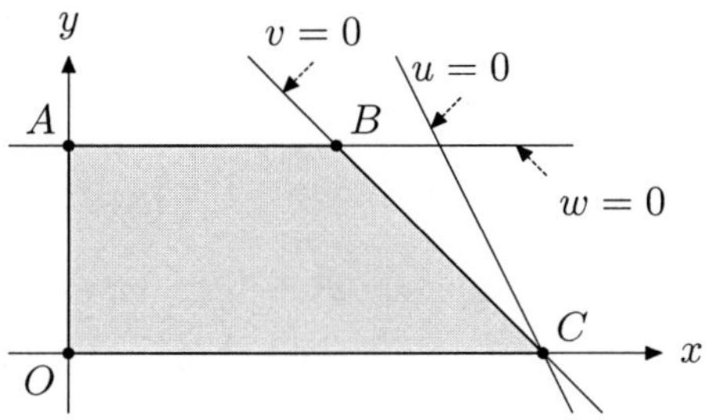

따라서 x를 u와 v중에서 어떤 변수로 표현을 하고 단체법을 적용하느냐에 따라서 계산량에 차이가 생길 수 있다. 만일 x를 u로 표현하고 식을 변환하면

$$
\begin{aligned}
x &= 8 - 0.5y - 0.5u \\
v &= -0.5y + 0.5u \\
w &= 3.5 - y
\end{aligned}
$$

가 되고, 목적함수는

$$f = 1200 + 225y - 75u$$

가 된다. 목적함수에서 y의 계수가 양수이므로 $y = u = 0$에 대응되는 꼭지점 C가 최적해가 아님을 알 수 있고, $u = 0$ 을 유지하면서 y의 증가에 따른 함수값의 증가량이 최대가 되는 꼭지점으로 이동하여야 한다. 하지만 위의 두 번째 식에서 $v \geq 0$과 $y \geq 0$가 동시에 만족되어야 하므로 가능한 y 의 증가량과 대응되는 함수의 최대증가량은 모두 0이 된다. 이는 앞의 그림을 보면 자연스럽게 이해할 수 있다. 그림에서 $u = 0$을 만족하는 영역의 점은 C 밖에 없으므로 $u = 0$을 만족하는 직선을 따라 함수값이 증가하는 인접 꼭지점으로의 이동은 불가능하다. 따라서 이 경우에는 비록 함수값의 증가는 없지만, 동일한 꼭지점 $u = v = 0$

으로 이동하고, y를 v로 표현하여 제한식과 목적함수를 다음과 같이 변환한다.

$$x = 8 - u + v$$
$$y = u - 2v$$
$$w = 3.5 - u + 2v$$
$$f = 1200 + 150u - 450v$$

위의 목적함수에서 u의 계수가 양수이므로 $v = 0$을 유지하면서 함수값이 최대가 되는 인접 꼭지점으로 이동한다. 가능한 u의 증가량과 대응되는 함수의 최대 증가량을 조사하면 위의 세 번째 식에서 $v = w = 0$일 때,

$$\Delta u = 3.5, \quad \Delta f = 150\Delta u = 525$$

가 된다. 이제 u를 w로 표현하여 목적함수를 구하면

$$f = 1725 - 150v - 150w$$

가 되어 더 이상 함수값이 증가할 수 없음을 알 수 있고, 따라서 $v = w = 0$에 대응되는 영역의 꼭지점 $B = (x, y) = (4.5, 3.5)$에서 함수값이 최대가 됨을 알 수 있다. 만약, 단체법을 적용하는 첫 단계에서 x를 u로 표현하는 대신 v로 표현하였다면 좀 더 빨리 최적해를 주는 꼭지점에 도달할 수 있다.

문제 2.3.5. 다음 연립부등식

$$\begin{cases} 2x + 8y + z \leq 60 \\ 4x + 4y + z \leq 60 \\ 2x + y + z \leq 30 \end{cases}$$

을 만족하는 음이 아닌 해에 대해서 함수 $f(x, y) = 300x + 500y$의 최대값을 구하라.

문제 2.3.6. 다음 부등식

$$x + z \leq 1, \quad y + z \leq 1$$
$$x \geq 0, \quad y \geq 0, \quad z \geq 0$$

에 의하여 주어진 영역 위에서 함수 $f(x, y, z) = 6x + 6y + 9z$의 최대값을 구하라.

예제 4. 다음 부등식

$$x \geq 0, \quad y \geq 0$$
$$x - 0.5y \geq 1, \quad x - y \leq 2, \quad x + y \leq 4$$

에 의하여 주어진 영역 위에서 함수 $f(x, y) = 2x + y$의 최대값을 구하라.

풀이 : 주어진 영역은 다음 방정식

$$u = -1 + x - 0.5y$$
$$v = 2 - x + y$$
$$w = 4 - x - y$$

의 음이 아닌 해 (x, y, u, v, w)에 대응된다. 목적함수의 변수가 2개이므로 영역의 꼭지점에 대응되는 음이 아닌 해는 적어도 2개 이상의 변수가 0인 경우이다. 우선 $x = y = 0$인 경우에는 $u = -1$이 되어 대응되는 꼭지점이 영역에 속하지 않음을 알 수 있다. 먼저 $y = v = 0$인 경우를 생각하면 x, u, w가 모두 양수가 되어 대응되는 꼭지점이 영역의 꼭지점이 된다. 이제 x, u, w를 y, v에 관한 식으로 표현하면

$$\begin{cases} x = 2 + y - v \\ u = 1 + 0.5y - v \\ w = 2 - 2y + v \end{cases}$$

이고, 대응되는 목적함수는

$$f = 4 + 3y - 2v$$

가 된다. 목적함수에서 y의 계수가 양수이므로 $v = 0$을 유지하면서 y의 가능한 증가량에 대한 함수값의 최대 증가량을 구하면 $w = 0$일 때

$$\Delta y = 1, \quad \Delta f = 3\Delta y = 3$$

를 얻는다. y를 w에 관한 식으로 변환하여 목적함수에 대입하면

$$\begin{aligned} f &= 4 + 3(1 - \frac{1}{2}w + \frac{1}{2}v) - 2v \\ &= 7 - \frac{3}{2}w - \frac{1}{2}v \end{aligned}$$

가 되어 모든 계수가 음수가 된다. 따라서 $v = w = 0$에 대응되는 영역의 꼭지점 $(x, y) = (3, 1)$에서 최대값 7을 가진다. □

문제 2.3.7. 다음 부등식

$$x \geq 0, \quad y \geq 0, \quad z \geq 0$$
$$x + 2y - z \leq 5, \quad 2x - y + 2z \leq 2, \quad -x + 2y + 2z \geq 1$$

에 의하여 주어진 영역 위에서 함수 $f(x, y, z) = 2x + 2y + z$의 최대값을 구하라.

지금까지는 부등식으로 주어지는 영역이 일차 연립방정식의 음이 아닌 해에 대응될 때, 단체법을 이용하여 이 영역 위에서 정의된 함수의 최대값을 구하는 방법에 대해서 설명하였다.

일반적으로 모든 선형계획법의 문제를 이런 형태로 변형할 수 있다. 예를 들어서 제한식으로 주어진 부등식이 $x \leq 0$이면 $x' = -x$로 치환하고 $x' \geq 0$이란 조건으로 바꿀 수 있으며, 주어진 영역에서 함수 $f(x,y)$의 최소값을 구해야 하는 경우에는 함수 $g(x,y) = -f(x,y)$의 최대값을 구하는 문제로 바꾸어 생각하면 된다.

선형계획법은 1928년 폰노이만[7)]이 게임이론을 발표하면서 처음으로 소개되었고, 1939년 칸토르비취[8)]가 실질적으로 생산을 조직하고 계획하는 문제를 선형계획법으로 구성하고 그 해를 구하였다. 그 뒤로도 여러 사람들이 수송 문제나 영양섭취 문제 등을 선형계획법 문제로 구성하였다.

일반적인 선형계획법 문제에 대하여 수학적인 모형을 구성하고 그 해법을 연구하기 시작한 것은 제 2차 세계대전 직후 미국 공군이었다. 미국 공군은 군사예산 및 계획문제에 관한 수학적 기법의 적용 가능성을 위해 연구팀을 구성하였는데, 이 연구팀의 일원이었던 단치히[9)]가 1947년 일반적인 선형계획법 문제에 대한 수학적 모형을 구성하고 단체법이라는 일반 해법을 고안하게 된다. 선형계획법에 대한 해법은 그 뒤로도 계속 발전하여 1984년 단체법보다 계산 속도가 빠른 내부점 계산법이라는 방법이 개발되었는데, 현재 환경, 수송, 에너지, 생산 및 재고관리 분야 등에서 널리 사용되고 있다.

2.4 연습문제

2.4.1. 다음 연립방정식을 풀어라.

(가) $\begin{cases} 2x + y - z = 3 \\ 3x + y + 2w = 6 \end{cases}$ (나) $\begin{cases} x + 2y + 2z = 3 \\ -x + 3y + 2z = 0 \\ 2x + y - 2z = 0 \end{cases}$

2.4.2. 행렬

$$A = \begin{pmatrix} 0 & 1 & 1 \\ 0 & 0 & 1 \\ 0 & 0 & 0 \end{pmatrix}$$

---

7) John von Neumann (1903∼1957), 헝가리 태생의 미국 수학자. 베를린, 취리히, 그리고 부다페스트에서 공부하고 베를린과 함부르크 등에서 강의를 하였다. 1930년 미국 Princeton 대학의 초청으로 미국에 건너갔는데, 1933년 그 곳에 Institute for Advanced Study가 설립되면서 이 연구소에서 계속 활동하였다. 그가 양자역학의 토대를 마련하고자 연구한 내용은 현재 폰노이만대수라 불리우고 있다. 그는 또한 컴퓨터의 발전에도 지대한 영향을 끼쳤다.

8) Leonid Vitalyevich Kantorovich (1912∼1986), 러시아 수학자, 경제학자. Leningrad(현재의 St Petersburg)에서 공부하고 활동하였다. 1975년 노벨 경제학상을 받았다.

9) George Dantzig (1914∼), 미국 수학자. Maryland와 Michigan 등에서 추상적인 수학을 공부하다 그만두고, Berkeley 에서 통계학을 공부하였다. 그 후 미국 정부 관계 일을 하다가 Berkeley와 Stanford에서 활동하였다.

에 대하여, A^2, A^3, A^4을 구하라. 다음 행렬

$$B = \begin{pmatrix} 0 & 1 & 1 & 1 \\ 0 & 0 & 1 & 1 \\ 0 & 0 & 0 & 1 \\ 0 & 0 & 0 & 0 \end{pmatrix}$$

에 대해서도 B^2, B^3, B^4, B^5를 구하라. 일반적으로 $n \times n$ 정사각행렬 C의 대각원과 대각원 아래에 있는 원이 모두 0이고, 대각원 위에 있는 원이 모두 1일 때, 이 행렬을 몇 번 곱하여야 영행렬이 되는가?

2.4.3. 행렬

$$A = \begin{pmatrix} 1 & 1 & 1 \\ 0 & 1 & 1 \\ 0 & 0 & 1 \end{pmatrix}$$

에 대하여, A^2, A^3을 구하라. 또한, 각 자연수 $n = 1, 2, \ldots$ 에 대하여 A^n을 구하라.

2.4.4. $AB \neq BA$인 정사각행렬 A, B의 예를 들어라.

2.4.5. 다음 연립방정식

$$\begin{cases} 3x + 4y + 5z = 5 \\ x - 2y - 4z = 0 \\ -3x + y + 7z = 8 \end{cases}$$

에서

$$x = u + v - w$$

$$y = 4u - 2v + w$$

$$z = -2u + w$$

로 치환하여 u, v, w에 관한 방정식을 만들려고 한다. 행렬의 곱을 어떻게 이용할 수 있는지 설명하라.

2.4.6. $n \times n$ 정사각행렬 A, B 에 대하여

$$[A, B] = AB - BA$$

로 정의하자. 이때 다음 등식

$$[[A, B], C] + [[B, C], A] + [[C, A], B] = O$$

이 성립함을 보이라.

2.4.7. 행렬

$$\sigma_0 := \begin{pmatrix} 1 & 0 \\ 0 & -1 \end{pmatrix}, \quad \sigma_+ := \begin{pmatrix} 0 & 1 \\ 0 & 0 \end{pmatrix}, \quad \sigma_- := \begin{pmatrix} 0 & 0 \\ 1 & 0 \end{pmatrix}$$

에 대하여, 다음

$$[\sigma_+, \sigma_-] = \sigma_0, \qquad [\sigma_0, \sigma_+] = 2\sigma_+, \qquad [\sigma_0, \sigma_-] = -2\sigma_-$$

을 보이라.

2.4.8. 만일 $m \times n$ 행렬 $A_0, A_1, \ldots, A_k$ 가 임의의 실수 x 에 대하여

$$A_0 + A_1 x + \cdots + A_k x^k = O$$

이면 $A_0 = A_1 = \cdots = A_k = O$ 임을 보이라.

2.4.9. 어떤 나라의 인구동태를 조사한 결과, 매년 도시에서 농촌으로 이주하는 사람은 도시 인구의 2%, 농촌에서 도시로 이주하는 사람은 농촌 인구의 5%였다고 하자. 이러한 상황을 행렬로 나타낸 것이

$$P = \begin{pmatrix} p_{11} & p_{12} \\ p_{21} & p_{22} \end{pmatrix} = \begin{pmatrix} 0.98 & 0.02 \\ 0.05 & 0.95 \end{pmatrix}$$

이다. 즉, $p_{11} = 0.98$ 은 도시인이 다음 해에도 계속 도시에 거주할 확률, $p_{12} = 0.02$ 는 도시인이 다음 해에 농촌인이 될 확률은 나타내고, 마찬가지로 p_{21}, p_{22} 도 비슷한 의미로 주어진다. 이때 P^2 의 각 항의 의미를 설명하라. 또 P^3 의 각 항은 어떤 의미를 가지는지 설명하라. 여기에서, 이 나라 사람은 도시 또는 농촌에 살고 있고, 다른 나라와의 교류가 없다고 가정한다.

2.4.10. 차수가 n 이하인 다항식

$$p(x) = a_0 + a_1 x + \cdots + a_n x^n$$

을 벡터 $(a_0, a_1, \ldots, a_n)$ 과 같이 보았을 때, 미분

$$p(x) \mapsto p'(x)$$

에 대응되는 행렬을 구하라.

2.4.11. 평면벡터 $A = (a, b)$ 에 대하여 평면벡터 X 의 정사영 $P_A(X)$ 를 생각하자. 각 벡터 X 에 대하여 그 정사영 $P_A(X)$ 를 대응시키는 변환이 선형변환인지 살펴보고, 선형변환인 경우 이 변환에 대응하는 2×2 행렬을 구하여라.

2.4.12. 다음 부등식

$$x \geq 4, \quad y \geq 5, \quad 4x + 3y \geq 12$$

에 의하여 주어진 영역 위에서 함수 $f(x, y) = 3x + 4y$ 의 최소값을 구하라.

2.4.13. 다음 부등식

$$x \geq 0, \quad y \geq 0, \quad z \geq 0$$

$$3x - 4y - 6z \leq 2$$

$$2x + y + 2z \geq 11$$

$$x + 3y - 2z \leq 5$$

에 의하여 주어진 영역 위에서 함수 $f(x, y, z) = 2x - 3y + 6z$ 의 최소값을 구하라.

제 3 장

이차식과 행렬

일차식 다음에 공부할 대상은 당연히 이차식이다. 일변수함수에서 이차식은 그 계수에 의하여 최대값을 가지던가 최소값을 가지게 된다. 그러나 다변수 이차식은 그 외에 다른 경우가 생긴다. 이러한 경우들을 분류하기 위하여 이차식을 대칭행렬로 이해하는 것이 편리하다. 일단, 이차동차식을 대칭행렬로 이해하고 나면 그 행렬의 행렬식이 매우 중요한 역할을 하는데, 이변수의 경우 이는 바로 판별식을 보는 것과 마찬가지이다. 또한, 이차동차식을 공간에서 곡면으로 이해할 때 그 등고선을 파악하는 것이 편리한데, 이를 위하여 타원과 쌍곡선을 체계적으로 살펴볼 필요가 있다. 이 장에서는, 행렬식의 기본 성질로부터 실제 행렬식을 유도하는데, 이 부분은 2×2 행렬과 3×3행렬의 경우에 한하지만, 그 기본 원칙은 마찬가지이다. 이렇게 행렬식을 유도하고 나면, 이차식 뿐 아니라 앞에서 공부한 일차식을 이해하는 데에도 큰 도움이 된다.

3.1 이차동차식

행렬은 일차식 뿐 아니라 이차식을 공부하는 데에도 매우 유용하다. 이차동차식에 나오는 계수들을 적절하게 행렬로 표시하면 이 이차식이 최소값을 가지는지 최대값을 가지는지 판단하는 데에 편리하게 이용할 수 있다.

이변수 이차함수와 곡면

변수가 x, y 두 개로 주어진 함수

$$z = f(x, y) = x^2 + y^2$$

이 어떤 모습인지 알아보자. 일변수함수 $y = f(x)$의 그래프를 xy좌표평면 위에 곡선으로 그리듯이, 이변수함수 $z = f(x, y)$의 그래프

$$\{(x, y, z) : z = f(x, y)\}$$

는 xyz좌표공간에 곡면으로 그릴 수 있다. 위에서 주어진 $z = x^2 + y^2$의 경우 여러 가지 단면을 통하여 우리가 찾는 곡면의 모습을 알 수 있다. 우선 우리가 구하는 곡면을 xy평면에 평행인 평면 $z = r$로 자르면 (단, $r > 0$)

$$x^2 + y^2 = r$$

인데, 이는 반지름이 $\sqrt{r}$인 원이다. 이렇게 함수 $z = f(x, y)$와 xy평면에 평행한 직선 $z = r$이 만나서 생기는 곡선을 등고선이라고 한다. 마치 산이 생긴 곡면을 지도에 표시하기 위하여 등고선을 사용하는 것과 마찬가지이다.

우리가 생각하는 곡면 $z = x^2 + y^2$의 경우, 모든 등고선이 원점을 중심으로 하는 원이므로 전체 곡면은 z축을 중심축으로 하는 회전체임을 알 수 있다. 그런데 곡면 $z = x^2 + y^2$과 xz 평면의 방정식 $y = 0$을 연립하여 풀면 $z = x^2$을 얻는다. 다시 말하여, 주어진 곡면과 xz평면이 만나서 생기는 곡선은 포물선이다. 따라서 함수 $z = x^2 + y^2$에 의하여 생기는 곡면은 포물선을 회전시킨 모습인데, 이러한 곡면을 포물면이라고 한다. 함수 $z = x^2 + y^2$은 원점에서 최소값을 가진다.

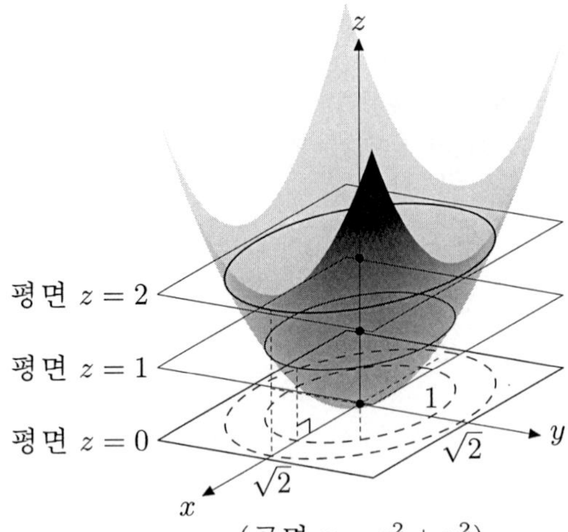

(곡면 $z = x^2 + y^2$)

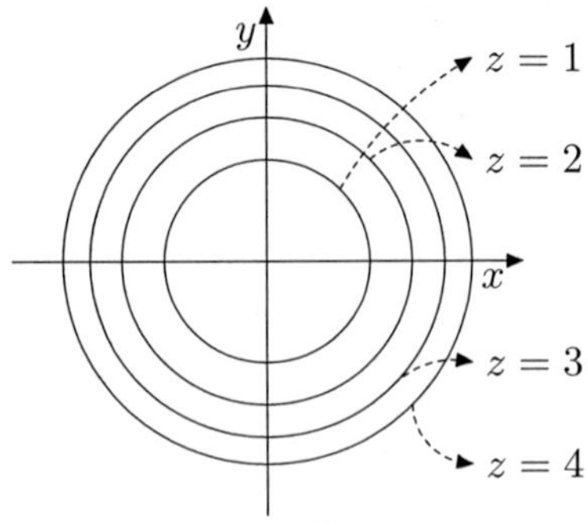

(등고선)

함수

$$z = f(x, y) = -x^2 - y^2$$

의 경우는 위에서 찾은 $y = x^2 + y^2$ 의 그래프를 xy 평면에 대하여 대칭이동시키면 된다. 특히, 이 함수는 원점에서 최대값을 가진다. 두 함수 $z = x^2 + y^2$ 과 $z = -x^2 - y^2$ 의 경우 원점에서 xy 평면과 접한다.

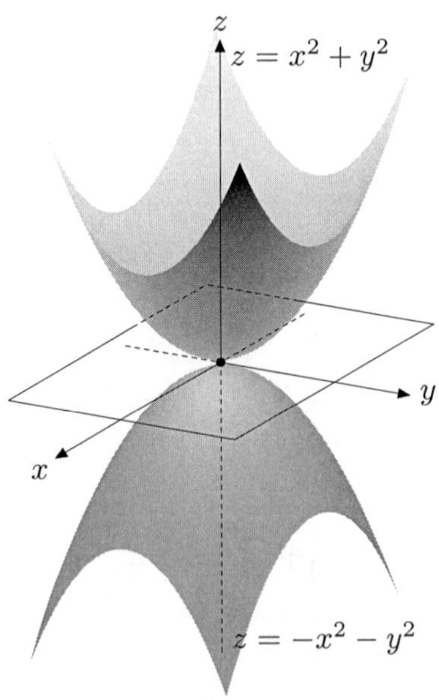

이제, 함수

$$z = f(x, y) = x^2 - y^2$$

의 그래프를 알아보자. 먼저 등고선 $x^2 - y^2 = r$은 모두 쌍곡선이다. 특히, 이 쌍곡선은 r이 커질수록 x축과 y축에서 멀어진다. 만일 우리가 구하는 곡면을 xz평면 $y = 0$으로 자르면 포물선 $z = x^2$을 얻고, yz평면 $x = 0$으로 자르면 포물선 $z = -y^2$을 얻는다.

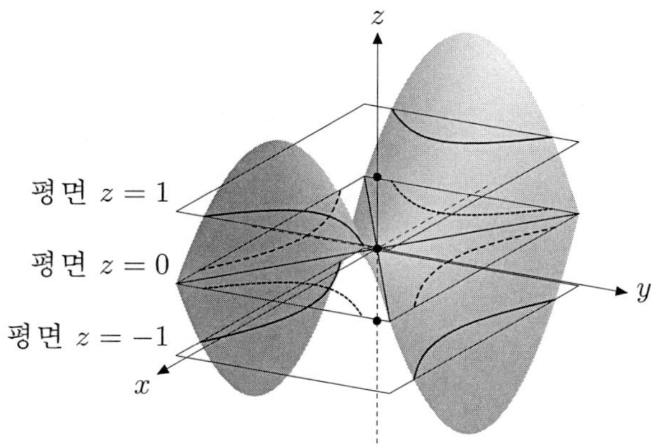

(곡면 $z = x^2 - y^2$의 등고선)

실제로 원점을 지나고 z축에 평행한 임의의 평면 $y = ax$로 이 곡면을 자르면

$$z = x^2 - (ax)^2 = (1 - a^2)x^2$$

으로서 $a = \pm 1$인 경우를 제외하면 모두 포물선이다. 따라서 원점에서 이 곡면에 접하는 평면은 바로 xy평면이 된다. 일변수 이차식의 경우, 그 접선이 x축에 평행한 꼭지점에서는 최소값이나 최대값을 가지지만 이 경우에는 그렇지 못하다.

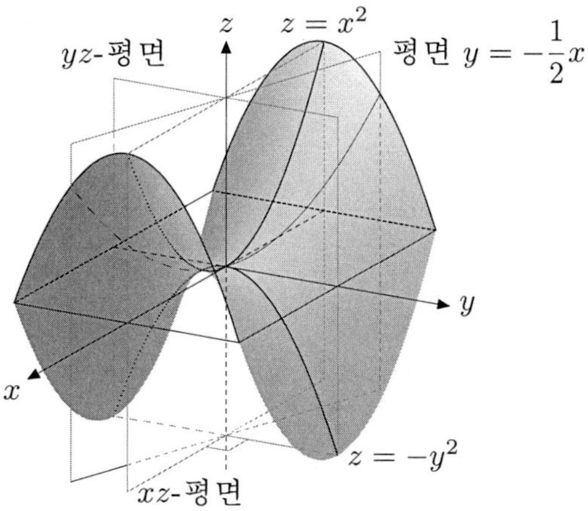

이차동차식이 원점에서 최대값이나 최소값을 가지지 않으면, 원점을 그 이차동차식의 안장점이라 부른다. 이 경우, $z = x^2 - y^2$ 에서 보듯이 주어진 이차동차식을 인수분해하면 함수값이 양이 되는 영역과 음이 되는 영역으로 나눌 수 있다.

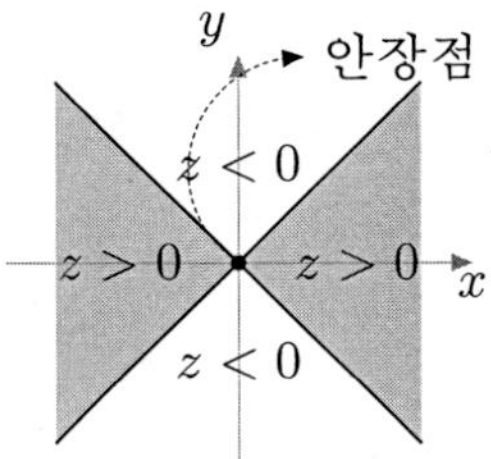

($z = x^2 - y^2$의 부호와 안장점)

예제 1. 함수 $f(x, y) = x^2 - 2xy + 3y^2$가 원점에서 최대값이나 최소값을 가지는지, 아니면 원점이 안장점이 되는지 판정하라.

풀이 : 주어진 식을 완전제곱으로 고치면

$$x^2 - 2xy + 3y^2 = (x - y)^2 + 2y^2$$

이다. 따라서 $f(O) = 0$이고 $f(x, y) \geq 0$이므로 원점에서 최소값을 가진다. □

문제 3.1.1. 다음 함수 $z = f(x, y)$가 원점에서 최대값이나 최소값을 가지는지, 아니면 원점이 안장점이 되는지 판정하라.

(가) $f(x, y) = x^2 + 2y^2$

(나) $f(x, y) = x^2 + xy$

(다) $f(x, y) = 2xy - y^2$

(라) $f(x, y) = -x^2 + 2xy - y^2$

이차동차식의 분류

이제, 일반적인 이변수 이차함수

$$z = f(x, y) = ax^2 + 2bxy + cy^2$$

의 경우를 보자. 이 경우에도 일변수의 경우와 마찬가지로 완전제곱꼴로 고칠 필요가 있다. 따라서 먼저 $a \neq 0$인 경우를 생각하자. 이 경우,

$$\begin{aligned} z = ax^2 + 2bxy + cy^2 &= a\left(x^2 + 2\frac{b}{a}xy + \frac{b^2}{a^2}y^2\right) + \left(c - \frac{b^2}{a}\right)y^2 \\ &= a\left(x + \frac{b}{a}y\right)^2 + \left(\frac{ac - b^2}{a}\right)y^2 \end{aligned}$$

이 된다. 따라서 완전제곱의 계수 a와 $\dfrac{ac - b^2}{a}$에 의하여 최대, 최소, 안장점이 결정된다.

두 값이 모두 양이면 원점에서 최소값을 가지며, 두 값이 모두 음이면 원점에서 최대값을 가진다. 만일 두 값의 부호가 다르면 원점이 안장점이 된다. 물론, $a = 0$이고 $c \neq 0$인 경우에는 마찬가지로 계산하면 된다. 마지막으로 $a = c = 0$이면 $z = 2bxy$가 되는데 이 경우, 원점이 안정점이 됨은 바로 확인할 수 있다. 이를 종합하면 다음을 얻는다.

이차식의 분류(1)

이차동차식으로 정의된 함수 $f(x, y) = ax^2 + 2bxy + cy^2$에 대하여 판별식을

$$\Delta = b^2 - ac$$

라 두면, 다음이 성립한다.

(가) $\Delta < 0,\ a > 0$이면 $z = f(x, y)$는 원점에서 최소값을 가진다.
(나) $\Delta < 0,\ a < 0$이면 $z = f(x, y)$는 원점에서 최대값을 가진다.
(다) $\Delta > 0$이면 원점이 $z = f(x, y)$의 안장점이 된다.

위에서 a와 c의 역할은 물론 바뀌어도 상관없다. 또한 $\Delta = 0$이면

$$f(x, y) = a\left(x + \frac{b}{a}y\right)^2$$

는 완전제곱이 된다. 따라서 $a > 0$이면 최소값을 가지고, $a < 0$이면 최대값을 가진다. 그러나 $\Delta < 0$인 경우와는 구별할 필요가 있다. 만일 $\Delta < 0$이면 방정식

$$f(x, y) = 0$$

의 해가 원점 뿐이지만 $\Delta = 0$이면 이 방정식의 해가 직선이 된다. 물론 $\Delta > 0$이면 이 방정식의 해가 원점에서 만나는 두 직선이 된다.

문제 3.1.2. 다음 함수 $z = f(x, y)$가 원점에서 최대값이나 최소값을 가지는지, 아니면 원점이 안장점이 되는지 판정하라.

(가) $f(x, y) = x^2$

(나) $f(x, y) = x^2 + 3xy - y^2$

(다) $f(x, y) = xy + y^2$

(라) $f(x, y) = x^2 + 4xy + 7y^2$

일차식을 이해하는 데에 행렬이 큰 역할을 하였는데, 이차식의 경우도 마찬가지이다. 앞의 2.2 절에서 정의한 대칭행렬을 생각하자. 일반적인 2×2 대칭행렬은 다음

$$A = \begin{pmatrix} a & b \\ b & c \end{pmatrix}$$

의 꼴이다. 이 때

$$X = \begin{pmatrix} x \\ y \end{pmatrix}$$

을 2×1 행렬로 이해하여

$$X^{\mathrm{t}}AX$$

를 계산하면

$$\begin{aligned} X^{\mathrm{t}}AX &= \begin{pmatrix} x & y \end{pmatrix} \begin{pmatrix} a & b \\ b & c \end{pmatrix} \begin{pmatrix} x \\ y \end{pmatrix} \\ &= \begin{pmatrix} x & y \end{pmatrix} \begin{pmatrix} ax + by \\ bx + cy \end{pmatrix} \\ &= x(ax + by) + y(bx + cy) = ax^2 + 2bxy + cy^2 \end{aligned}$$

이 되어 이차동차식

$$ax^2 + 2bxy + cy^2$$

을 얻는다. 역으로, 이 이차동차식의 계수 a, b, c를 위와 같이 행렬로 표시하면 2×2 대칭행렬을 얻는다. 이러한 방법으로 이변수 이차동차식은 2×2 대칭행렬들과 일대일 대응관계를 가진다. 이 경우 판별식

$$\Delta = b^2 - ac$$

는 대응하는 2×2 대칭행렬의 행렬식

$$D = ac - b^2$$

과 부호만 다르다. 따라서 다음을 얻는다.

이차식의 분류(2)

대칭행렬

$$\begin{pmatrix} a & b \\ b & c \end{pmatrix}$$

의 행렬식을 $D = ac - b^2$라 두면 이 행렬에 대응하는 이차동차식

$$f(x, y) = ax^2 + 2bxy + cy^2$$

에 대하여 다음이 성립한다.

(가) $D > 0$, $a > 0$이면 $z = f(x, y)$는 원점에서 최소값을 가진다.
(나) $D > 0$, $a < 0$이면 $z = f(x, y)$는 원점에서 최대값을 가진다.
(다) $D < 0$이면 원점이 $z = f(x, y)$의 안장점이 된다.

문제 **3.1.3.** 다음 대칭행렬에 대응되는 이차동차식 $f(x, y)$를 쓰고, 함수 $z = f(x, y)$가 원점에서 최대값이나 최소값을 가지는지, 아니면 원점이 안장점이 되는지 판정하라.

(가) $\begin{pmatrix} 1 & 1 \\ 1 & 1 \end{pmatrix}$ (나) $\begin{pmatrix} -1 & 0 \\ 0 & -4 \end{pmatrix}$

(다) $\begin{pmatrix} -2 & -3 \\ -3 & 1 \end{pmatrix}$ (라) $\begin{pmatrix} 0 & 2 \\ 2 & 1 \end{pmatrix}$

문제 **3.1.4.** 다음 이차동차식 $f(x, y)$에 대응하는 2×2 대칭행렬을 쓰고, 함수 $z = f(x, y)$가 원점에서 최대값이나 최소값을 가지는지, 아니면 원점이 안장점이 되는지 판정하라.

(가) $f(x, y) = x^2 + 4xy - 2y^2$ (나) $f(x, y) = 2xy$

(다) $f(x, y) = 2xy - y^2$ (라) $f(x, y) = x^2 - 6y^2$

대칭행렬과 이차동차식

변수가 세 개인 동차이차식이 어떤 방식으로 3×3 대칭행렬과 대응하게 되는지는 자명하다. 예를 들어서 다음 행렬

$$A = \begin{pmatrix} 1 & 2 & -4 \\ 2 & -1 & 5 \\ -4 & 5 & 1 \end{pmatrix}$$

에 대응하는 이차동차식을 찾기 위하여, $X = \begin{pmatrix} x \\ y \\ z \end{pmatrix}$ 라 두고

$$X^{\mathrm{t}}AX$$

를 계산하면

$$\begin{aligned}
\begin{pmatrix} x & y & z \end{pmatrix} \begin{pmatrix} 1 & 2 & -4 \\ 2 & -1 & 5 \\ -4 & 5 & 1 \end{pmatrix} \begin{pmatrix} x \\ y \\ z \end{pmatrix} &= \begin{pmatrix} x & y & z \end{pmatrix} \begin{pmatrix} x + 2y - 4z \\ 2x - y + 5z \\ -4x + 5y + z \end{pmatrix} \\
&= x(x + 2y - 4z) + y(2x - y + 5z) + z(-4x + 5y + z) \\
&= x^2 - y^2 + z^2 + 4xy + 10yz - 8zx
\end{aligned}$$

이다. 일반적으로 행렬

$$A = \begin{pmatrix} a & d & f \\ d & b & e \\ f & e & c \end{pmatrix}$$

에 대응하는 이차동차식이

$$X^{\mathrm{t}}AX = ax^2 + by^2 + cz^2 + 2dxy + 2eyz + 2fzx$$

임은 바로 확인할 수 있다.

문제 3.1.5. 다음 이차동차식 $f(x, y, z)$에 대응하는 3×3 행렬을 써라.

(가) $f(x, y, z) = x^2 + 2y^2 + z^2 + 2xy - 6yz + 4zx$

(나) $f(x, y, z) = 2y^2 + z^2 + 4xy - 2zx$

(다) $f(x, y, z) = x^2 + 2y^2 + z^2 - 4yz - 2zx$

변수가 세 개인 경우에도 주어진 이차동차식을 완전제곱의 합으로 고치면, 그 계수들을 보고서 원점에서 최대값이나 최소값을 가지는지, 아니면 원점이 안장점이 되는지 판별할 수 있다. 만일 그 계수가 모두 양이면 원점에서 최소값을 가질 것이며, 계수가 모두 음이면 원점에서 최대값을 가질 것이다. 만일 그 계수에 양수와 음수가 동시에 나오면 원점은 안장점이 된다.

예제 2. 다음 이차동차식

$$f(x, y, z) = x^2 + y^2 + 2z^2 + 6xy$$

가 원점에서 최대값이나 최소값을 가지는지, 아니면 원점이 안장점이 되는지 판정하라.

풀이 : 이 경우, 주어진 식을 완전제곱의 합으로 고치면

$$x^2 + y^2 + 2z^2 + 6xy = (x+3y)^2 - 8y^2 + 2z^2$$

이 된다. 따라서 원점이 안장점이 된다. □

예제 3. 다음 이차동차식

$$f(x,y,z) = x^2 + 5y^2 + 7z^2 + 4xy - 2zx$$

가 원점에서 최대값이나 최소값을 가지는지, 아니면 원점이 안장점이 되는지 판정하라.

풀이 : 주어진 식을 완전제곱의 합으로 고치면

$$\begin{aligned} x^2 + 5y^2 + 7z^2 + 4xy - 2zx &= (x+2y-z)^2 + y^2 + 6z^2 + 4yz \\ &= (x+2y-z)^2 + (y+2z)^2 + 2z^2 \end{aligned}$$

이므로, 원점에서 최소값을 가진다. □

문제 3.1.6. 다음 이차동차식 $f(x,y,z)$에 의하여 정의된 함수가 원점에서 최대값이나 최소값을 가지는지, 아니면 원점이 안장점이 되는지 판정하라.

(가) $f(x,y,z) = x^2 + xy + 2y^2$
(나) $f(x,y,z) = x^2 + y^2 + z^2 - 2xy + 2yz$

예제 4. 다음 이차동차식

$$f(x,y,z) = xy + yz + zx$$

가 원점에서 최대값이나 최소값을 가지는지, 아니면 원점이 안장점이 되는지 판정하라.

풀이 : 이 경우, 제곱 항이 없으므로 지금까지 하던 방식을 따르기가 곤란하다. 이럴 때에는 다음

$$(x+y)^2 - (x-y)^2 = 4xy$$

과 같은 종류의 등식을 이용한다. 이 문제의 경우, 먼저 변수 x를 없애기 위하여 등식

$$(x+y+z)^2 - (x-y-z)^2 = 4(xy+zx)$$

를 이용한다. 그러면

$$\begin{aligned} f(x,y,z) &= xy + yz + zx \\ &= \frac{1}{4}(x+y+z)^2 - \frac{1}{4}(x-y-z)^2 + yz \\ &= \frac{1}{4}(x+y+z)^2 - \frac{1}{4}(x-y-z)^2 + \frac{1}{4}(y+z)^2 - \frac{1}{4}(y-z)^2 \end{aligned}$$

이 됨을 알 수 있다. 따라서 원점은 안장점이 된다. □

문제 3.1.7. 이차동차식 $f(x,y,z) = 2xy + 4yz$에 의하여 정의된 함수가 원점에서 최대값이나 최소값을 가지는지, 아니면 원점이 안장점이 되는지 판정하라.

일반적인 $n \times n$ 대칭행렬 A가 주어졌을 때, 열벡터

$$X = \begin{pmatrix} x_1 \\ \vdots \\ x_n \end{pmatrix} \in \mathbb{R}^n$$

에 대하여

$$q(X) = X^{\mathrm{t}}AX$$

라 정의하면 $q(X)$는 변수가 n개인 이차동차식이 된다. 여기에서 X를 $n \times 1$ 행렬로 이해하고 X^{t}를 $1 \times n$ 행렬로 이해하면, A가 $n \times n$ 행렬이므로 $X^{\mathrm{t}}AX$는 1×1 행렬, 즉 스칼라가 된다.

문제 3.1.8. 다음 이차동차식에 대응하는 대칭행렬을 구하라.

(가) $f(x,y,z,w) = x^2 + 2y^2 + z^2 + 2xy - 6yz + 4zw + 2wx$

(나) $f(x,y,z,w) = x^2 - 2y^2 + w^2 + 4xy - 2zx + 4zw + 2yw$

3.2 타원과 쌍곡선

이차식으로 표현되는 곡선을 해당 이차식의 등고선으로 이해하면 편리하다. 그러면 그 이차식이 최대값이나 최소값을 가지는지 그렇지 않은지에 따라서 등고선이 타원 또는 쌍곡선으로 구분된다.

타원

양끝에 작은 고리가 달린 일정한 길이의 실이 있다. 실의 양끝을 평평한 나무바닥에 고정된 두 개의 못에 끼우고, 연필로 팽팽하게 당기면서 움직이면 다음 그림과 같은 자취를 얻는다.

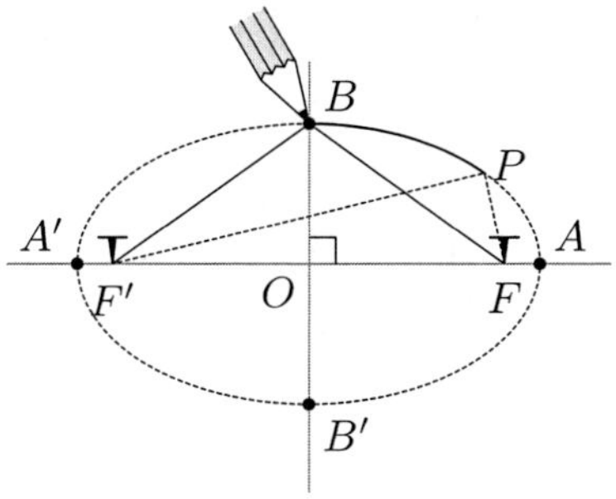

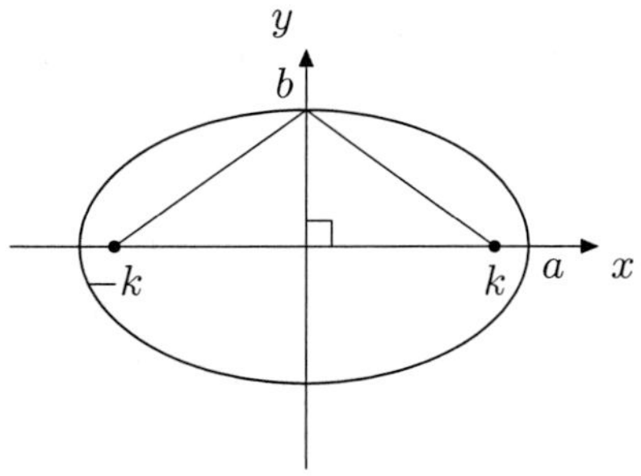

실의 길이가 일정하므로 얻어진 자취 위의 점 P는

$$\overline{F'P} + \overline{FP} = \text{일정한 실의 길이}$$

를 만족하는 점들이 되는데, 이처럼 두 정점으로부터 거리의 합이 일정한 점들의 집합을 타원이라고 부른다. 이 때 실의 양끝점을 타원의 초점이라 하고, 두 초점의 중점을 타원의 중심이라 한다. 또한, 위 그림에서 타원의 초점을 지나는 선분 $\overline{AA'}$를 타원의 장축, 선분 $\overline{BB'}$을 타원의 단축이라고 부른다. 이제 타원을 좌표평면 위에서 식으로 표현해 보자. 우선 두 초점을 지나는 직선을 x축으로 잡고, 타원의 중심을 지나면서 x축에 수직이 되도록 y축을 잡는다. 물론, 타원의 장축이 y 축에 놓이도록 잡아도 된다. 장축이 x축에 놓이는 경우, 양수 k에 대해서 두 초점의 좌표를 각각 $(-k, 0)$, $(k, 0)$라고 두자. 이제 일정한 실의 길이를 $2a$라고 두면 타원 위의 점 $P(x, y)$는 다음 식

$$\sqrt{(x+k)^2 + y^2} + \sqrt{(x-k)^2 + y^2} = 2a$$

를 만족하는 점이 된다. 등식

$$\sqrt{(x+k)^2 + y^2} = 2a - \sqrt{(x-k)^2 + y^2}$$

의 양변을 제곱하여 정리하면

$$a\sqrt{(x-k)^2 + y^2} = a^2 - kx$$

가 되고, 이를 다시 제곱하여 정리하면

$$(a^2 - k^2)x^2 + a^2y^2 = a^2(a^2 - k^2)$$

이 된다. 위 식에서 $a^2 - k^2 = b^2$으로 두고 양변을 a^2b^2으로 나누면 다음과 같은 타원의 방정식을 얻는다. 이 때, 타원의 장축의 길이는 일정한 길이의 합 $2a$이고 단축의 길이는 $2b = 2\sqrt{a^2 - k^2}$이다.

타원의 방정식 : 표준형 1

두 초점 $F(k,0)$, $F'(-k,0)$ 에서 거리의 합이 $2a\,(a > k > 0)$ 인 타원의 방정식은

$$\frac{x^2}{a^2} + \frac{y^2}{b^2} = 1, \quad (a > b > 0,\ k^2 = a^2 - b^2)$$

이다.

타원의 장축이 y 에 놓이도록 축을 잡고 초점의 좌표를 $(0,-k)$, $(0,k)$ 로 두면, 똑같은 계산을 통해서 다음과 같은 타원의 방정식을 얻게 된다.

타원의 방정식 : 표준형 2

두 초점 $F(0,k)$, $F'(0,-k)$ 에서의 거리의 합이 $2b\,(b > k > 0)$ 인 타원의 방정식은

$$\frac{x^2}{a^2} + \frac{y^2}{b^2} = 1, \quad (b > a > 0,\ k^2 = b^2 - a^2)$$

이다.

위의 두 경우처럼 타원의 두 초점이 x축이나 y축에 놓이고, 원점이 타원의 중심점이 되는 타원의 방정식을 표준형이라고 부른다.

예제 1. 타원의 방정식이 $16x^2 + 25y^2 - 96x - 100y - 156 = 0$ 으로 주어질 때, 이 타원의 두 초점과 장축의 길이를 구하라.

풀이 : 주어진 식을 x, y 에 관한 완전제곱식으로 고치면

$$16(x-3)^2 + 25(y-2)^2 = 400$$

이 되고, 양변을 400 으로 나누어

$$\frac{(x-3)^2}{5^2} + \frac{(y-2)^2}{4^2} = 1$$

을 얻는다. 따라서 이 타원에 대응되는 표준형

$$\frac{x^2}{5^2} + \frac{y^2}{4^2} = 1$$

을 x축을 따라 3 만큼, y축을 따라 2 만큼 평행이동하면, 문제에서 주어진 타원을 얻을 수 있다. 평행이동된 타원의 표준형은 장축이 x축 위에 있음을 알 수 있고, $k = \sqrt{5^2 - 4^2} = 3$ 이므로 초점의 좌표가 $(\pm 3, 0)$ 이 된다. 따라서 주어진 타원의 두 초점의 좌표는 각각 $(0,2)$, $(6,2)$ 이고 장축의 길이는 10 이다. □

문제 3.2.1. 방정식 $4x^2 + 9y^2 - 8x + 36y + 4 = 0$으로 주어지는 타원의 중심의 좌표를 구하라.

문제 3.2.2. 점 $P(x, y)$로부터 두 정점 $A(2 + \sqrt{2}, 0)$, $B(2 - \sqrt{2}, 0)$에 이르는 거리의 합이 4 이다. 점 P의 집합이 나타내는 방정식을 구하라.

문제 3.2.3. 타원 $\frac{x^2}{3^2} + \frac{y^2}{2^2} = 1$을 매개화된 곡선으로 표현하라.

장축이 x축 위에 있는 표준형의 타원

$$\frac{x^2}{a^2} + \frac{y^2}{b^2} = 1, \quad (a > b > 0)$$

을 원점을 중심으로 θ만큼 회전시키는 경우를 생각해 보자. 이동된 각 점을 (u, v)로 나타내면

$$\begin{pmatrix} u \\ v \end{pmatrix} = \begin{pmatrix} \cos\theta & -\sin\theta \\ \sin\theta & \cos\theta \end{pmatrix} \begin{pmatrix} x \\ y \end{pmatrix}, \quad \begin{pmatrix} x \\ y \end{pmatrix} = \begin{pmatrix} \cos\theta & \sin\theta \\ -\sin\theta & \cos\theta \end{pmatrix} \begin{pmatrix} u \\ v \end{pmatrix}$$

가 성립하므로 회전시킨 타원의 방정식은

$$\frac{(u\cos\theta + v\sin\theta)^2}{a^2} + \frac{(v\cos\theta - u\sin\theta)^2}{b^2} = 1$$

이 된다. 회전시키기 전의 타원과 회전시킨 후의 타원을 동일한 좌표평면에서 비교하기 위해 (u, v)를 (x, y)로 바꾸면,

$$\frac{(x\cos\theta + y\sin\theta)^2}{a^2} + \frac{(y\cos\theta - x\sin\theta)^2}{b^2} = 1 \tag{3.1}$$

을 얻는다. 예를 들어 $\theta = \frac{\pi}{2}$일 때, 회전시킨 타원의 방정식은

$$\frac{x^2}{b^2} + \frac{y^2}{a^2} = 1, \quad (a > b > 0)$$

이 되어 장축이 y축 위에 놓인 타원이 된다.

이제 회전시킨 타원의 일반형을 알아보기 위해 위 식을 정리하면

$$x^2(b^2\cos^2\theta + a^2\sin^2\theta) - 2xy(a^2 - b^2)\cos\theta\sin\theta$$
$$+ y^2(b^2\sin^2\theta + a^2\cos^2\theta) = a^2b^2$$

가 되고, 제 1 권 4.1절에서 공부한 삼각함수의 성질

$$\cos^2\theta + \sin^2\theta = 1, \quad 2\sin\theta\cos\theta = \sin 2\theta$$

을 이용하면

$$\frac{(a^2 - k^2\cos^2\theta)}{a^2b^2}x^2 - \frac{k^2\sin 2\theta}{a^2b^2}xy + \frac{(a^2 - k^2\sin^2\theta)}{a^2b^2}y^2 = 1 \tag{3.2}$$

과 같이 정리할 수 있다. 따라서 타원의 표준형을 원점을 중심으로 회전시키는 경우에 xy항이 나타나며 x, y항은 나타나지 않음을 알 수 있다. 이 방정식은 원래 방정식 (3.1)과 마찬가지인데 완전제곱의 합으로 표시되어 있으므로 이차동차식의 분류에서 살펴본 바와 같이 판별식이 음수가 된다.

문제 3.2.4. 방정식 (3.2)의 판별식은 표준형의 타원 방정식에서 얻어지는 판별식과 같음을 보이라.

이제 역으로 회전시켜 얻은 타원의 방정식이

$$Ax^2 + Bxy + Cy^2 = 1$$

과 같이 주어질 때 회전시킨 각도 θ와 회전시키기 이전의 표준형을 구하는 방법에 대하여 알아보자.

$$B = -\frac{k^2\sin 2\theta}{a^2b^2}, \quad C - A = \frac{k^2(\cos^2\theta - \sin^2\theta)}{a^2b^2} = \frac{k^2\cos 2\theta}{a^2b^2}$$

이므로

$$\tan 2\theta = \frac{B}{A - C}$$

를 얻고, $C - A$와 B의 부호에서 $\cos 2\theta$와 $\sin 2\theta$의 부호를 알 수 있으므로 θ를 결정할 수 있다. 또한 $a > b > 0$를 가정하면 $k^2 = a^2 - b^2$이므로

$$A + C = \frac{2a^2 - k^2}{a^2b^2} = \frac{a^2 + b^2}{a^2b^2},$$

$$\sqrt{(C - A)^2 + B^2} = \sqrt{\frac{k^4(\sin^2 2\theta + \cos^2 2\theta)}{a^4b^4}} = \frac{k^2}{a^2b^2} = \frac{a^2 - b^2}{a^2b^2}$$

이고, 이로부터

$$A + C + \sqrt{(C - A)^2 + B^2} = \frac{2a^2}{a^2b^2} = \frac{2}{b^2},$$

$$A + C - \sqrt{(C - A)^2 + B^2} = \frac{2b^2}{a^2b^2} = \frac{2}{a^2}$$

가 되므로 a, b를 구할 수 있다.

문제 3.2.5. 어떤 표준형 타원을 원점을 중심으로 θ만큼 회전하였더니

$$31x^2 - 10\sqrt{3}xy + 21y^2 = 144$$

가 되었다. 회전하기 전의 타원의 방정식과 회전각 θ를 구하라.

예제 2. 타원 $\dfrac{x^2}{a^2} + \dfrac{y^2}{b^2} = 1$ 위의 점 (x_1, y_1) 에서 그은 접선의 방정식은

$$\frac{x_1 x}{a^2} + \frac{y_1 y}{b^2} = 1$$

이 됨을 보이라.

풀이 : 점 (x_1, y_1)에서 그은 접선의 기울기를 구하기 위해 제 1 권 1.3절에서 배운 음함수의 미분법을 적용하자. 타원식의 양변을 x에 대해 미분하면

$$\frac{2x}{a^2} + \frac{2y}{b^2}\frac{dy}{dx} = 0$$

이므로

$$\left[\frac{dy}{dx}\right]_{(x,y)=(x_1,y_1)} = -\frac{b^2 x_1}{a^2 y_1}$$

이고, 타원 위의 점 (x_1, y_1)에서의 접선의 방정식은

$$y - y_1 = -\frac{b^2 x_1}{a^2 y_1}(x - x_1)$$

가 된다. 위식의 양변에 $\dfrac{y_1}{b^2}$를 곱하면

$$\frac{y_1 y - y_1^2}{b^2} = -\frac{x_1 x - x_1^2}{a^2}$$

이고, (x_1, y_1)는 타원 위의 점이므로 위 식을 정리하면

$$\frac{x_1 x}{a^2} + \frac{y_1 y}{b^2} = \frac{x_1^2}{a^2} + \frac{y_1^2}{b^2} = 1$$

이 되어 증명이 끝난다. □

문제 3.2.6. 타원 $\dfrac{x^2}{3} + \dfrac{y^2}{6} = 1$ 위의 점에서 직선 $y = x + 7$ 에 이르는 거리의 최소값을 구하라.

문제 3.2.7. 타원 $4x^2 - 8x + 3y^2 - 12y + 4 = 0$ 위의 점 $(1, 4)$에서 접선의 방정식을 구하라.

쌍곡선

평면 위의 두 정점에서의 거리의 차가 일정한 점의 자취를 쌍곡선이라고 하고, 이 때 두 정점을 쌍곡선의 초점이라고 한다. 이 곡선을 어떻게 그릴 수 있는지를 생각해 보자. 양끝에 작은 고리가 달린 곧은 철사의 한 쪽 끝에 실을 묶고, 나머지 한 쪽 끝은 평평한 나무 바닥에 못으로 고정하여 회전이 가능하도록 하자. 철사 끝에 묶인 실의 길이가 철사의 길이보다 다소 작아지도록 조절을 한 다음, 고리를 만들어 나무 바닥의 다른 한 점에 못으로 고정한다. 이 때 철사와 실이 고정된 두 점이 쌍곡선의 초점 역할을 하게 된다. 이제 다음 그림에서 보듯이 실이 묶인 지점 P'에서부터 연필을 대고 철사를 따라 철사가 고정된 점 F' 방향으로 연필을 이동시키면, 철사가 회전하면서 곡선을 그리게 된다. 그림에서 철사의 길이는

$$\overline{F'P'} = \overline{F'P''}$$

이고 실의 길이는

$$\overline{FP'} = \overline{FP} + \overline{PP''}$$

이다.

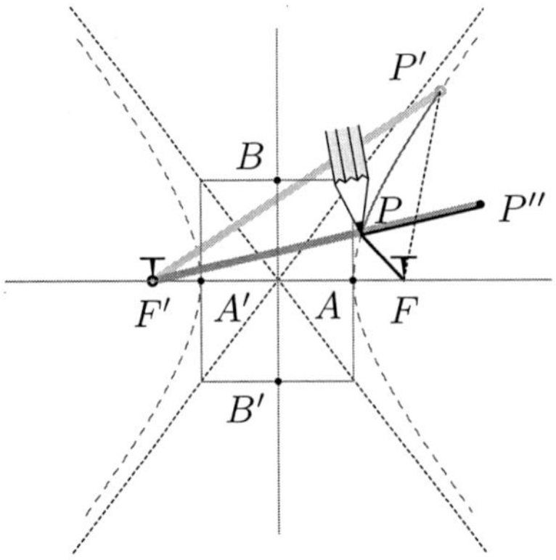

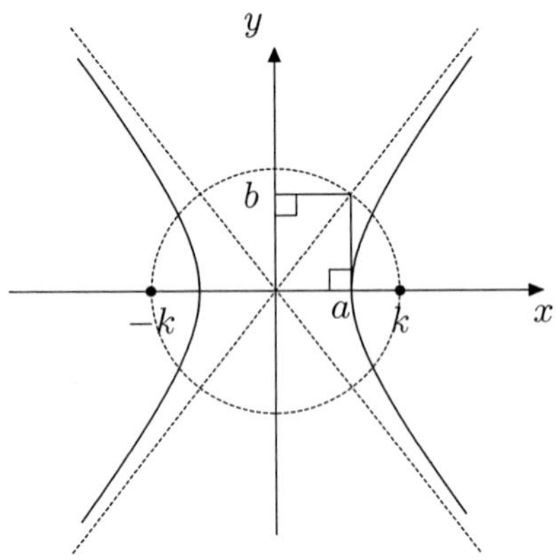

따라서 자취 위의 임의의 점 P에 대해서

$$\begin{aligned}\overline{F'P} - \overline{FP} &= (\overline{F'P} + \overline{PP''}) - (\overline{PP''} + \overline{FP}) \\ &= \text{철사의 길이} - \text{실의 길이}\end{aligned}$$

가 성립하므로 그려진 곡선은 쌍곡선의 일부임을 알 수 있다.

위의 그림에서 점 A와 A'를 쌍곡선의 꼭지점이라고 하고 이 두 점의 중점을 쌍곡선의 중심이라고 부른다. 선분 $\overline{AA'}$를 쌍곡선의 주축이라고 하고 선분 BB'를 쌍곡선의 켤레축이라 부르는데 그 이유에 대해서는 쌍곡선의 방정식을 공부하고 나면 알 수 있게 된다.

타원의 방정식에서처럼 쌍곡선의 방정식도 그 중심이 원점이고 주축이 x축이나 y축 위에 놓이는 경우에 표준형이라고 부른다. 쌍곡선의 중심이 원점이 되고 주축이 x축에 놓이는

표준형의 방정식을 구해 보자. 양수 k에 대해서 두 초점의 좌표를 각각 $F'(-k,0)$, $F(k,0)$로 두고 일정한 길이의 차를 $2a$, $(k>a>0)$라고 하면 쌍곡선 위의 점 $P(x,y)$는

$$\overline{F'P}-\overline{FP}=2a \text{ 또는 } \overline{FP}-\overline{F'P}=2a$$

를 만족하므로 다음 식

$$\sqrt{(x+k)^2+y^2}-\sqrt{(x-k)^2+y^2}=\pm 2a$$

가 성립한다. 등식

$$\sqrt{(x+k)^2+y^2}=\sqrt{(x-k)^2+y^2}\pm 2a$$

의 양변을 제곱하여 정리하면

$$a\sqrt{(x-k)^2+y^2}=\pm(kx-a^2)$$

가 되고, 다시 양변을 제곱하여 정리하면

$$(k^2-a^2)x^2-a^2y^2=a^2(k^2-a^2)$$

를 얻는다. 위 식에서 $b=\sqrt{k^2-a^2}$로 두고, 양변을 a^2b^2으로 나누면 다음과 같은 쌍곡선의 방정식을 얻는다.

쌍곡선의 방정식 : 표준형 1

두 초점 $F(k,0)$, $F'(-k,0)$까지 거리의 차가 $2a\,(k>a>0)$인 쌍곡선의 방정식은

$$\frac{x^2}{a^2}-\frac{y^2}{b^2}=1, \quad (k^2=a^2+b^2)$$

이다.

쌍곡선의 주축이 y축 위에 놓이고 일정한 길이의 차가 $2b$ 인 쌍곡선도 위와 같은 방법으로 계산하면 다음과 같다.

쌍곡선의 방정식 : 표준형 2

두 초점 $F(0,k)$, $F'(0,-k)$까지 거리의 차가 $2b\,(k>b>0)$인 쌍곡선의 방정식은

$$\frac{x^2}{a^2}-\frac{y^2}{b^2}=-1, \quad (k^2=a^2+b^2)$$

이다.

쌍곡선의 표준형은 $k^2 = a^2 + b^2$를 만족하는 동일한 a, b, k에 대해, 주축의 위치에 따라 두 가지가 있으며, 그 방정식의 우변의 부호가 반대라는 것을 알았다. 다음 그림에서 보듯이 한 표준형의 켤레축은 나머지 표준형의 주축이 된다.

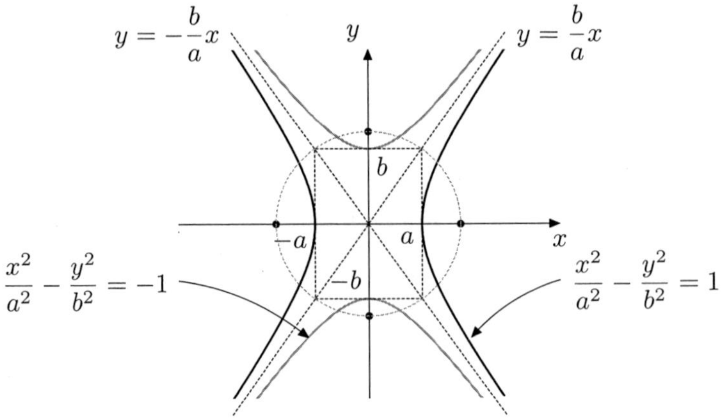

이런 이유로 두 개의 표준형 쌍곡선을 서로 켤레쌍곡선이라고 부른다. 주축이 x축 위에 위치하는 쌍곡선의 식에서 y를 구하면

$$y = \pm\frac{b}{a}\sqrt{x^2 - a^2} = \pm\frac{b}{a}x\sqrt{1 - \left(\frac{a}{x}\right)^2}$$

이고, $x > 0,\ y > 0$인 경우에 이 값과 $\frac{b}{a}x$의 비에 대한 극한을 계산하면

$$\lim_{x\to\infty} \frac{\frac{b}{a}x\sqrt{1 - \left(\frac{a}{x}\right)^2}}{\frac{b}{a}x} = 1$$

이다. 따라서 위 그림에서 보듯이 직선 $y = \frac{b}{a}x$는 주어진 쌍곡선에 대해 점근선이 된다. 비슷한 방법으로 계산하면 직선

$$y = \pm\frac{b}{a}x$$

이 두 켤레쌍곡선에 동시에 점근선이 됨을 확인할 수 있다.

예제 3. 쌍곡선 $4x^2 - 9y^2 - 32x + 36y - 8 = 0$의 초점과 점근선을 구하라.

풀이 : 주어진 식에서 xy항이 없으므로 $x,\ y$에 대해 완전제곱으로 나타내면

$$4(x^2 - 8x + 16) - 9(y^2 - 4y + 4) = 36$$

에서

$$4(x-4)^2 - 9(y-2)^2 = 36$$

이다. 양변을 36으로 나누면

$$\frac{(x-4)^2}{3^2} - \frac{(y-2)^2}{2^2} = 1$$

이므로 주어진 방정식은 쌍곡선

$$\frac{x^2}{3^2} - \frac{y^2}{2^2} = 1$$

을 x축을 따라 4, y축을 따라 2만큼 평행이동한 것이다. 표준형에서

$$a = 3,\ b = 2,\ k = \sqrt{13}$$

이므로, 주어진 쌍곡선의 초점의 좌표는 $(4 \pm \sqrt{13}, 2)$ 이고 점근선의 방정식은

$$y = \pm\frac{2}{3}(x-4) + 2$$

이다. □

문제 3.2.8. 두 직선 $y = \pm 2x$를 점근선으로 하고, 점 $(2\sqrt{2}, 1)$ 을 지나는 쌍곡선의 방정식을 구하라.

쌍곡선을 매개화된 곡선으로 표현하고자 하려면 제 1권 5.2절에서 공부한 쌍곡함수 $y = \sinh t$, $y = \cosh t$ 및 관계식

$$\cosh^2 t - \sinh^2 t = 1$$

를 이용하면 된다.

문제 3.2.9. 쌍곡선 $4x^2 - 8x - 9y^2 + 36y - 68 = 0$를 매개화된 곡선으로 표현하라.

표준형의 쌍곡선을 회전시켜 얻은 방정식으로부터, 회전시키기 이전의 쌍곡선 방정식과 그 회전각을 구하는 것은 타원의 경우에 공부한 것과 비슷한 방법을 사용하여 할 수 있다. 또한 쌍곡선 위의 한 점에서의 접선의 방정식도 타원의 경우처럼 음함수의 미분법을 이용하면 쉽게 구할 수 있다.

문제 3.2.10. 어떤 표준형의 쌍곡선을 θ만큼 회전시켜 얻은 식이 $9x^2 + (6 + 8\sqrt{3})xy + y^2 + 12 = 0$ 일 때 θ를 구하라.

문제 3.2.11. 쌍곡선 $\dfrac{(x-m)^2}{a^2} - \dfrac{(y-n)^2}{b^2} = 1$ 위의 한 점 (x_1, y_1)에서의 접선의 방정식을 구하라.

타원과 쌍곡선은 포물선과 함께 이미 고대 희랍 시대부터 연구되기 시작하였다. 고대 희랍의 수학자 메나에크무스[1]는 원뿔을 절단함으로써 이러한 곡선들을 얻을 수 있음을 발견하였는데, 이는 주어진 정육면체의 부피를 두 배로 하는 정육면체의 한 모서리를 작도하라는 정육면체의 배적 문제와 관련이 있다. 현대식으로 설명하자면 포물선 $x^2 = y$와 쌍곡선 $xy = 2$의 교점을 구하면 $\sqrt[3]{2}$ 의 위치를 정할 수 있기 때문이다. 타원과 쌍곡선 및 포물선과 같이 원뿔을 절단하여 얻어지는 곡선을 원뿔곡선이라 부른다.

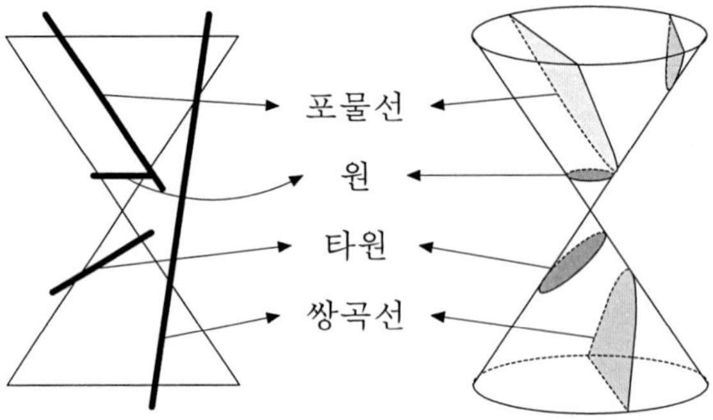

타원과 쌍곡선, 그리고 포물선을 이차식으로 이해하여 연구하기 시작한 것은 17세기에 들어와서 페르마[2]와 데카르트[3]였는데, 특히 페르마는 미지수가 두 개인 방정식이 평면의 곡선을 나타낸다는 것을 명확하게 인식하였다. 데카르트는 많은 경우 점들의 자취에서 시작하여 그 방정식을 연구한 반면, 페르마는 방정식에서 시작하여 그 자취를 연구하였다. 페르마와 데카르트는 둘 다 전문적인 직업 수학자가 아니었는데, 이 둘의 연구는 해석기하학의 탄생으로 이어졌다.

3.3 행렬식

행렬식은 이에 해당하는 일차방정식의 근이 유일한지 아니면 근이 없거나 무한히 많은지 구별하는 과정에서 자연스레 등장한다. 이러한 행렬식은 행렬로 표시되는 여러 가지 대상을 다루는 기본적인 도구인데, 행렬에 대응되는 이차동차식이 최대값을 가지는지 최소값을 가지는지 판단하는 데에도 큰 역할을 한다.

---

1) Menaechmus (380(?)~320 (?) B.C.), 고대 희랍의 수학자로서 플라톤의 동료였다. 그는 정육면체의 배적 문제에 관하여 두 가지 해법을 제시하였다.

2) Pierre de Fermat (1601~1665), 프랑스 법률가. 그는 Toulouse, Bordeaux 등지에서 수학을 공부하였으나, 최종적으로 Orléans에서 법학을 공부하고 Toulouse에서 법률가로 살았다. 수학에 대한 그의 업적 가운데 가장 중요한 것은 정수론에 관한 것이다. 페르마의 마지막 정리로 알려진 정수론의 한 문제는 최근에야 해결되었다.

3) René Descartes (1596~1650), 프랑스 태생의 수학자, 철학자. 후에 네덜란드에 정착하였다. 그는 『방법서설』의 부록인 『기하학』에서 오늘날의 해석기하학을 창시하였다. 그는 현재와 같이 미지수에 x, y, z를 쓰고 상수에 a, b, c를 쓰는 방식을 확립하였다.

평행사변형의 넓이

앞에서 이차동차식의 성질을 살피는 데에 행렬식이 중요한 역할을 한다는 것을 알았다. 이 절에서는 다른 각도에서 행렬식을 살펴보려고 한다. 평면 위에 있는 두 벡터 A, B에 의하여 만들어지는 평행사변형의 넓이를 $\mathrm{Vol}\,(A, B)$라 하자. 이 때, A에서 시작하여 시계반대방향으로 각도를 재었을 때 B까지의 각도가 π보다 작다고 가정한다.

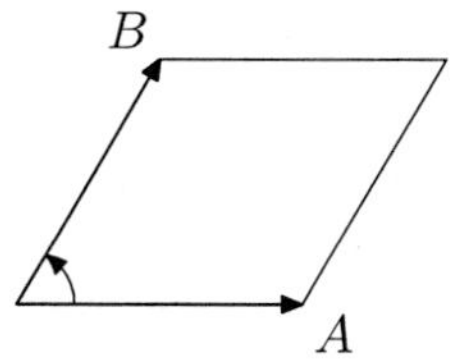

이제 다음 그림을 살펴보면 다음 두 가지 성질

$$\mathrm{Vol}\,(aA, B) = a\mathrm{Vol}\,(A, B),$$
$$\mathrm{Vol}\,(A + B, C) = \mathrm{Vol}\,(A, C) + \mathrm{Vol}\,(B, C)$$

이 성립함이 자명하다.

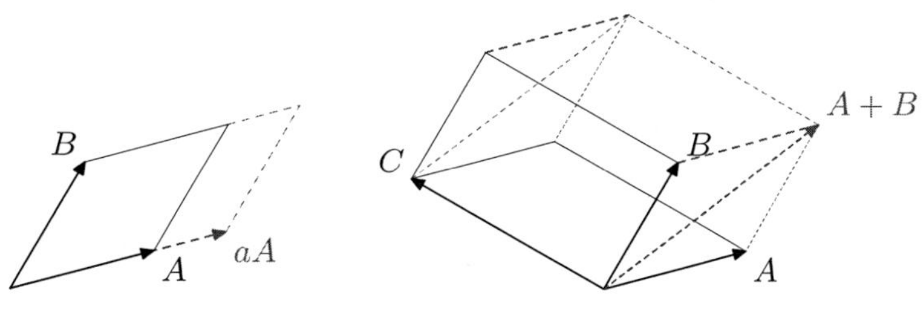

문제 3.3.1. 위 등식이 성립함을 설명하라.

물론, A와 B의 역할을 바꾸어서, 다음

$$\mathrm{Vol}\,(A, bB) = b\mathrm{Vol}\,(A, B),$$
$$\mathrm{Vol}\,(A, B + C) = \mathrm{Vol}\,(A, B) + \mathrm{Vol}\,(A, C)$$

역시 성립한다. 또한, 같은 벡터에 의하여 만들어지는 평행사변형이란 선분에 불과하기 때문에

$$\mathrm{Vol}\,(A, A) = 0$$

역시 당연히 성립한다. 그런데 지금까지 살펴본 등식들을 이용하면

$$\begin{aligned}0 &= \mathrm{Vol}\,(A+B, A+B)\\ &= \mathrm{Vol}\,(A, A+B) + \mathrm{Vol}\,(B, A+B)\\ &= \mathrm{Vol}\,(A,A) + \mathrm{Vol}\,(A,B) + \mathrm{Vol}\,(B,A) + \mathrm{Vol}\,(B,B)\\ &= \mathrm{Vol}\,(A,B) + \mathrm{Vol}\,(B,A)\end{aligned}$$

이므로, 다음 등식

$$\mathrm{Vol}\,(B,A) = -\mathrm{Vol}\,(A,B)$$

이 성립해야 한다. 또한 $\mathrm{Vol}\,(B,A) = -\mathrm{Vol}\,(A,B)$를 이용하면, $A = B$일 때 $\mathrm{Vol}\,(A,A) = -\mathrm{Vol}\,(A,A)$이므로

$$\mathrm{Vol}\,(A,A) = 0$$

이 유도된다. 어쨌든 A부터 시계반대방향으로 B까지 각도를 재었을 때 π보다 작으면 그 넓이가 양수이고, 그 반대이면 넓이가 음수라 가정하는것이 자연스럽다.

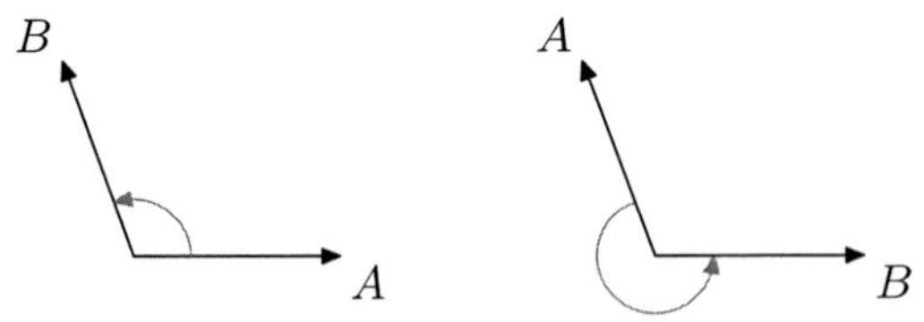

($\mathrm{Vol}(A,B) > 0$)　　($\mathrm{Vol}(A,B) < 0$)

이제, 위에서 살펴본 성질들을 이용하여 $\mathrm{Vol}\,(A,B)$의 값을 구해 보자. 여기서부터 벡터 A, B를 열벡터

$$A = \begin{pmatrix} a \\ c \end{pmatrix}, \qquad B = \begin{pmatrix} b \\ d \end{pmatrix}$$

로 쓰는 것이 편리하다. 만일

$$E_1 = \begin{pmatrix} 1 \\ 0 \end{pmatrix}, \qquad E_2 = \begin{pmatrix} 0 \\ 1 \end{pmatrix}$$

이라 두면

$$A = aE_1 + cE_2, \qquad B = bE_1 + dE_2$$

이므로

$$\begin{aligned}\text{Vol}\,(A,B) &= \text{Vol}\,(aE_1+cE_2, bE_1+dE_2)\\ &= \text{Vol}\,(aE_1, bE_1+dE_2)+\text{Vol}\,(cE_2, bE_1+dE_2)\\ &= a\text{Vol}\,(E_1, bE_1+dE_2)+c\text{Vol}\,(E_2, bE_1+dE_2)\end{aligned}$$

인데, 이를 계속 전개하면 다음

$$ab\text{Vol}\,(E_1,E_1)+ad\text{Vol}\,(E_1,E_2)+bc\text{Vol}\,(E_2,E_1)+cd\text{Vol}\,(E_2,E_2)$$

이 나온다. 그런데 $\text{Vol}\,(E_1,E_1)=\text{Vol}\,(E_2,E_2)=0$이므로

$$\text{Vol}\,(A,B)=(ad-bc)\text{Vol}\,(E_1,E_2)=ad-bc$$

를 얻는다. 위 계산에서 사용한 성질은 다음 세 가지

(가) $\text{Vol}\,(aA+bB,C)=a\text{Vol}\,(A,C)+b\text{Vol}\,(B,C)$
(나) $\text{Vol}\,(A,B)=-\text{Vol}\,(B,A)$
(다) $\text{Vol}\,(E_1,E_2)=1$

뿐이다.

행렬식의 정의

일반적인 $n\times n$ 행렬 A의 열벡터를 $A_1,A_2,\ldots,A_n$이라 두자. 그러면 이 행렬의 행렬식 $\det A$ 는 다음 세 가지 조건

(가) i-번째 열벡터에 대하여 다음

$$\det(\ldots,aA+bB,\ldots)=a\det(\ldots,A,\ldots)+b\det(\ldots,B,\ldots)$$

이 성립한다.

(나) $\det(\ldots,A_i,\ldots,A_j,\ldots)=-\det(\ldots,A_j,\ldots,A_i,\ldots)$이다.

(다) $\det(E_1,E_2,\ldots,E_n)=1$

을 만족하도록 정의된다. 여기에서 물론 E_j는 j-번째 원만 1이고, 나머지 원은 0인 벡터를 의미한다.

이러한 조건을 이용하여 3×3 행렬

$$A=\begin{pmatrix}a_{11}&a_{12}&a_{13}\\a_{21}&a_{22}&a_{23}\\a_{31}&a_{32}&a_{33}\end{pmatrix}$$

의 행렬식을 구해 보자. 이를 위하여

$$A_1 = a_{11}E_1 + a_{21}E_2 + a_{31}E_3$$
$$A_2 = a_{12}E_1 + a_{22}E_2 + a_{32}E_3$$
$$A_3 = a_{13}E_1 + a_{23}E_2 + a_{33}E_3$$

라 쓰고 시작하자. 행렬식 $\det(A_1, A_2, A_3)$를 2×2 행렬의 경우와 같이 성질 (가)를 이용하여 전개하면 모두 $3^3 = 27$개의 항이 나온다. 그런데 성질 (나)에 의하여 두 열이 같으면 행렬식의 값이 0이므로 남는 것은 모두 여섯 항이다. 이를 모두 써보면

$$\begin{array}{ll} a_{11}a_{22}a_{33}\det(E_1, E_2, E_3) & a_{11}a_{32}a_{23}\det(E_1, E_3, E_2) \\ a_{21}a_{12}a_{33}\det(E_2, E_1, E_3) & a_{21}a_{32}a_{13}\det(E_2, E_3, E_1) \\ a_{31}a_{12}a_{23}\det(E_3, E_1, E_2) & a_{31}a_{22}a_{13}\det(E_3, E_2, E_1) \end{array}$$

이다. 그런데 열의 자리를 한 번 바꿀 때마다 행렬식의 부호가 바뀌므로 (다)에 의하여

$$\begin{array}{ll} \det(E_1, E_2, E_3) = 1 & \det(E_1, E_3, E_2) = -1 \\ \det(E_2, E_1, E_3) = -1 & \det(E_2, E_3, E_1) = 1 \\ \det(E_3, E_1, E_2) = 1 & \det(E_3, E_2, E_1) = -1 \end{array}$$

임을 알 수 있다. 따라서

$$\begin{aligned} \det A = a_{11}a_{22}a_{33} - a_{11}a_{32}a_{23} - a_{21}a_{12}a_{33} \\ + a_{21}a_{32}a_{13} + a_{31}a_{12}a_{23} - a_{31}a_{22}a_{13} \end{aligned}$$

을 얻는다.

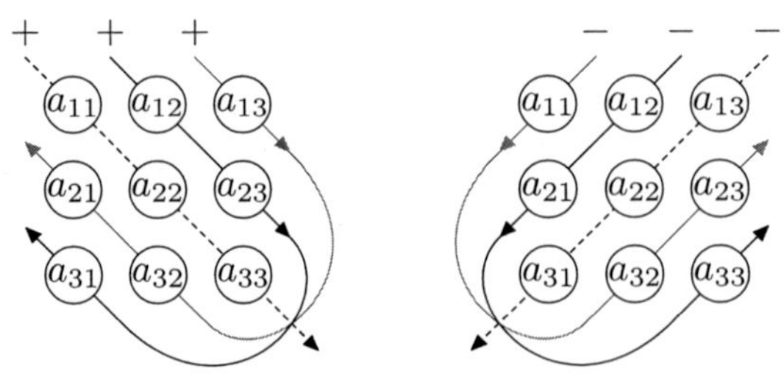

이를 정리하여

$$\begin{aligned} \det A &= a_{11}(a_{22}a_{33} - a_{32}a_{23}) - a_{21}(a_{12}a_{33} - a_{32}a_{13}) + a_{31}(a_{12}a_{23} - a_{22}a_{13}) \\ &= a_{11}\det\begin{pmatrix} a_{22} & a_{23} \\ a_{32} & a_{33} \end{pmatrix} - a_{21}\det\begin{pmatrix} a_{12} & a_{13} \\ a_{32} & a_{33} \end{pmatrix} + a_{31}\det\begin{pmatrix} a_{12} & a_{13} \\ a_{22} & a_{23} \end{pmatrix} \end{aligned}$$

로 쓰면 행렬식을 계산할 때 편리하다.

$$\begin{pmatrix} a_{11} & & \\ & a_{22} & a_{23} \\ & a_{32} & a_{33} \end{pmatrix} - \begin{pmatrix} & a_{12} & a_{13} \\ a_{21} & & \\ & a_{32} & a_{33} \end{pmatrix} + \begin{pmatrix} & a_{12} & a_{13} \\ & a_{22} & a_{23} \\ a_{31} & & \end{pmatrix}$$

지금까지 계산한 과정을 살펴보면, 행렬식은 (가)와 (나), 두 가지 성질에 의하여 사실상 결정되며 이 값은 $\det(I)$의 배수이다. 마지막 성질 (다)는 이 값이 1임을 말해주는 것이다. 즉, $n \times n$ 행렬들에 대하여 정의된 함수 D가 성질 (가), (나)를 만족하면

$$D(A) = D(I)\det(A)$$

가 됨을 보였다.

예제 1. 다음 행렬

$$\begin{pmatrix} 1 & 2 & 3 \\ -2 & 5 & -1 \\ -4 & -8 & 6 \end{pmatrix}$$

의 행렬식을 구하라.

풀이 : 먼저 양수 부호를 가지는 항들은

$$1 \cdot 5 \cdot 6 + 3 \cdot (-2) \cdot (-8) + (-4) \cdot 2 \cdot (-1) = 30 + 48 + 8 = 86$$

이다. 한편, 음의 부호를 가지는 항들은

$$-3 \cdot 5 \cdot (-4) - 1 \cdot (-1) \cdot (-8) - 6 \cdot 2 \cdot (-2) = 60 - 8 + 24 = 76$$

이다. 따라서 구하는 행렬식은 $86 + 76 = 162$ 이다. □

문제 3.3.2. 다음 행렬의 행렬식을 구하라.

(가) $\begin{pmatrix} 1 & 0 & -2 \\ 2 & 3 & -1 \\ 3 & 2 & 1 \end{pmatrix}$ (나) $\begin{pmatrix} 0 & -2 & -1 \\ 2 & 2 & 1 \\ 0 & 5 & -4 \end{pmatrix}$

문제 3.3.3. 다음 정사각행렬

$$\begin{pmatrix} a_{11} & a_{12} & \cdots & a_{1n} \\ 0 & a_{22} & \cdots & a_{2n} \\ \vdots & \vdots & \ddots & \vdots \\ 0 & 0 & \cdots & a_{nn} \end{pmatrix}$$

과 같이 대각원 아래의 모든 원들이 0일 때, 이 행렬식의 값을 구하라.

행렬의 성질과 행렬식

이제, 행렬식의 정의에 열거된 성질들

(가) $\det(\ldots, aA + bB, \ldots) = a\det(\ldots, A, \ldots) + b\det(\ldots, B, \ldots)$

(나) $\det(\ldots, A_i, \ldots, A_j, \ldots) = -\det(\ldots, A_j, \ldots, A_i, \ldots)$

을 다시 한 번 살펴보자. 먼저, 두 번째 성질은 같은 열이 있는 행렬의 행렬식의 값이 0이라고 말하는 것과 마찬가지이다. 또한 처음 성질을 이용하면

$$\begin{aligned}\det(\ldots, A, \ldots, aA + bB, \ldots)& \\ &= a\det(\ldots, A, \ldots, A, \ldots) + b\det(\ldots, A, \ldots, B, \ldots) \\ &= b\det(\ldots, A, \ldots, B, \ldots)\end{aligned}$$

이다. 특히, $b = 1$이면

$$\det(\ldots, A, \ldots, aA + B, \ldots) = \det(\ldots, A, \ldots, B, \ldots)$$

임을 알 수 있다. 그런데 행렬식을 계산한 결과

$$\begin{aligned}\det A = a_{11}a_{22}a_{33} - a_{11}a_{32}a_{23} - a_{21}a_{12}a_{33}& \\ + a_{21}a_{32}a_{13} + a_{31}a_{12}a_{23} - a_{31}a_{22}a_{13}&\end{aligned}$$

를 보면 행렬의 행과 열을 바꾸어서 a_{ij}를 a_{ji}로 바꾸어도 그 값이 변하지 않음을 알 수 있다. 따라서 정사각행렬 A에 대해서

$$\det A = \det A^{\mathrm{t}}$$

가 성립하며, 위에서 수행한 열 변환을 행 변환으로 바꾸어도 된다.

행렬식의 성질

정사각행렬의 두 행 R_i와 R_j에 대하여, R_i를 $R_i + cR_j$로 바꾸어도 행렬식의 값은 변하지 않는다.

예제 2. 다음 행렬

$$\begin{pmatrix} 0 & 1 & 2 \\ -1 & 2 & 3 \\ 2 & 5 & 0 \end{pmatrix}$$

의 행렬식을 구하라.

풀이 : 먼저, 첫 번째 열이 모두 0이면 더 이상 계산할 것이 없다. 따라서 첫째 열에서 0이 아닌 원을 맨 위로 올리는데, 행을 짝수번 바꾸는 경우 상관없지만, 홀수번 바꾸는 경우에는 행렬식의 부호가 바뀌므로 그 행의 부호를 바꾸어 주면 행렬식의 값은 변하지 않는다. 위 행렬의 경우, 두 번째 행의 부호를 바꾸어서 첫 번째 행과 그 위치를 바꾸어 다음

$$\begin{pmatrix} 1 & -2 & -3 \\ 0 & 1 & 2 \\ 2 & 5 & 0 \end{pmatrix}$$

과 같이 쓰면 행렬식의 값이 변하지 않는다. 이제,

$$R_3 \to R_3 - 2R_1$$

을 시행하면

$$\begin{pmatrix} 1 & -2 & -3 \\ 0 & 1 & 2 \\ 0 & 9 & 6 \end{pmatrix}$$

이 되는데, 위에서 설명한 바에 의하여 행렬식의 값이 바뀌지 않는다. 이제

$$R_3 \to R_3 - 9R_2$$

를 시행하면

$$\begin{pmatrix} 1 & -2 & -3 \\ 0 & 1 & 2 \\ 0 & 0 & -12 \end{pmatrix}$$

를 얻는다. 이 행렬의 행렬식은 대각원을 곱하면 되므로 구하는 행렬식의 값은 -12이다. □

문제 3.3.4. 다음 행렬의 행렬식을 구하라.

(가) $\begin{pmatrix} 5 & -2 \\ 3 & 2 \end{pmatrix}$

(나) $\begin{pmatrix} 1 & 2 & -3 \\ 1 & -2 & 1 \\ 5 & -2 & -3 \end{pmatrix}$

(다) $\begin{pmatrix} 1 & 1 & 1 \\ 0 & 2 & 3 \\ 5 & 5 & 1 \end{pmatrix}$

(라) $\begin{pmatrix} 1 & 1 & 1 & 1 \\ 1 & 2 & -1 & 2 \\ 1 & -1 & 2 & 1 \\ 1 & 3 & 3 & 2 \end{pmatrix}$

일차방정식을 풀기 위하여 행을 변환할 때, 행들의 순서를 바꾸거나 다음

$$R_i \to cR_i + dR_j$$

과 같은 연산을 하였는데, 만일 $c \neq 0$이면 행렬식이 0인가 아닌가 하는 사실은 변하지 않는다. 미지수와 방정식의 개수가 같은 일차 연립방정식

$$AX = B$$

에서 그 해가 유일하게 존재할 필요충분조건은 행변환을 시행하여 대각원에 0이 나오지 않는 것이었다. 그런데 위와 같이 행렬식을 구하는 과정을 생각하면, 이는 그 행렬식이 0이 아니라는 것과 마찬가지이다. 물론 지난 2.2절에서 살펴보았지만 일차방정식의 해가 유일하게 존재하는 것과 역행렬을 가지는 것은 동치임을 이미 알고 있다.

역행렬과 행렬식

정사각행렬 A에 대하여 다음은 동치이다.

(가) 임의의 열벡터 B에 대하여 일차 연립방정식 $AX = B$가 유일한 해를 가진다.
(나) 행렬 A가 역행렬을 가진다.
(다) $\det A \neq 0$이다.

만일 정사각행렬 A가 역행렬 A^{-1}을 가지면, 일차방정식

$$AX = B$$

의 해는 양변에 A^{-1}를 곱하여

$$X = A^{-1}(AX) = A^{-1}B$$

이다. 이는 방정식

$$ax = b$$

에서 $a \neq 0$인 경우 그 해가

$$x = a^{-1}b = \frac{b}{a}$$

로 나오는 것과 마찬가지이다.

크기가 같은 두 정사각행렬이 주어지면 다음 등식

$$\det A \det B = \det(AB)$$

이 성립하는데, 이는 행렬식의 핵심적인 성질이다. 이를 보이기 위하여 $n \times n$ 행렬 A를 고정하고, $n \times n$ 행렬들에 대하여 정의된 다음 함수

$$D : B \mapsto \det(AB)$$

에 대하여 행렬식을 정의할 때 나오는 두 가지 성질

(가) $D(\ldots, \alpha X + \beta Y, \ldots) = \alpha D(\ldots, X, \ldots) + \beta D(\ldots, Y, \ldots)$
(나) $D(\ldots, X, \ldots, X, \ldots) = 0$

을 보이자. 행렬 AB의 j번째 열벡터는 다름 아닌 A와 B의 j번째 열벡터 B_j의 곱이다. 따라서 $B_j = \alpha X + \beta Y$ 이면

$$\begin{aligned} D(B) &= \det(AB) \\ &= \det(AB_1, \ldots, AB_{j-1}, \alpha AX + \beta AY, AB_{j+1}, \ldots, AB_n) \\ &= \alpha \det(\ldots, AX, \ldots) + \beta \det(\ldots, AY, \ldots) \\ &= \alpha D(\ldots, X, \ldots) + \beta D(\ldots, Y, \ldots) \end{aligned}$$

이 되어서 첫 번째 성질 (가)가 성립함을 알 수 있다. 만일 $i \neq j$이면서 $B_i = B_j$ 이면, 행렬 AB의 i-번째 열벡터와 j-번째 열벡터가 같고, 따라서

$$D(B) = \det(AB) = 0$$

이므로 두 번째 성질 (나) 역시 성립한다. 그런데 앞에서 3×3 행렬의 행렬식을 구할 때 살펴보았듯이, 정사각행렬들에 정의된 함수 D가 두 성질 (가)와 (나)를 만족하면 이 함수는 행렬식의 상수배이고, 특히 $D(B) = D(I)\det(B)$가 된다. 따라서

$$\det(AB) = D(B) = D(I)\det(B) = \det(A)\det(B)$$

가 된다.

행렬의 곱과 행렬식

크기가 같은 두 정사각행렬 A, B 에 대하여 등식

$$\det(AB) = \det A \det B$$

가 성립한다.

만일 A가 역행렬을 가지면

$$\det A^{-1} \det A = \det(A^{-1}A) = \det I = 1$$

이므로, $\det A \neq 0$임을 알게 되고, 특히 다음을 얻는다.

역행렬의 행렬식

만일 A가 역행렬을 가지면

$$\det A^{-1} = \frac{1}{\det A}$$

가 성립한다.

문제 **3.3.5.** 2×2행렬

$$A = \begin{pmatrix} a & b \\ c & d \end{pmatrix}$$

의 행렬식이 0이 아닐 때, 이 행렬의 역행렬을 구하라.

이제, 대칭행렬에 의하여 정의된 이차동차식이 행렬식에 의하여 어떻게 분류되는지 알아본다.4)

대칭행렬의 성질

대칭행렬 A에 대하여 처음 i개의 열과 행을 취하여 만든 $i \times i$ 행렬의 행렬식을 d_i라 두자. 그러면 다음은 동치이다.

(가) d_i의 부호가 모두 양이다.
(나) 임의의 X에 대하여 $X^t AX \geq 0$이며, $X \neq O$이면 $X^t AX > 0$이다.

그리고 다음도 역시 동치이다.

(다) d_i의 부호가 음부터 시작하여 음양이 교대로 나온다.
(라) 임의의 X에 대하여 $X^t AX \leq 0$이며, $X \neq O$이면 $X^t AX < 0$이다.

지난 101쪽의 보기 3에서 살펴본 이차동차식

$$f(x, y, z) = x^2 + 5y^2 + 7z^2 + 4xy - 2zx$$

를 다시 한 번 살펴보자.

4) 증명은 [6]의 제 1장을 참조하라.

우선 이에 대응하는 행렬은

$$\begin{pmatrix} 1 & 2 & -1 \\ 2 & 5 & 0 \\ -1 & 0 & 7 \end{pmatrix}$$

이다. 먼저 $(1,1)$ 원은 1이고, 처음 두 개의 열과 행을 취한 2×2 행렬의 행렬식을 생각하면

$$\det \begin{pmatrix} 1 & 2 \\ 2 & 5 \end{pmatrix} = 1$$

이다. 끝으로, 전체 행렬의 행렬식은

$$1 \cdot 5 \cdot 7 - (-1) \cdot 5 \cdot (-1) - 7 \cdot 2 \cdot 2 = 2$$

이다. 따라서 이 행렬식에 대응하는 이차식은 원점에서 최소값을 가짐을 알 수 있다.

문제 3.3.6. 다음 이차동차식이 원점에서 최대값이나 최소값을 가지는지, 아니면 원점이 안장점이 되는지 판정하라.

(가) $-x^2 + xy - y^2$ (나) $x^2 + y^2 + 2xy + yz$

(다) $x^2 + y^2 + z^2 + xy + yz + zx$ (라) $x^2 + y^2 + z^2 + 3xy + yz$

일본 수학자 세끼[5]는 1683 년 이전에 씌여진 한 필사본[6]에서 행렬식을 다루고 있는데, 2×2 행렬의 경우에서 시작하여 5×5 행렬의 행렬식까지 다루고 있다. 이 시기는 제 1권에서 알아본 바와 같이 유럽에서 미적분이 세상에 나온 직후이다. 우연하게도 같은 해인 1683 년 라이프니츠[7]가 로피탈[8]에게 보낸 편지에 삼원연립방정식의 근과 행렬식 사이의 관계가

---

5) 關孝和, Takakazu Seki (1642∼1708), 일본 수학자. 일본에서는 에도 시대 이후 현실적인 응용과 무관하게 수학적 방법에 몰두하는 독특한 방식의 수학이 발달하였다. 이에 비하여 조선 시대에는 算學을 전문으로 하는 기술관료들에 의하여 수학이 연구되었는데, 이들이 연구한 내용 가운데 빈칸에 수를 채우는 마방진의 풀이 등은 현대 대수학에 관한 체계적인 지식이 없이는 풀기 어려운 것들이다. 한국 수학의 역사에 관한 내용은 참고문헌 [7]를 참고할 수 있다.

6) 『解伏題之法』

7) Gottfried Wilhelm von Leibniz (1646∼1716), 독일 수학자, 철학자, 외교관. Leipzig에서 철학과 법학을 공부하였으나, 학위는 Altdorf 에서 받았다. 이후 법률가로 사회생활을 시작하였으나, 1672 년 외교관으로서 파리를 방문하면서 네덜란드 수학자인 Christiaan Huygens (1629∼1695) 등에게 본격적으로 수학과 물리학을 배웠다. 그리고 1676년 파리를 떠날 즈음에는 미적분에 관한 핵심적인 구상이 거의 완료되었는데, 이 당시 런던을 방문하기도 하였으며 뉴턴과 두 차례 서신 교환을 하였다. 그는 미적분에 관한 논문을 1684년 출판하였다. 그는 또한 베를린, 비엔나, 상트페테르부르크 등 여러 도시에 학술원을 세우는 일에 관여하였다.

8) Guillaume François Antoine Marquis de L'Hôpital (1661∼1704), 프랑스 수학자. 그는 1696년 미적분에 관한 첫 교과서를 출판하였다.

언급되어 있다.

그 이후, 크라머[9], 라플라스[10] 등 여러 수학자들에 의하여 행렬식이 연구되었는데, 19 세기 들어와서 가우스는 이차동차식을 연구하는 과정에서 행렬식[11]이라는 용어를 처음으로 사용하기 시작하였지만 현재의 형태와는 조금 다른 것이었다. 코시[12]는 1812년 논문에서 현재와 같은 형태의 행렬식을 선보였다.

3.4 연습문제

3.4.1. 다음 이차동차식이 원점에서 최대값이나 최소값을 가지는지, 아니면 원점이 안장점이 되는지 판정하라.

(가) $f(x,y) = xy + 3y^2$
(나) $f(x,y,z) = x^2 + 5y^2 + z^2 - xy$
(다) $f(x,y,z) = xy + 2yz + 3zx$
(라) $f(x,y,z,w) = x^2 + y^2 + z^2 + w^2 + xy + yz + zw + wx$

3.4.2. 정사각행렬 A에 대하여 다음 두 명제는 서로 동치임을 보이라.

(가) $\det A \neq 0$이다.
(나) 방정식 $AX = O$의 해는 $X = O$ 뿐이다.

3.4.3. $n \times n$ 정사각행렬 A와 실수 c에 대하여 다음 등식

$$\det(cA) = c^n \det A$$

이 성립함을 보이라.

9) Gabriel Cramer (1704∼1752), 스위스 수학자. Geneva에서 공부하고 활동하였다. 그는 행렬식을 이용하여 일차연립방정식의 근의 공식을 찾았다. 연습문제 3.4.9 참조.

10) Pierre Simon Laplace (1749∼1827), 프랑스 수학자. 천체역학과 미분방정식, 확률론 등에 수많은 업적을 남겼다. 나폴레옹 시대 때 잠시 내무부 장관을 하기도 하였다.

11) Determinant

12) Augustin Louis Cauchy (1789∼1857), 프랑스 수학자. 원래, 토목공학을 전공하려 하였으나, École Polytechnique의 Lagrange와 Laplace 등이 권하여 수학을 하게 되었다. 1816년부터 École Polytechnique의 교수로 있으면서 수많은 논문과 저작을 남겼으나, 1830년 혁명 이후 정치적인 이유(왕당파)로 쫓겨나기도 했다가 1848년 복귀하였다. 그에 관한 전기로 [16]등이 있다.

3.4.4. 아래의 계산과정은 행렬식의 성질 중 어느 것을 적용하고 있는가를 말하라.

$$\begin{aligned}
\det\begin{pmatrix} -2 & -3 & -4 \\ 4 & 5 & 6 \\ 7 & 8 & 9 \end{pmatrix} &= \det\begin{pmatrix} -2 & -3 & -4 \\ 4 & 5 & 6 \\ 5 & 5 & 5 \end{pmatrix} \\
&= 5\det\begin{pmatrix} -2 & -3 & -4 \\ 4 & 5 & 6 \\ 1 & 1 & 1 \end{pmatrix} \\
&= 5\det\begin{pmatrix} -2 & -3 & -4 \\ 2 & 2 & 2 \\ 1 & 1 & 1 \end{pmatrix} \\
&= 2 \times 5 \det\begin{pmatrix} -2 & -3 & -4 \\ 1 & 1 & 1 \\ 1 & 1 & 1 \end{pmatrix} \\
&= 0
\end{aligned}$$

3.4.5. 다음 등식

$$\det\begin{pmatrix} 1 & 1 & 1 \\ x & y & z \\ x^2 & y^2 & z^2 \end{pmatrix} = (x-y)(y-z)(z-x)$$

을 증명하라.

3.4.6. 다음 행렬의 행렬식을 구하라.

(가) $\begin{pmatrix} 2 & 1 & 2 \\ 0 & 3 & -1 \\ 4 & 1 & 1 \end{pmatrix}$ (나) $\begin{pmatrix} 2 & 0 & 0 \\ 1 & 1 & 0 \\ 4 & 2 & -3 \end{pmatrix}$

(다) $\begin{pmatrix} 1 & 0 & -2 & 4 \\ 0 & 6 & 1 & 3 \\ -2 & -1 & 1 & 0 \\ 3 & 1 & 1 & 4 \end{pmatrix}$ (라) $\begin{pmatrix} 0 & 1 & 1 & 0 \\ 1 & 3 & 1 & -2 \\ 0 & -1 & 0 & 1 \\ 0 & 3 & 0 & 2 \end{pmatrix}$

3.4.7. 이계도함수를 가지는 함수 $y = f(x)$와 $y = g(x)$에 대하여

$$\phi(x) = \det\begin{pmatrix} f(x) & g(x) \\ f'(x) & g'(x) \end{pmatrix}$$

라 정의하였을 때,

$$\phi'(x) = \det \begin{pmatrix} f(x) & g(x) \\ f''(x) & g''(x) \end{pmatrix}$$

임을 보이라.

3.4.8. 3×3행렬

$$A = \begin{pmatrix} a_{11} & a_{12} & a_{13} \\ a_{21} & a_{22} & a_{23} \\ a_{31} & a_{32} & a_{33} \end{pmatrix}$$

의 행렬식이 $\Delta \neq 0$이라고 하자. 이 행렬의 역행렬 A^{-1}을 구하라. 또한, 행렬 A^{-1}의 각 원을 적절한 2×2행렬의 행렬식으로 나타내라.

3.4.9. $n \times n$정사각행렬 A가 역행렬을 가질 때, $X = \begin{pmatrix} x_1 \\ \vdots \\ x_n \end{pmatrix}$, $B = \begin{pmatrix} b_1 \\ \vdots \\ b_n \end{pmatrix}$에 대하여 방정식

$$AX = B$$

의 해가

$$x_j = \frac{\det(A_1, \ldots, A_{j-1}, B, A_{j+1}, \ldots, A_n)}{\det A}, \qquad j = 1, 2, \ldots, n$$

으로 주어짐을 보이라.

3.4.10. 충분히 큰 높이를 가지는 원기둥을 비스듬한 평면으로 자르면 그 단면이 타원이 됨을 설명하라.

3.4.11. 점 $P(a,b)$가 타원 $9x^2 + 4y^2 = 36$ 위를 움직일 때, 직선 $ax + by = 1$이 지나지 않는 영역은 어떤 타원의 경계를 제외한 내부가 된다. 이 타원의 방정식을 구하라.

3.4.12. 좌표평면에서 쌍곡선 $y = \dfrac{4}{x}$ 위의 임의의 한 점을 P 라 하고 두 초점을 F, F' 라 할 때,

$$|\overline{PF} - \overline{PF'}|$$

의 값을 구하라.

3.4.13. 쌍곡선 $\dfrac{x^2}{4} - \dfrac{y^2}{5} = 1$ 위의 임의의 점 P 와 두 초점 F, F' 에 대하여

$$\overline{PF} - \overline{PF'} = \overline{QF} + \overline{QF'}$$

을 만족시키는 점 Q의 자취의 방정식을 구하라.

3.4.14. 평면 위에 곡선이 주어져 있다. 평면 위의 점 C를 지나는 각 직선과 이 곡선이 만나는 두 점의 중점이 항상 C와 일치할 때, 점 C를 이 곡선의 중심이라고 한다.

(가) 이차곡선

$$ax^2 + 2bxy + cy^2 + dx + ey + f = 0 \tag{3.3}$$

의 중심이 원점이면 $d = e = 0$임을 보이라.

(나) 만일 점 $C(x_0, y_0)$가 곡선 (3.3)의 중심이면

$$ax_0 + by_0 + d = 0$$

$$bx_0 + cy_0 + e = 0$$

이 성립함을 보이라.

(다) 만일 $b^2 - ac < 0$이면 이차곡선 (3.3)은 타원이 됨을 보이라.

(라) 만일 $b^2 - ac > 0$이면 이차곡선 (3.3)은 쌍곡선 또는 서로 만나는 두 직선이 됨을 보이라.

(마) 만일 $b^2 - ac = 0$ 이면 이차곡선 (3.3)은 어떤 곡선이 되는가?

제 **4** 장

다변수함수의 미분

일변수함수에서 미분계수가 0인 점을 구함으로써 극대값과 극소값이 될 가능성이 있는 점들을 모두 찾을 수 있고, 이계미분계수의 부호를 살펴봄으로써 이 점에서 극대인지 극소인지 알 수 있다. 이 장에서는 이러한 작업을 다변수함수에서 하려고 한다. 먼저 함수의 미분가능성은 접평면의 존재, 다시 말하여 일차근사식의 존재로 정의하고, 이 경우 일차근사식의 일차항을 정의하는 벡터가 바로 그래디언트 벡터임을 설명한다. 일변수함수의 경우와 마찬가지로 그래디언트가 영인 점들을 조사하면 그 점에서 극값을 찾을 수 있다. 함수가 그 점에서 극대값을 가지는지 극소값을 가지는지, 아니면 안장점이 되는지 구별하기 위하여 이차근사식이 필요하고, 이 이차근사식의 이차항에 대응하는 대칭행렬이 바로 헤세 행렬이다. 일변수함수의 경우 주어진 구간 위에서 최대값과 최소값을 구할 때 그 구간의 경계인 양끝 점에서 함수값을 같이 비교해 보는 것과 마찬가지로, 적절한 영역 위에서 다변수함수의 최대값과 최소값을 구하려면 극대값, 극소값과 그 영역의 경계에서 함수값들을 살펴보아야 한다. 이변수함수의 경우 영역의 경계는 곡선으로 주어지고, 삼변수함수의 경우 영역의 경계는 대개 곡면으로 주어진다. 이 장에서는 이와 같이 주어진 조건 하에서 함수의 최대값과 최소값을 구하는 방법을 체계적으로 공부한다.

- 일차근사식과 그래디언트
  - 다변수함수의 극한
  - 다변수함수의 미분과 편미분계수
  - 그래디언트
  - 연쇄법칙

- 극대 극소와 헤세 행렬
  - 임계점
  - 이계편도함수
  - 헤세 행렬
  - 임계점의 분류
  - 삼변수함수의 극대 극소
  - 최소제곱법

- 라그랑즈 승수법
  - 라그랑즈 승수법
  - 최대값과 최소값
  - 라그랑즈 승수법과 경제학

4.1 일차근사식과 그래디언트

다변수함수의 증감이나 증가속도는 어느 방향을 생각하느냐에 따라서 달라지므로, 다변수함수에서 미분계수에 대응하는 것은 벡터로 표현할 수 있는데 이를 그래디언트라 부른다. 이를 이용하여 등고선의 접선이나 등위면의 접평면 등을 구할 수 있다.

다변수함수의 극한

다변수함수의 미분을 정의하려면 일변수함수의 경우와 마찬가지로 극한에 대하여 먼저 살펴보아야 한다. 다변수함수 $f(X)$와 점 $X = P$에 대하여

$$\lim_{X \to P} f(X) = \lambda$$

라 함은 일변수함수의 경우와 마찬가지로 X가 P에 한없이 가까이 있을 때 $f(X)$의 값이 λ에 한없이 가까이 있어야 한다는 뜻이다. 이를 다르게 표현하면 점 X가 어떤 경로를 통하여 점 P에 한없이 가까이 가더라도 $f(X)$의 값이 λ에 가까이 가야 한다는 뜻이다. 예를 들어서 극한값

$$\lim_{(x,y) \to (0,0)} xy$$

를 생각해 보자. 이 경우,

$$|f(x, y) - 0| = |xy| \le x^2 + y^2 = \|(x, y) - (0, 0)\|^2$$

이므로 점 $X = (x, y)$가 원점 $(0, 0)$에 한없이 가까이 가면 $f(X)$는 0에 한없이 가까이 가게 된다.

이제 또 다른 예로서 다음 함수

$$f(x, y) = \begin{cases} \dfrac{x^2 - y^2}{x^2 + y^2}, & (x, y) \ne (0, 0) \\ 0, & (x, y) = (0, 0) \end{cases}$$

를 생각해 보자. 먼저 x축을 따라서 점 (x, y)가 $(0, 0)$으로 가까이 가는 경우를 생각해 보자. 이 경우, 함수값이 항상 1이므로 그 극한값도 당연히 1이다. 그러나 점 (x, y)가 y축을 따라서 $(0, 0)$으로 가까이 간다면 그 극한값은 -1이다. 따라서 일변수함수에서 우극한과 좌극한이 다른 경우와 같이 극한값이 존재하지 않는다.

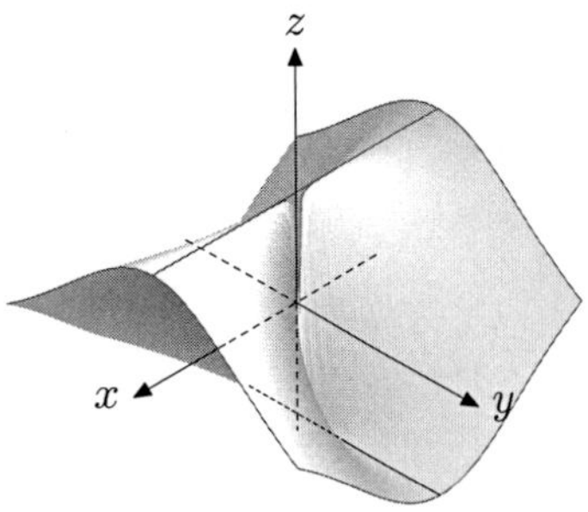

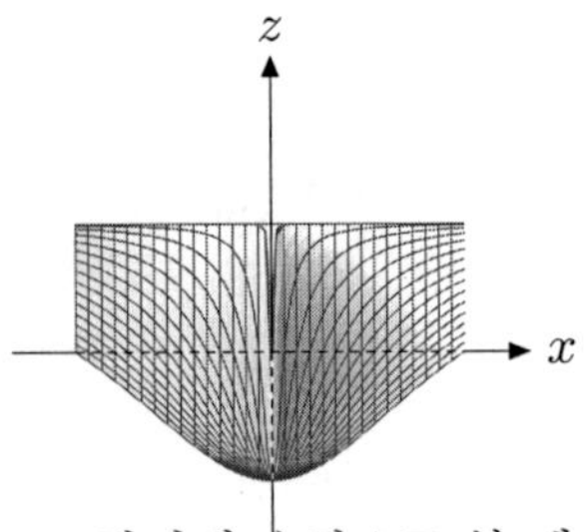

xz-평면에 수직으로 볼 때

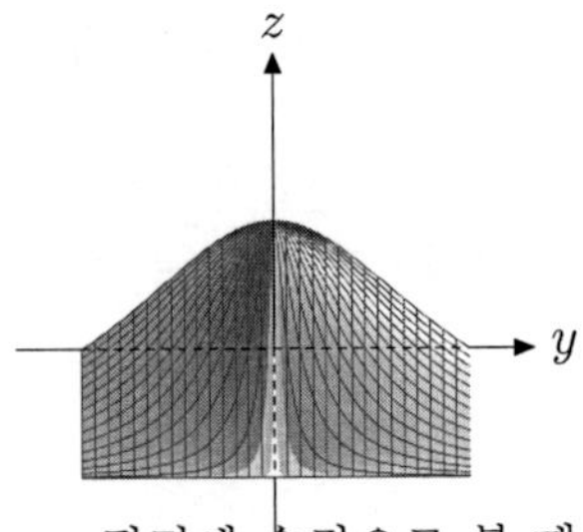

yz-평면에 수직으로 볼 때

특히 유의해야 할 점으로서 위 예의 경우

$$\lim_{x\to 0}\left(\lim_{y\to 0}\frac{x^2-y^2}{x^2+y^2}\right)=\lim_{x\to 0}1=1$$

이지만

$$\lim_{y\to 0}\left(\lim_{x\to 0}\frac{x^2-y^2}{x^2+y^2}\right)=\lim_{x\to 0}(-1)=-1$$

이므로 극한의 순서를 함부로 바꿀 수 없다. 일변수함수의 경우와 마찬가지로, 다변수함수 $f(X)$가 다음

$$\lim_{X\to P}f(X)=f(P)$$

를 만족할 때 함수 f가 점 P에서 연속이라 한다.

문제 **4.1.1.** 극한값 $\displaystyle\lim_{(x,y)\to(0,0)}\frac{xy^3}{x^2+2y^6}$이 존재하지 않음을 보이라.

다변수함수의 미분과 편미분계수

일변수함수의 경우 미분가능성과 일차근사식의 존재는 동치인데, 이를 다시 한 번 살펴보자. 실제로, 함수 $y=f(x)$가 $x=a$에서 미분가능하다면

$$f'(a)=\lim_{x\to a}\frac{f(x)-f(a)}{x-a}$$

로부터

$$\lim_{x\to a}\frac{f(x)-[f'(a)(x-a)+f(a)]}{x-a}=0$$

이므로, $y=f'(a)(x-a)+f(a)$가 $x=a$에서 함수 $y=f(x)$의 일차근사식이다.

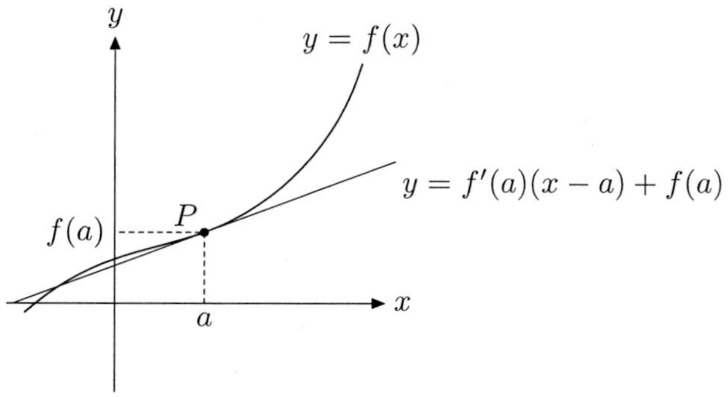

역으로, 함수 $y = f(x)$가 $x = a$에서 일차근사식을 가진다고 하자. 즉, 다음

$$\lim_{x\to a}\frac{f(x)-[\alpha(x-a)+\gamma]}{x-a}=0$$

을 만족하는 일차식 $y = \alpha(x-a)+\gamma$가 있다고 하자. 그러면 분자가 0으로 수렴해야 하므로 $\gamma = f(a)$를 얻는다. 따라서

$$\lim_{x\to a}\frac{f(x)-f(a)}{x-a}=\alpha$$

가 되어, 함수 $y = f(x)$가 $x = a$에서 미분가능하고 $\alpha = f'(a)$가 됨을 알 수 있다.

이제 다변수함수에 대해서도 비슷한 이야기를 하려고 한다. 다변수 일차식은 적절한 벡터 A에 대하여 $A \cdot X$의 꼴이므로, 일차근사식은 다음

$$A\cdot(X-P)+f(P)$$

과 같은 형태로 표시될 것이다. 이제, 다음

$$\lim_{X\to P}\frac{|f(X)-[A\cdot(X-P)+f(P)]|}{\|X-P\|}=0$$

이 성립하는 벡터 A가 있으면 함수 $y = f(X)$가 $X = P$ 에서 미분가능하다고 말한다. 여기에서 일차근사식을 정의할 때

$$\lim_{x\to a}\frac{|f(x)-[\alpha(x-a)+f(a)]|}{|x-a|}=0$$

이라고 하는 것이나 마찬가지이므로 분모에서 숫자의 절대값을 벡터의 길이로 바꾸었다. 이변수함수 $y = f(x, y)$가 어느 한 점 $P(a, b)$에서 미분가능하고, 이 때 나오는 벡터를 $A = (\alpha, \beta)$라 두면, 일차근사식

$$z = \alpha(x-a)+\beta(y-b)+f(a,b)$$

는 함수 $z = f(x, y)$가 나타내는 곡면의 접평면이 된다.

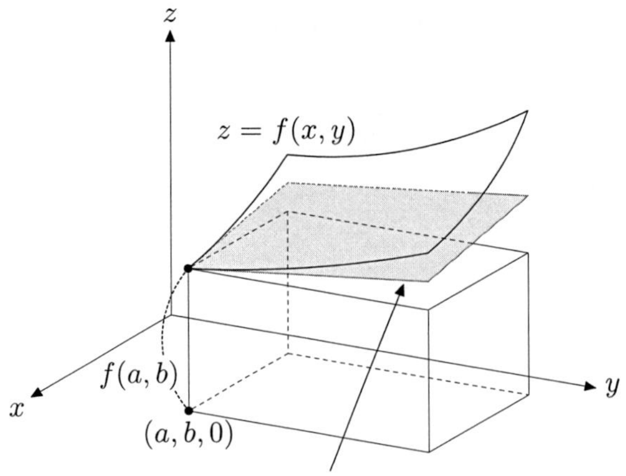

만일 함수 f가 점 $X = P$에서 미분가능하다면 등식

$$\lim_{X \to P} \frac{|f(X) - [A \cdot (X - P) + f(P)]|}{\|X - P\|} = 0$$

의 분자가 0으로 수렴해야 한다. 따라서

$$\lim_{X \to P} f(X) = f(P)$$

가 되는데, 이는 함수 f가 $X = P$에서 연속임을 말해 준다.

다변수함수의 미분가능성과 연속성

다변수함수 $f(X)$가 점 P에서 미분가능하면 그 점에서 연속이다.

이제부터 이변수함수 $z = f(x, y)$가 점 (a, b)에서 미분가능하다고 가정하고, 이 때 나오는 벡터 $A = (\alpha, \beta)$ 를 구해 보자. 이 벡터 A는 물론 일변수함수에서 미분계수의 역할을 하는 것이다. 우선 주어진 극한식을 풀어서 써 보면

$$\lim_{(x,y) \to (a,b)} \frac{|f(x, y) - [\alpha(x - a) + \beta(y - b) + f(a, b)]|}{\sqrt{(x - a)^2 + (y - b)^2}} = 0$$

이다. 이 극한의 의미는 평면 위의 점 (x, y)가 어떤 경로를 통하여 점 (a, b)에 가까이 가더라도 극한이 0이어야 한다는 뜻이다.

이제, 직선 $y = b$를 따라서 점 (x, y)가 (a, b)로 가까이 간다면 위 극한식에서 $y = b$를 대입해도 등식이 성립해야 한다는 뜻이다. 따라서

$$\lim_{x \to a} \frac{|f(x, b) - [\alpha(x - a) + f(a, b)]|}{|x - a|} = 0$$

를 얻는다. 그런데 만일 일변수함수 $h(x) = f(x, b)$ 를 생각하면

$$\lim_{x \to a} \frac{|h(x) - \alpha(x-a) - h(a)|}{|x-a|} = 0$$

에서 $\lim_{x \to a} \dfrac{h(x) - h(a)}{x - a} = \alpha$ 이므로, 이 함수 $h(x)$가 $x = a$에서 미분가능하고 $h'(a) = \alpha$ 임을 알게 된다. 마찬가지로 일변수함수

$$k(y) = f(a, y)$$

를 생각하면 이 함수는 $y = b$에서 미분가능하고 $k'(b) = \beta$ 임을 알게 된다. 함수 $h(x) = f(x, b)$ 를 x에 관하여 미분하는 것과 같이, 함수 $z = f(x, y)$를 x에 관하여 미분한다는 것은 y를 상수로 취급하고 x 에 관해서 미분한다는 뜻이다.

이러한 미분을 x에 관한 편미분이라 부르고

$$\frac{\partial f}{\partial x}, \qquad \frac{\partial}{\partial x} f, \qquad D_1 f$$

등으로 나타낸다.[1] 이 역시 이변수함수인데, 점 (a, b) 에서 이 함수의 값을 편미분계수라 부르고

$$\frac{\partial f}{\partial x}(a, b), \qquad \frac{\partial}{\partial x} f(a, b), \qquad D_1 f(a, b)$$

등으로 표시한다. 위에서 한 이야기를 종합하면 $\alpha = D_1 f(a, b)$ 가 된다는 뜻이다. 물론, y에 관한 편미분과 편미분계수도 마찬가지로 정의하면 $\beta = D_2 f(a, b)$가 된다. 따라서 이변수함수가 미분가능할 때, 미분계수의 역할을 하는 벡터는

$$(D_1 f(a, b),\ D_2 f(a, b))$$

로 주어진다.

문제 4.1.2. 다음 함수의 편도함수 $D_1 f$와 $D_2 f$를 구하라.

(가) $f(x, y) = x^2 + y^2$

(나) $f(x, y) = 3x^5 - 2xy - 6y^3$

(다) $f(s, t) = s^{\frac{3}{2}} t$

(라) $f(u, v) = \dfrac{\sqrt{u} + v}{u^3 + v^2}$

---

1) 편미분 기호 $\dfrac{\partial}{\partial x}$ 는 프랑스 수학자 Adrien-Marie Legendre (1752~1833)가 1786년 처음 썼으나, 바로 그 사용을 포기하였다. 그 후 Jacobi가 이 기호를 채택하여 다시 사용하였다.

편미분과 경제학

어느 공장에서 x개의 일반 자전거를 생산하는데 매일 50만원이 고정적으로 들고 개당 7만원이 들면, 매일 총비용함수는

$$C(x) = 50 + 7x(\text{만원})$$

이 된다. 이 회사가 고급자전거 y개를 더 생산하는데 매일 20만원이 더 들고, 개당 20만원이 들면 매일 총비용함수는

$$C(x, y) = 50 + 20 + 7x + 20y(\text{만원})$$

이다. 일반자전거의 가격 p와 고급자전거의 가격 q가 다음

$$\begin{aligned} p &= 210 - 4x + y \\ q &= 300 + x - 12y \end{aligned}$$

과 같이 주어지면, 이 회사의 매일 총수입함수는

$$\begin{aligned} R(x, y) &= xp + yq \\ &= x(210 - 4x + y) + y(300 + x - 12y) \\ &= 210x - 4x^2 + 2xy + 300y - 12y^2 \end{aligned}$$

이고, 이윤함수는

$$\begin{aligned} \pi(x, y) &= R(x, y) - C(x, y) \\ &= 203x + 280y - 4x^2 + 2xy - 12y^2 - 70 \end{aligned}$$

이다. 따라서

$$\frac{\partial}{\partial x}\pi(x, y) = 203 - 8x + 2y$$

이다.

문제 4.1.3. 위 상황에서

$$\begin{aligned} C(x, y) &= 200 + 80x + 15y \\ p &= 230 - 9x + y \\ q &= 130 + x - 3y \end{aligned}$$

일 때 이윤함수 $\pi(x,y)$를 구하고, 편미분계수 $\dfrac{\partial}{\partial x}\pi(10,15)$를 구하라.

문제 4.1.4. 총수입함수가

$$R(x,y) = 80x + 10y + 0.1xy - 0.01y^2$$

이고 총비용함수가

$$C(x,y) = 6x + 2y + 2,000$$

일 때, 이윤함수 $\pi(x,y)$ 를 구하고 $\dfrac{\partial}{\partial x}\pi(x,y)$ 와 $\dfrac{\partial}{\partial y}\pi(x,y)$ 를 구하라.

어느 물품을 생산하는 회사의 생산량은 노동자 수 x와 자본량 y에 대하여 생산함수가

$$f(x,y) = 15x^{0.4}y^{0.6}$$

으로 주어진다고 한다. 이 때, x에 관한 편미분

$$\frac{\partial}{\partial x}f(x,y)$$

은 노동에 대한 생산량의 변화율로서 노동의 한계생산량 또는 노동의 한계생산물이라 부르고, y에 관한 편미분

$$\frac{\partial}{\partial y}f(x,y)$$

는 자본에 대한 생산량의 변화율로서 자본의 한계생산량 또는 자본의 한계생산물이라 부른다.

노동자 수가 $4,000$명이고, 자본량이 $2,500$일 때 노동의 한계생산량은

$$\frac{\partial}{\partial x}f(x,y) = 6x^{-0.6}y^{0.6}$$

에서

$$\begin{aligned}\frac{\partial}{\partial x}f(4,000,\ 2,500) &= 6(4,000)^{-0.6}(2,500)^{0.6} \\ &\fallingdotseq 4.53\end{aligned}$$

이고, 자본의 한계생산량은

$$\frac{\partial}{\partial y}f(x,y) = 9x^{0.4}y^{-0.4}$$

에서

$$\frac{\partial}{\partial x}f(4,000,\ 2,500) = 9(4,000)^{0.4}(2,500)^{-0.4} \fallingdotseq 10.86$$

이다. 따라서 노동자 수가 $4,000$, 자본량이 $2,500$인 상황에서 이 회사의 생산성을 높이려면 자본량을 증가시키는 것이 더 유리하다고 판단할 수 있다.

예제 1. 어느 회사의 생산함수가

$$f(x,y) = 40x^{0.3}y^{0.7}$$

로 주어진다고 한다. 노동자 수가 $x = 1,500$, 자본량이 $y = 4,500$ 일 때

(가) 노동의 한계생산량과 자본의 한계생산량을 구하라.

(나) 생산성을 높이려면 무엇을 증가시키는 것이 더 유리한가?

풀이 : (가) 노동의 한계생산량은

$$\frac{\partial}{\partial x}f(x,y) = 12x^{-0.7}y^{0.7}$$

에서

$$\begin{aligned}\frac{\partial}{\partial x}f(1,500,\ 4,500) &= 12(1,500)^{-0.7}(4,500)^{0.7} \\ &\fallingdotseq 25.89203\end{aligned}$$

이고, 자본의 한계생산량은

$$\frac{\partial}{\partial y}f(x,y) = 28x^{0.3}y^{-0.3}$$

에서

$$\begin{aligned}\frac{\partial}{\partial x}f(1,500,\ 4,500) &= 28(1,500)^{0.3}(4,500)^{-0.3} \\ &\fallingdotseq 20.13825\end{aligned}$$

이다.

(나) 노동의 한계생산량이 자본의 한계생산량보다 크므로 노동자 수를 증가 시키는 것이 더 유리하다. □

문제 4.1.5. 어느 회사의 생산함수가

$$f(x,y) = 10x^{0.4}y^{0.6}$$

으로 주어진다고 하자. 노동자 수가 $x = 3,000$이고 자본량이 $y = 2,000$일 때

(가) 노동의 한계생산량과 자본의 한계생산량을 구하라.

(나) 생산성을 높히려면 무엇을 증가시키는 것이 더 유리한가?

그래디언트

일반적으로 다변수함수

$$z = f(x_1, x_2, \ldots x_n)$$

가 주어졌을 때, x_i를 제외한 모든 변수를 상수로 간주하고 변수 x_i에 관한 도함수를 구했을 때, 이를 함수 f의 i-번째 편도함수라 부르고

$$\frac{\partial f}{\partial x_i}, \qquad \frac{\partial}{\partial x_i} f, \qquad D_i f$$

등으로 나타낸다. 점 P에서 모든 편미분계수가 존재할 때, 벡터

$$(D_1 f(P), D_2 f(P), \ldots, D_n f(P))$$

를 점 P에서 함수 $z = f(X)$의 그래디언트라 부르고, 이를 앞으로 $\nabla f(P)$라 쓴다. 책에 따라서는 이를 grad $f(P)$로 쓰기도 한다.

다변수함수의 미분과 편미분계수

만일 다변수함수 $f(X)$가 점 P에서 미분가능하다면 이 점에서 그래디언트 벡터

$$\nabla f(P) = (D_1 f(P), D_2 f(P), \ldots, D_n f(P))$$

가 존재한다. 이 때 점 P에서 함수 $y = f(X)$의 일차근사식은

$$z = \nabla f(P) \cdot (X - P) + f(P)$$

로 주어진다.

특히, 이변수함수가 점 (a, b)에서 미분가능하다면 이 점에서 접평면의 방정식은

$$z = D_1 f(a, b)\,(x - a) + D_2 f(a, b)(y - b) + f(a, b)$$

로 주어진다. 위에서 그래디언트가 존재한다는 말은 물론 각 편미분계수

$$D_1 f(P),\ D_2 f(P),\ \ldots,\ D_n f(P)$$

가 존재한다는 뜻이다.

일반적으로 그래디언트가 존재한다고 하여 미분가능한 것은 아니다. 실제로 이변수함수의 편미분계수는 그 점을 지나고 x축과 y축에 평행인 직선 위에서 함수값이 얼마인가에 의하여 결정되지만, 함수의 미분가능성, 다시 말하여 접평면의 존재 여부는 그 점 근방에서 함수값

전체에 의하여 결정된다. 극단적인 예로서, 다음과 같이 정의된 함수

$$f(x,y) = \begin{cases} 1, & xy = 0, \\ 0, & xy \neq 0 \end{cases}$$

를 보자. 이 함수는 x축 위에서 함수값이 상수함수이므로 편미분계수가 존재하여

$$D_1 f(0,0) = 0$$

이다. 물론, 마찬가지로 $D_2 f(0,0) = 0$이다. 그러나 이 함수는 x축과 y축 위에서 함수값이 1이고 그 외에서는 함수값이 0이므로, 원점에서 미분가능은 고사하고 연속이지도 않다.

함수의 그래디언트가 존재하는 경우 그 미분가능성을 살펴보기 위하여 일일이 그 극한값을 따져 보는 것은 매우 번거로운 일이다. 다행히도, 만일 점 P 근방에서 모든 편도함수가 존재하고 연속이면 자동적으로 점 P에서 미분가능하다.

그 증명의 핵심은 $f(x,y) - f(a,b)$를 다음

$$f(x,y) - f(a,b) = [f(x,y) - f(a,y)] + [f(a,y) - f(a,b)]$$

과 같이 쓰는 것이다.

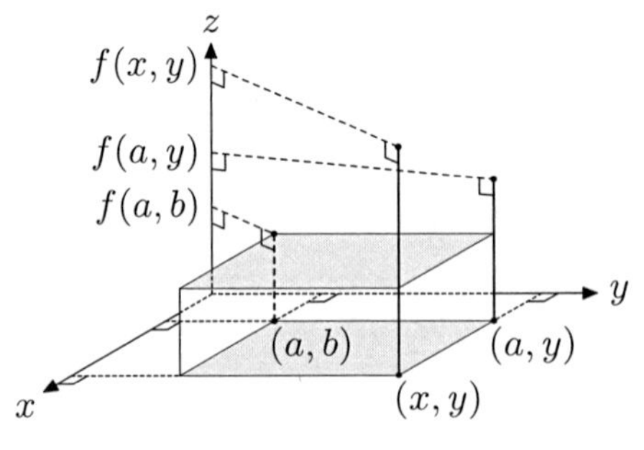

이제 y를 상수로 보고 x에 관한 일변수함수

$$h(x) = f(x,y)$$

에 대하여 평균값정리를 적용하면, 다음

$$h(x) - h(a) = (x-a)h'(x_*)$$

를 만족하는 점 x_*를 a와 x 사이에서 잡을 수 있다. 그런데 이를 다시 써 보면 다음 등식

$$f(x,y) - f(a,y) = (x-a)D_1 f(x_*, y)$$

를 얻는다. 마찬가지로, 일변수함수

$$y \mapsto f(a,y)$$

에 대하여 같은 방식으로 평균값정리를 적용하면

$$f(a,y)-f(a,b)=(y-b)D_2f(a,y_*)$$

를 만족하는 점 y_*를 b와 y 사이에 잡을 수 있다. 따라서

$$\begin{aligned}&f(x,y)-[f(a,b)+(x-a)D_1f(a,b)+(y-b)D_2f(a,b)]\\&\qquad=(x-a)(D_1f(x_*,y)-D_1f(a,b))+(y-b)(D_2f(a,y_*)-D_2f(a,b))\end{aligned}$$

이다. 그런데 편도함수가 연속이라면 $(x,y)\to(a,b)$ 일 때

$$\lim_{(x,y)\to(a,b)}[D_1f(x_*,y)-D_1f(a,b)]=\lim_{(x,y)\to(a,b)}[D_2f(a,y_*)-D_2f(a,b)]=0$$

이다. 그런데

$$|x-a|\le\|(x,y)-(a,b)\|,\qquad |y-b|\le\|(x,y)-(a,b)\|$$

이므로 원하는 결론

$$\lim_{(x,y)\to(a,b)}\frac{|f(x,y)-[f(a,b)+(x-a)D_1f(a,b)+(y-b)D_2f(a,b)]|}{\|(x,y)-(a,b)\|}=0$$

을 얻는다. 다변수함수의 경우도 마찬가지로 증명할 수 있다.

다변수함수의 편도함수와 미분가능성

점 P근방에서 다변수함수 $f(X)$의 모든 편도함수들이 존재하고 연속이면 함수 $f(X)$는 점 P에서 미분가능하다.

예제 2. 함수 $z=x^2y^3+2xy$가 점 $P(2,1)$에서 미분가능함을 보이고 점 P에서 접평면을 구하라.

풀이 : 우선 각 편도함수를 구하면

$$D_1f(x,y)=2xy^3+2y,\qquad D_2f(x,y)=3x^2y^2+2x$$

인데, 이 두 함수가 연속이므로 원래 주어진 함수는 미분가능하다. 이 때

$$\nabla f(P)=(6,16)$$

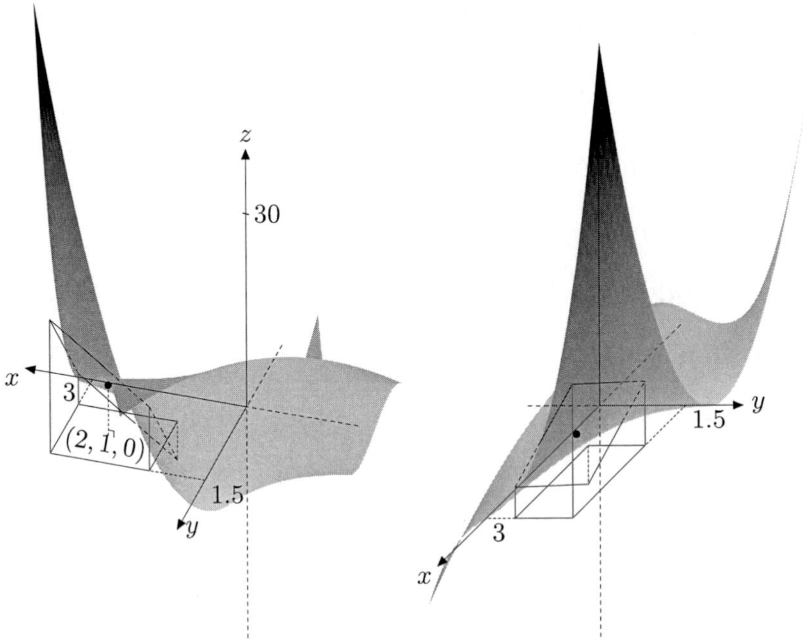

이다. 또한 $f(2,1) = 8$이므로, 구하는 접평면의 방정식은

$$z = 6(x-2) + 16(y-1) + 8 = 6x + 16y - 20$$

이다. □

예제 3. 함수

$$f(x,y) = \begin{cases} \dfrac{-3xy}{2x^2+y^2}, & (x,y) \neq (0,0) \\ 0, & (x,y) = (0,0) \end{cases}$$

에 대하여 $\nabla f(0,0)$을 구하고, 점 $(0,0)$에서 미분가능성을 조사하라.

풀이 : 직선 $y = x$를 따라서 점 (x,y)가 $(0,0)$으로 가까이 가면

$$\lim_{(x,y)\to(0,0)} f(x,y) = \lim_{(x,x)\to(0,0)} \frac{-3x^2}{3x^2} = -1$$

이고, 직선 $y = -x$를 따라서 점 (x,y)가 $(0,0)$으로 가까이 가면

$$\lim_{(x,y)\to(0,0)} f(x,y) = \lim_{(x,-x)\to(0,0)} \frac{3x^2}{3x^2} = 1$$

이다. 따라서 극한값 $\lim_{(x,y)\to(0,0)} f(x,y)$가 존재하지 않으므로 $(0,0)$에서 불연속이다. 따라서 $(0,0)$에서 미분불가능하다. 그러나

$$D_1 f(0,0) = \lim_{\Delta x\to 0} \frac{f(\Delta x, 0) - f(0,0)}{\Delta x} = \lim_{\Delta x\to 0} \frac{0-0}{\Delta x} = 0$$
$$D_2 f(0,0) = \lim_{\Delta y\to 0} \frac{f(0, \Delta y) - f(0,0)}{\Delta y} = \lim_{\Delta y\to 0} \frac{0-0}{\Delta y} = 0$$

이므로 $\nabla f(0,0) = (0,0)$이다. □

문제 4.1.6. 다음 함수에 대하여 원점에서 그래디언트 벡터 $\nabla f(0,0)$ 을 구하라.

(가) $f(x,y) = x^2 + y^2 + y$

(나) $f(x,y) = \sin(1 + xy + y^2)$

(다) $f(x,y) = \ln(1 + xy)$

(라) $f(x,y) = \dfrac{x+y+1}{xy+1}$

문제 4.1.7. 다음 함수의 모든 편도함수를 구하라.

(가) $f(x,y,z) = x^2y^3 + z$

(나) $f(x,y,z) = \sqrt{x^2+y^2+z^2}$

(다) $f(x,y,z) = xe^{-yz}$

(라) $f(x,y,z) = x^{yz}$

문제 4.1.8. $f(x,y,z) = x^2y^3 + z$ 에 대하여 $\nabla f(1,2,3)$ 을 구하라.

문제 4.1.9. 두 함수 f, g의 모든 편도함수가 존재할 때, 다음을 보이라.

$$\nabla(f+g) = \nabla f + \nabla g$$
$$\nabla(tf) = t\nabla f$$
$$\nabla(fg) = f\nabla g + g\nabla f$$

연쇄법칙

일변수함수에서 미분을 할 때 가장 강력한 도구는 합성함수 미분법이었는데, 다변수함수에서도 마찬가지이다. 구간 I에서 정의된 매개화된 곡선

$$X(t) = (x_1(t),\ x_2(t),\ \dots,\ x_n(t)), \qquad t \in I$$

의 치역은 t가 움직임에 따라서 공간 $\mathbb{R}^n$ 안을 움직이는 곡선을 나타낸다. 만일 이 치역을 포함하는 영역에서 정의된 함수 $z = f(X)$가 있으면 두 함수를 합성한 함수

$$f \circ X : t \mapsto f(X(t)) = f(x_1(t),\ x_2(t),\ \ldots,\ x_n(t)) \in \mathbb{R}$$

를 생각할 수 있다. 이제 매개화된 곡선 $X(t)$의 속도벡터 $X'(t)$가 존재하고 함수 f가 미분가능할 때, 합성함수 $f \circ X$의 도함수를 구해 보자.

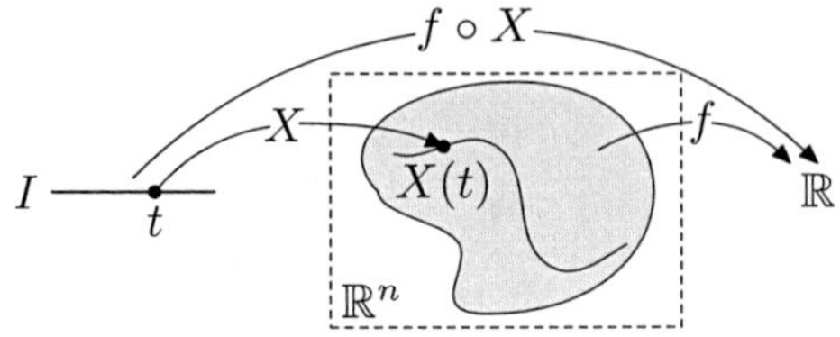

이를 위하여, 미분가능성의 정의를 조금 고쳐서 써 보는 것이 편리하다. 다변수함수 $f(X)$가 점 P에서 미분가능할 때, 그 일차근사식

$$f(P) + \nabla f(P) \cdot (X - P)$$

과 원래 함수의 오차를 살펴보기 위하여

$$\epsilon(X) = \frac{f(X) - [f(P) + \nabla f(P) \cdot (X - P)]}{\|X - P\|}$$

라 두자. 그러면 미분가능성의 정의에 의하여

$$\lim_{X \to P} \epsilon(X) = 0$$

임을 알 수 있으며, 이 때 다음 등식

$$f(X) = f(P) + \nabla f(P) \cdot (X - P) + \epsilon(X)\|X - P\|$$

이 성립한다. 역으로, $\lim_{X \to P} \epsilon(X) = 0$인 적절한 함수 $\epsilon(X)$에 대하여 위 등식이 성립한다면

$$\lim_{X \to P} \frac{|f(X) - [\nabla f(P) \cdot (X - P) + f(P)]|}{\|X - P\|} = \lim_{X \to P} |\epsilon(X)| = 0$$

이므로, 함수 $f(X)$는 점 P에서 미분가능하다.

다변수함수의 미분가능성

다변수함수 $f(X)$에 대하여 다음은 서로 동치이다.

(가) 함수 $f(X)$가 점 P에서 미분가능하다.

(나) 점 P에서 함수 $f(X)$의 그래디언트 $\nabla f(P)$가 존재하며, 적절한 함수 $\epsilon(X)$에 대하여 다음

$$f(X) = f(P) + \nabla f(P) \cdot (X - P) + \epsilon(X)\|X - P\|,$$
$$\lim_{X \to P} \epsilon(X) = 0$$

이 성립한다.

이제, 곡선 $X(t)$가 t에서 미분가능하고 함수 $f(X)$가 점 $X(t)$에서 미분가능하다 가정하고, 함수 $t \mapsto f(X(t))$의 도함수를 구해 보자. 도함수를 구하기 위하여

$$f(X(t+h)) - f(X(t))$$

의 값을 살펴보아야 한다. 이를 위하여

$$X(t+h) - X(t) = K$$

라 두면

$$\begin{aligned} f(X(t+h)) - f(X(t)) &= f(X(t) + K) - f(X(t)) \\ &= \nabla f(X(t)) \cdot K + \epsilon(X(t+h))\|K\| \end{aligned}$$

이다. 따라서

$$\begin{aligned} \frac{f(X(t+h)) - f(X(t))}{h} &= \nabla f(X(t)) \cdot \frac{X(t+h) - X(t)}{h} \\ &\quad + \epsilon(X(t+h)) \left\| \frac{X(t+h) - X(t)}{h} \right\| \end{aligned}$$

를 얻는다. 이제, 이 등식의 양변에 $\lim_{h \to 0}$을 붙이면 되는데, 우선 마지막 항을 살펴보면 $h \to 0$ 일 때 $X(t+h) \to X(t)$이므로

$$\lim_{h \to 0} \epsilon(X(t+h)) = 0$$

이다. 한편 $\left\| \frac{X(t+h) - X(t)}{h} \right\|$는 유한값 $\|X'(t)\|$로 수렴하므로 마지막 항은 0으로 수렴하게 된다. 따라서 등식

$$\frac{d}{dt} f(X(t)) = \nabla f(X(t)) \cdot X'(t)$$

을 얻는다.

연쇄법칙

구간 I 에서 정의된 미분가능한 곡선

$$X(t) = (x_1(t), x_2(t), \dots, x_n(t))$$

와 이 곡선의 치역을 포함하는 영역에서 정의된 미분가능한 함수 $f(X)$ 에 대하여

$$\frac{d}{dt} f(X(t)) = \nabla f(X(t)) \cdot X'(t)$$

가 성립한다.

위 연쇄법칙을 좌표의 성분을 써서 표현하면

$$\frac{d}{dt} f(x_1, \dots, x_n) = \frac{\partial f}{\partial x_1}\frac{dx_1}{dt} + \cdots + \frac{\partial f}{\partial x_n}\frac{dx_n}{dt}$$

가 된다. 여기에서 $n = 1$ 이면 이는 물론 일변수함수에서 우리가 알고 있는 합성함수의 미분법이다.

연쇄법칙을 이용하면 그래디언트의 의미를 보다 분명하게 알 수 있다. 어떤 함수 f 에 대하여 점 P 에서 그래디언트 벡터 $\nabla f(P)$ 의 기하학적 의미는 다음과 같다.

등위면과 그래디언트

미분가능한 함수 f 의 그래디언트 벡터 $\nabla f(P)$ 는 점 P 가 속하는 등위면 $S = \{X : f(X) = f(P)\}$ 에 수직이다.

우선 점 P 에서 등위면 S 의 접평면은 P 를 지나면서 S 안에 있는 곡선의 접선들로 이루어져 있다. 다시 말하자면, 미분가능한 곡선

$$X : \mathbb{R} \to S, \quad X(0) = P$$

이 주어졌을 때 점 P 에서 시작하는 벡터 $X'(0)$ 가 S 의 접평면 위에 있고, 역으로 점 P 에서 시작하는 접평면 위의 모든 벡터는 모두 이러한 방법으로 얻어진다. 따라서 우리가 보여야 할 것은 위의 곡선 X 에 대하여

$$\nabla f(P) \cdot X'(0) = 0$$

이 성립한다는 것이다. 그런데 $X(t) \subset S$로부터 $f(X(t)) = f(P)$를 얻고, 이를 t에 대하여 미분하면 연쇄법칙으로부터 $\nabla f(X(t)) \cdot X'(t) = 0$이 되어, $t = 0$을 대입하면 원하는 결론을 얻는다.

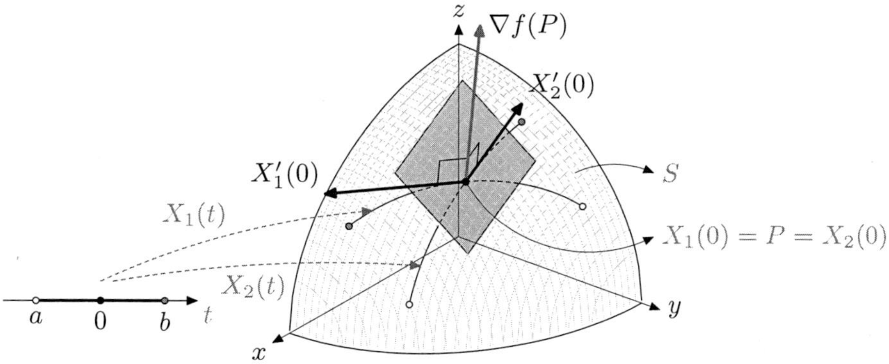

만일 $n = 2$이면 등위면은 바로 이차동차식을 공부할 때 생각했던 등고선이다.

예제 4. xy평면에 있는 곡선

$$x^3 + y^3 = 3xy$$

위의 점 $P = \left(\frac{3}{2}, \frac{3}{2}\right)$에서 접선의 방정식을 구하라.

풀이 : 우선 함수

$$f(x, y) = x^3 + y^3 - 3xy$$

의 그래디언트는

$$\nabla f(x, y) = 3(x^2 - y, y^2 - x)$$

로 주어지고, 따라서 점 P에서 그래디언트는 벡터 $(1, 1)$과 나란하게 된다. 따라서 접선은 $(1, 1)$에 수직이 되고, 원하는 접선의 방정식은

$$1 \cdot \left(x - \frac{3}{2}\right) + 1\left(y - \frac{3}{2}\right) = 0$$

인데, 이를 정리하면 $x + y = 3$ 이 된다. □

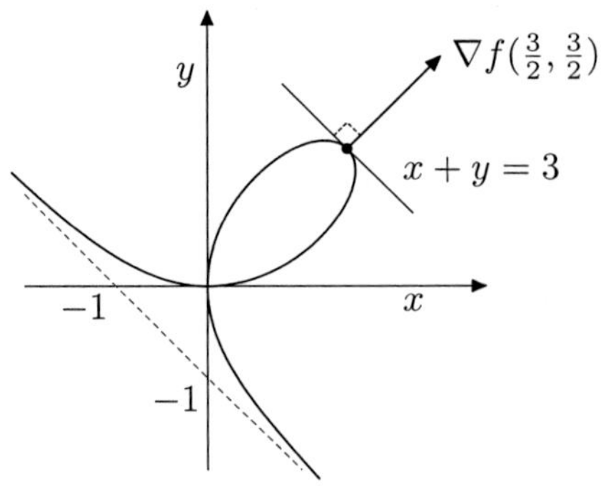

예제 5. 다음과 같이 정의된 타원면

$$\frac{x^2}{9} + \frac{y^2}{8} + z^2 = 1$$

위의 점 $\left(\frac{3}{5}, \frac{8}{5}, \frac{4}{5}\right)$ 에서 접평면의 방정식을 구하라.

풀이 : 우선 주어진 곡면은 함수

$$f(x, y, z) = \frac{x^2}{9} + \frac{y^2}{8} + z^2$$

의 한 등위면이다. 이제, 점 $\left(\frac{3}{5}, \frac{8}{5}, \frac{4}{5}\right)$ 에서 이 등위면에 수직인 벡터는

$$\nabla f\left(\frac{3}{5}, \frac{8}{5}, \frac{4}{5}\right) = 2\left(\frac{\frac{3}{5}}{9}, \frac{\frac{8}{5}}{8}, \frac{4}{5}\right) = \frac{2}{15}(1, 3, 12)$$

이다. 따라서 구하는 접평면은 벡터 $(1, 3, 12)$ 에 수직이므로

$$x + 3y + 12z = \frac{3}{5} + 3 \cdot \frac{8}{5} + 12 \cdot \frac{4}{5} = \frac{75}{5} = 15$$

로 주어진다. □

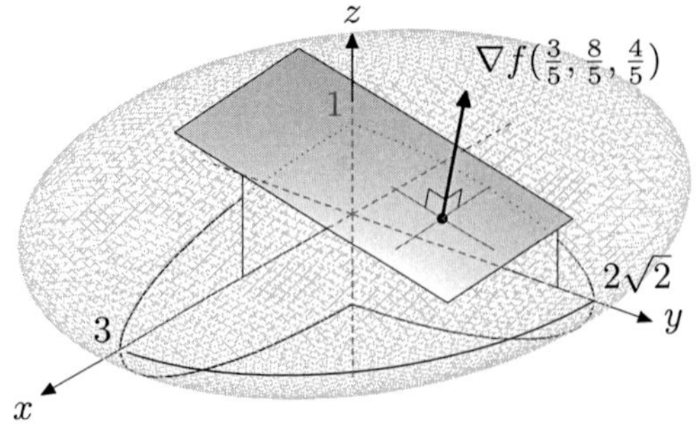

문제 4.1.10. 곡면 $\frac{x^2}{a^2} + \frac{y^2}{b^2} + \frac{z^2}{c^2} = 1$ 위의 점 (x_0, y_0, z_0)에서 접평면의 방정식을 구하라.

문제 4.1.11. 다음 식으로 주어진 곡면 위의 점 P 에서 접평면의 방정식을 구하라.

(가) $8x^2 + y^2 + 8z^2 = 16, \qquad P\left(1, 2, \frac{1}{\sqrt{2}}\right)$

(나) $x^2 + y^2 - z^2 = 4, \qquad P(2, 1, 1)$

단위벡터 $\mathbf{v}$에 대하여 다음 값

$$D_{\mathbf{v}}f(P) = \frac{d}{dt}f(P + t\mathbf{v})|_{t=0}$$

은 점 X가 P에서 $\mathbf{v}$ 방향으로 움직일 때 순간변화율을 나타내는데, 이를 P에서 f의 $\mathbf{v}$-방향 미분계수라고 부른다. 연쇄법칙에 의하면

$$D_{\mathbf{v}}f(P) = \nabla f(P) \cdot \mathbf{v}$$

이므로, 점 P에서 방향미분계수가 가장 큰 방향은 바로 그래디언트 $\nabla f(P)$이다. 방향미분계수가 가장 작은 방향은 그 역방향 $-\nabla f(P)$이고, 그래디언트와 수직방향의 방향미분계수는 0이다. 예를 들어, 등고선 지도를 들고 등산하는 사람이 가장 신속하게 고도를 높히려면 고도함수의 그래디언트 방향으로 움직여야 하는데 이는 바로 등고선의 수직방향이다.

4.2 극대 극소와 헤세 행렬

다변수함수에서 이계미분계수에 대응되는 것은 행렬로 표시되는데, 이는 주어진 함수에 가장 가까운 이차식에 대응하는 행렬이다. 따라서 극점에서 극대값을 가지는지 극소값을 가지는지 판별하려면 이 행렬에 대응하는 이차식을 살펴보면 된다.

임계점

일변수함수 $y = f(x)$의 경우, $x = p$를 내부에 포함하는 어떤 구간 (a, b) 위에서 $y = f(x)$가 최대값을 가지면 $f(x)$는 $x = p$에서 극대값을 가진다고 정의하였다. 다시 말하면, 적절한 구간 (a, b) 위에서 다음

$$x \in (a, b) \implies f(x) \le f(p)$$

을 만족한다는 것이다. 다변수함수의 경우 이 정의에 나오는 구간을 그에 상응하는 개념으로 바꾸면 되는데, 구간 (a, b)를 점 p를 중심으로 하는 구간

$$\{x \in \mathbb{R} : |x - p| < r\}$$

으로 바꾸어도 마찬가지이다. 변수가 n 개인 다변수함수

$$z = f(X) = f(x_1, x_2, \ldots, x_n)$$

에서 극대값이나 극소값을 정의하기 위하여 다음

$$D(P, r) = \{X \in \mathbb{R}^n : \|X - P\| < r\}$$

과 같은 영역을 생각한다. 만일 $n = 2$ 이면 $D(P, r)$ 은 xy 평면에서 점 P 를 중심으로 하고 반경이 r 인 원판인데 물론 경계는 포함하지 않는다. 점 P 를 중심으로 하는 적절한 영역 $D(P, r)$ 위에서 함수 $z = f(X)$ 가 최대값을 가지면, 점 P 를 함수 f 의 극대점이라 하고 그 함수값 $f(P)$ 를 점 P 에서 $f(X)$ 의 극대값이라 한다. 이를 다시 표현하면, 적절한 양수 $r > 0$ 에 대하여 다음

$$\|X - P\| < r \implies f(X) \le f(P)$$

이 성립한다는 뜻이다. 극소점과 극소값의 경우도 마찬가지로 정의하고, 극대점과 극소점을 합쳐서 극점, 극대값과 극소값을 합쳐서 극값이라 부른다.

미분가능한 이변수함수

$$z = f(x, y)$$

가 점 $(x, y) = (a, b)$ 에서 극대값을 가진다고 하자. 점 (a, b) 에서 극대값을 가진다는 말은 (a, b) 를 중심으로 하는 적절한 원판 위에서 최대값이 된다는 말이다. 그러면 이 함수를 정의역의 직선 $y = b$ 에 제한한 함수

$$x \mapsto f(x, b)$$

는 $x = a$ 에서 극대값을 가져야 한다. 따라서 이 함수의 미분계수가 0 이어야 하는데, 이것이 바로 편미분계수 $D_1 f(a, b)$ 이다. 마찬가지로 정의역의 직선 $x = a$ 에 제한하여 생각하면 $D_2 f(a, b) = 0$ 임을 알 수 있다. 따라서 점 (a, b) 에서 접평면은 xy 평면에 나란한 평면이 된다.

일반적인 미분가능한 다변수함수 $y = f(X)$ 의 경우에도, 이 함수가 $X = P$ 에서 극대값을 가진다면 점 P 를 지나면서 i-번째 축에 나란한 직선 위에 함수를 제한하면 극대값을 가지게 되고, 따라서 $D_i f(P) = 0$ 임을 알 수 있다. 따라서

$$\nabla f(P) = (D_1 f(P), D_2 f(P), \ldots D_n f(P)) = O$$

임을 알 수 있다. 극소값의 경우도 물론 마찬가지이다.

다변수함수의 극대 극소

미분가능한 다변수함수 $z = f(X)$가 점 $X = P$에서 극대값이나 극소값을 가지면

$$\nabla f(P) = O$$

이다.

그래디언트가 O이 되는 점, 즉 $\nabla f(P) = O$인 점 P를 함수 $z = f(X)$의 임계점이라고 부른다. 따라서 미분가능한 함수의 극점은 임계점이다. 그러나 이차동차식으로 주어진 함수 $f(x, y) = x^2 - y^2$에서 보듯이 임계점이 반드시 극점이 되는 것은 아니다. 이 함수의 경우, 함수값이 양인 부분과 음인 부분으로 정의구역을 나누면 원점을 지나는 두 직선으로 구분된다. 따라서 원점을 중심으로 아무리 작은 원판을 잡더라도 그 위에서 최대값이나 최소값이 될 수 없다. 이와 같이, 임계점이지만 극점이 되지 않을 때 이를 안장점이라고 부른다.

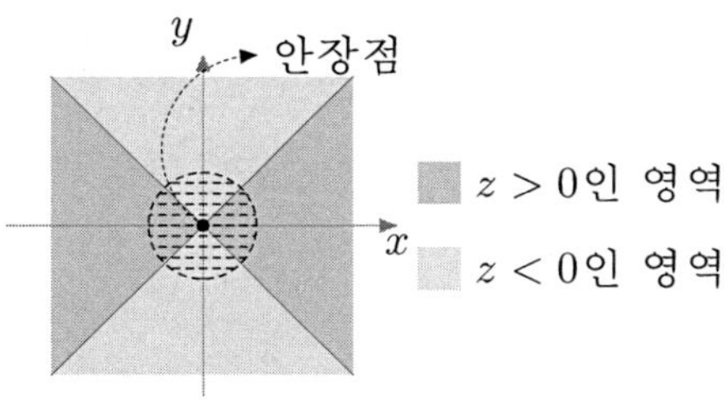

($z = x^2 - y^2$의 부호와 안장점)

문제 4.2.1. 다음 함수의 임계점을 구하라.

(가) $x^2 + 4xy - y^2 - ax - by$　　(나) $x - y\sin x$

(다) x^2y^2　　(라) $x^4 + y^2$

(마) $e^{x^2+y^2+z^2}$　　(바) $e^{\frac{-xy}{x^2+y^2+1}}$

예제 1. 공간에 주어진 점 $P_1, \ldots, P_k$ 에 대하여

$$f(X) = \|X - P_1\|^2 + \|X - P_2\|^2 + \cdots + \|X - P_k\|^2$$

의 값을 최소로 하는 점 X 를 구하라.

풀이 : 우선 f의 그래디언트 벡터를 구하면,

$$\nabla f(X) = 2\sum_{i=1}^{k}(X - P_i) = 2\left(kX - (P_1 + \cdots + P_k)\right)$$

이다. 따라서 $\nabla f(X) = O$을 풀면 바로 $P_1, \ldots, P_k$ 의 평균점

$$X = \frac{1}{k}(P_1 + \cdots + P_k)$$

라는 것을 알 수 있다. 그런데 X가 원점에서 멀어질수록 $f(X)$의 값은 커진다. 따라서 이 점에서 f는 최소값을 가진다. □

이계편도함수

일변수함수를 공부할 때 이계도함수를 구하는 가장 큰 이유는 임계점에서 극대인지 극소인지 판별하기 위한 것이다. 접선의 방정식을 일차근사식으로 이해하듯이, 극대 극소의 판별이나 곡선의 볼록여부를 판단하는 것은 제 1권 7장에서 공부한 이차근사식과 밀접한 관련을 가지므로 이에 대하여 되새겨 보기로 하자.

미분가능한 함수 $y = f(x)$와 정의역의 한 점 $x = 0$에서 접선의 방정식은

$$p(x) = f(0) + f'(0)x$$

으로 주어지는데, 함수 $y = f(x)$의 미분가능성으로부터 다음 관계식

$$\lim_{x \to 0} \frac{f(x) - p(x)}{x} = \lim_{x \to 0} \frac{f(x) - f(0)}{x} - f'(0) = 0$$

이 성립함을 알 수 있다. 이는 $p(x)$가 $f(x)$에 가장 가까운 일차함수임을 말하고 있다.

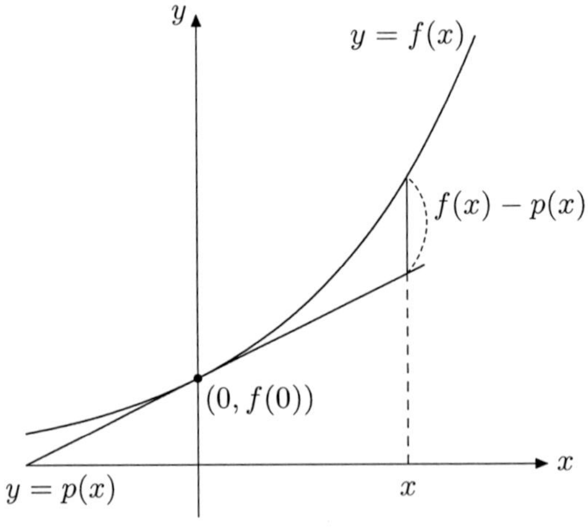

이차함수 $p(x) = a_0 + a_1x + a_2x^2$ 가운데 $y = f(x)$에 가장 가까운 함수를 찾으려면 다음 등식

$$\lim_{x \to 0} \frac{f(x) - (a_0 + a_1x + a_2x^2)}{x^2} = 0$$

이 성립하도록 해야 할 것이다. 그런데 이 식에서 $a_0 = f(0)$이고, 로피탈의 정리를 적용하면

$$\lim_{x\to 0} \frac{f'(x) - (a_1 + 2a_2x)}{2x} = 0$$

이므로 $a_1 = f'(0)$이 됨을 알 수 있다. 다시 로피탈의 정리를 적용하면

$$\lim_{x\to 0} \frac{f''(x) - 2a_2}{2} = 0$$

에서 $a_2 = \dfrac{f''(0)}{2}$을 얻는다. 이로부터, 이계미분계수 $f''(0)$의 부호를 살펴보면 이차근사식이 위로 볼록인지 아래로 볼록인지 알 수 있고, 따라서 원래 함수의 모습도 유추할 수 있게 되는 것이다.

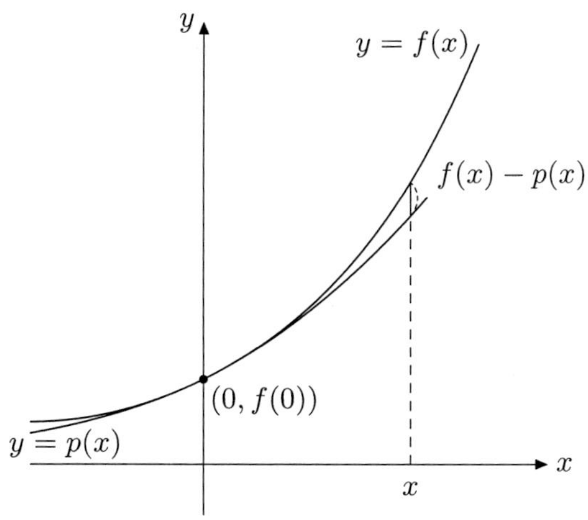

이제 이변수함수 $z = f(x, y)$의 이차근사식을 구해 보자. 점 $X = P$에서 이차근사식을 구하기 위하여 새로운 일변수함수

$$g(t) = f(P + tX)$$

를 생각하면, 이 함수의 이차근사식은

$$g(0) + g'(0)t + \frac{g''(0)}{2}t^2$$

이다. 여기에서 $\dfrac{d(P + tX)}{dt} = X$이므로, 연쇄법칙을 사용하면

$$g'(t) = \nabla f(P + tX) \cdot X = xD_1f(P + tX) + yD_2f(P + tX)$$

이다. 이제, 이계도함수를 구하기 위하여 다시 한 번 연쇄법칙을 쓰면

$$\begin{aligned} g''(t) &= x\left[xD_1D_1f(P+tX)+yD_2D_1f(P+tX)\right] \\ &\qquad + y\left[xD_1D_2f(P+tX)+yD_2D_2f(P+tX)\right] \end{aligned}$$

이다.

잠시 화제를 돌려서, 두 이계편도함수 D_2D_1f와 D_1D_2f를 비교하여 보자. 예를 들어서 함수 f가 다항식이라면 이를 전개하여 x^my^n꼴의 함수에 대해서만 비교해 보면 되는데, 두 변수 x와 y가 분리되어 있으므로 x에 관하여 미분하고 y에 대하여 미분한 것이나, 그 순서를 바꾸어 미분한 것이 같음은 너무나 당연하다. 일반적으로 다음이 성립한다.

다변수함수의 이계미분

만일 다변수함수 $z=f(X)$의 이계편도함수

$$D_iD_jf(X), \qquad i,j=1,2,\ldots,n$$

이 모두 존재하고 연속이면 다음 등식

$$D_iD_jf(X)=D_jD_if(X), \qquad i,j=1,2,\ldots,n$$

이 성립한다.

결론이 변수 두 개에 관한 것이므로, 위 내용을 증명하는 데에 편의상 $n=2$라고 두어도 상관 없다. 이제 $P=(a,b)$로 두고, 작은 양수 $h,k>0$에 대하여

$$A=f(a+h,b+k)-f(a,b+k)-f(a+h,b)+f(a,b)$$

로 두자. 그러면 함수 $\varphi(x,y)=f(x,y+k)-f(x,y)$에 대하여

$$A=\varphi(a+h,b)-\varphi(a,b)$$

로 주어지고, 따라서 평균값 정리를 적용하면 적절한 두 값 $a^*\in(a,a+h)$와 $b^*\in(b,b+k)$에 대하여

$$\begin{aligned} A=hD_1\varphi(a^*,b) &= h\left(D_1f(a^*,b+k)-D_1f(a^*,b)\right) \\ &= hkD_2D_1f(a^*,b^*) \end{aligned}$$

가 된다. 마찬가지로 $\psi(x,y)=f(x+h,y)-f(x,y)$로 정의하면 적절한 두 값 $a'\in(a,a+h)$, $b'\in(b,b+k)$에 대하여

$$\begin{aligned} A &= \psi(a,b+k)-\psi(a,b)=kD_2\psi(a,b') \\ &= k\left(D_2f(a+h,b')-D_2f(a,b')\right)=khD_1D_2f(a',b') \end{aligned}$$

이 성립한다. 이로부터

$$D_2D_1f(a^*, b^*) = D_1D_2f(a', b')$$

을 얻는데, $\lim_{h\to 0}$과 $\lim_{k\to 0}$를 취하면 (a^*, b^*)와 (a', b')이 모두 P에 가까이 가므로 원하는 결론을 얻는다.

헤세 행렬

이제, 앞에서 구한 이차근사식 $g(0) + g'(0)t + \frac{g''(0)}{2}t^2$으로 돌아가면

$$g''(0) = x^2D_1D_1f(P) + 2xyD_2D_1f(P) + y^2D_2D_2f(P)$$

이 성립함을 알 수 있다. 앞으로 $D_1D_1f = D_1^2f$ 등으로 표시한다. 그러면

$$\begin{aligned} x^2D_1^2f + 2xyD_2D_1f + y^2D_2^2f &= (xD_1 + yD_2)(xD_1 + yD_2)f \\ &= (xD_1 + yD_2)^2f \\ &= (X \cdot \nabla)^2 f \end{aligned}$$

등과 같이 간편하게 표현할 수 있다. 이러한 표현은 물론 변수의 개수에 관계없다. 따라서 함수 $g(t) = f(P + tX)$의 이차근사식에서 $t = 1$일 때 다음

$$g(0) + g'(0) + \frac{g''(0)}{2} = f(P) + (X \cdot \nabla)f(P) + \frac{1}{2!}(X \cdot \nabla)^2 f(P)$$

을 얻는다.

이변수함수의 경우 $P = (a, b)$일 때 이를 실제로 풀어 쓰면, 일차항과 이차항이 각각

$$xD_1f(a, b) + yD_2f(a, b)$$
$$x^2D_1^2f(a, b) + 2xyD_1D_2f(a, b) + y^2D_2^2f(a, b)$$

가 된다. 따라서 일차항에 대응하는 벡터는 그래디언트 벡터

$$\nabla f(P) = (D_1f(a, b), D_2f(a, b))$$

이고, 이차항에 대응하는 행렬은

$$H_f(a, b) = \begin{pmatrix} D_1^2f(a, b) & D_1D_2f(a, b) \\ D_2D_1f(a, b) & D_2^2f(a, b) \end{pmatrix}$$

가 된다. 이 행렬을 헤세[2)] 행렬이라 부르고

$$f''(P)$$

로 표현하기도 한다. 한 마디로 말하여 그래디언트 벡터는 일변수함수에서 미분계수에 해당하는 것이며 헤세 행렬은 이계미분계수에 해당하는 것이다.

예제 2. 점 $P = (1, 1)$ 에서 함수

$$f(x, y) = x^4 + y^4 - 4xy$$

의 헤세 행렬을 구하라.

풀이 : 먼저, $D_1 f(x, y) = 4x^3 - 4y$ 이고, $D_2 f(x, y) = 4y^3 - 4x$ 이므로

$$\begin{aligned} D_1 D_1 f(x, y) &= 12x^2, \quad & D_1 D_2 f(x, y) &= -4 \\ D_2 D_1 f(x, y) &= -4, \quad & D_2 D_2 f(x, y) &= 12y^2 \end{aligned}$$

이다. 따라서

$$H_f(1, 1) = \begin{pmatrix} 12 & -4 \\ -4 & 12 \end{pmatrix}$$

이다. □

문제 4.2.2. 원점에서 다음 함수들의 헤세 행렬 $H_f(0, 0)$ 을 구하라.

(가) $f(x, y) = x^2 + 2xy + y^2$

(나) $f(x, y) = x^2 + x^3 y + y^3$

(다) $f(x, y) = \sin(x + y)$

(라) $f(x, y) = \dfrac{xy}{x^2 + y^2 + 1}$

임계점의 분류

이제, 이계편도함수가 모두 연속인 함수 $f(x, y)$ 가 점 $(x, y) = (a, b)$ 에서 임계점을 가진다고 하자. 그러면 원래 함수와 이차근사식이 유사하므로, 이 점에서 이차근사식이 극대, 극소값을 가지는지 아니면 안장점인지 살펴보면 원래 함수에 대해서도 같은 말을 할 수 있다. 일변수함수의 경우, 이계미분계수를 보고 극대인지 극소인지 판별하는 것은 결국 이차근사

2) Ludwig Otto Hesse (1811 ∼1874), 독일 수학자. Königsberg(현재 러시아의 Kaliningrad) 에서 공부하고, 이 곳과 Heidelberg, Munich등에서 활동하였다.

식이 위로 볼록인지 아래로 볼록인지 보고 원래 함수에 대해서도 같은 이야기를 하는 것이다. 이변수함수에 대해서도 본질적으로 이와 같은 이치이다. 이를 좀 더 자세히 살펴보기 위하여 함수 $f(P+X)$의 이차근사식

$$f(P) + (X \cdot \nabla)f(P) + \frac{1}{2!}(X \cdot \nabla)^2 f(P)$$

를 생각하자. 만일 $P = (a, b)$가 임계점이면 $(X \cdot \nabla)f(P) = 0$이므로, 이 점 P 근방에서

$$\begin{aligned} f(P+X) - f(P) &\fallingdotseq \frac{1}{2!}(X \cdot \nabla)^2 f(P) \\ &= \frac{1}{2}\begin{pmatrix} x & y \end{pmatrix} \begin{pmatrix} D_1^2 f(a,b) & D_1 D_2 f(a,b) \\ D_2 D_1 f(a,b) & D_2^2 f(a,b) \end{pmatrix} \begin{pmatrix} x \\ y \end{pmatrix} \\ &= \frac{1}{2}\begin{pmatrix} x & y \end{pmatrix} H_f(a,b) \begin{pmatrix} x \\ y \end{pmatrix} \end{aligned}$$

이 된다. 따라서 점 P 근방에서 $f(P+X) - f(P) \fallingdotseq \frac{1}{2!}(X \cdot \nabla)^2 f(P)$의 부호는 이차동차식

$$\frac{1}{2}\begin{pmatrix} x & y \end{pmatrix} H_f(a,b) \begin{pmatrix} x \\ y \end{pmatrix}$$

의 부호를 따르게 된다. 이제 지난 3.1절 99 쪽에서 알아본 이차식의 분류에 의하면 다음을 알 수 있다.

이변수함수에서 임계점의 분류

이계편도함수가 모두 연속인 이변수함수 $z = f(x, y)$에 대하여 점 (a, b)가 임계점이라 하자. 이 때, 헤세 행렬 $H_f(a, b)$의 행렬식을

$$D = \det H_f(a, b)$$

라 두면 $z = f(x, y)$에 대하여

(가) $D > 0$, $D_1^2 f(a, b) > 0$이면 점 (a, b)가 극소점이다.
(나) $D > 0$, $D_1^2 f(a, b) < 0$이면 점 (a, b)가 극대점이다.
(다) $D < 0$이면 점 (a, b)가 안장점이다.

예제 3. 함수

$$f(x, y) = x^4 + y^4 - 4xy$$

의 임계점을 모두 구하고, 이들을 극대점, 극소점, 안장점으로 분류하라.

풀이 : 우선

$$\nabla f(x,y) = 4(x^3 - y, -x + y^3)$$

이므로 $x^3 - y = 0$ 및 $-x + y^3 = 0$을 연립하여 풀면 임계점은

$$(0,0), \qquad (1,1), \qquad (-1,-1)$$

의 세 개가 있다. 이제 헤세 행렬은

$$H_f(x,y) = 4\begin{pmatrix} 3x^2 & -1 \\ -1 & 3y^2 \end{pmatrix}$$

이므로

$$H_f(0,0) = 4\begin{pmatrix} 0 & -1 \\ -1 & 0 \end{pmatrix}, \quad H_f(1,1) = 4\begin{pmatrix} 3 & -1 \\ -1 & 3 \end{pmatrix} = H_f(-1,-1)$$

이다. 원점에서는 헤세 행렬의 행렬식이 음이므로, 원점은 안장점이다. 한편 $D = \det H_f(1,1) > 0$이고 $D_1^2 f(1,1) > 0$이므로 점 $(1,1)$에서 극소값을 가진다. 같은 헤세 행렬을 가지는 점 $(-1,-1)$에서도 물론 마찬가지로 극소값을 가진다. □

문제 4.2.3. 다음 함수들의 극대점, 극소점 및 안장점을 찾아라.

(가) $\dfrac{1}{x} + xy - \dfrac{8}{y}$ (나) $x^2 + 9 + 6x\cos y$

(다) $\ln(1 + x^2 + y^2)$ (라) $x^4 + y^4 - (x+y)^2$

(마) $(x^3 - 3x)/(1 + y^2)$ (바) $(x^2 - y^2)e^{-(x^2+y^2)/2}$

일변수함수의 경우, $f'(a) = 0$을 만족하는 점에서 $f''(a) = 0$ 이면 이계미분계수만 보고 극대 극소를 판별할 수 없다. 예를 들어서

$$f(x) = x^3, \qquad f(x) = x^4, \qquad f(x) = -x^4$$

의 경우 모두 $f'(0) = f''(0) = 0$이지만, 각각 변곡점, 극소점, 극대점이 된다. 이변수함수의 경우에도 $\det H_f(a,b) = 0$인 경우 헤세 행렬만 보고서는 극대점, 극소점 및 안장점 여부를 판단할 수 없다.

예제 4. 함수

$$f(x,y) = x^2y^2$$

의 임계점을 구하고, 이들을 극대점, 극소점, 안장점으로 분류하라.

풀이 : 먼저

$$\nabla f(x,y) = (2xy^2, 2x^2y)$$

이므로 $x = 0$ 또는 $y = 0$인 모든 점이 임계점이다. 이제 헤세 행렬은

$$H_f(x,y) = 4\begin{pmatrix} 2y^2 & 4xy \\ 4xy & 2x^2 \end{pmatrix}$$

이므로 각 임계점에서 $D = 0$이 되어 위 분류법을 적용할 수 없다. 이런 경우 임계점 주위에서 함수값들을 직접 살펴봄으로써 그 임계점이 어떻게 되는지 알 수 있다. 이 함수의 경우 $x = 0$ 혹은 $y = 0$인 경우 $f(x,y) = 0$이지만 다른 점에서는 $f(x,y) > 0$이다. 즉 임계점에서는 함수값이 0인데 그 외의 모든 점에서 함수값이 0보다 크므로, 모든 임계점에서 극소값을 가진다. □

예제 5. 다음 함수

$$f(x,y) = x^2 + y^4$$

는 원점에서 최소값을 가짐을 보이라.

풀이 : 이 경우, $\det H_f(0,0) = 0$이므로 헤세 행렬의 행렬식을 이용하여 판단할 수 없다. 그러나 임의의 (x,y)에 대하여 $f(x,y) \geq 0$이고 $f(0,0) = 0$이므로 원점에서 최소값을 가진다. □

예제 6. 다음 함수

$$f(x,y) = x^3 - 3xy^2$$

에서 원점이 안장점임을 보이라.

풀이 : 주어진 함수의 그래디언트는 $\nabla f(x,y) = (3x^2 - 3y^2, -6xy)$이므로 헤세 행렬은

$$H_f(x,y) = \begin{pmatrix} 6x & -6y \\ -6y & -6x \end{pmatrix}$$

이다. 따라서 $\det H_f(0,0) = 0$이므로 판정법을 쓸 수 없다. 이 경우, 주어진 식을 다음

$$f(x,y) = x(x - \sqrt{3}y)(x + \sqrt{3}y)$$

과 같이 인수분해하면, 평면을 다음 그림

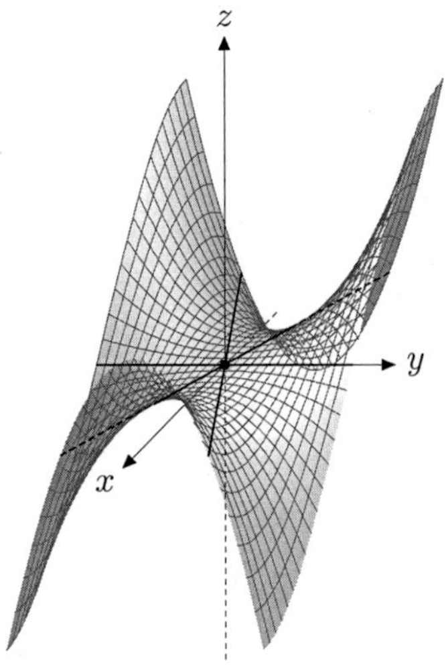

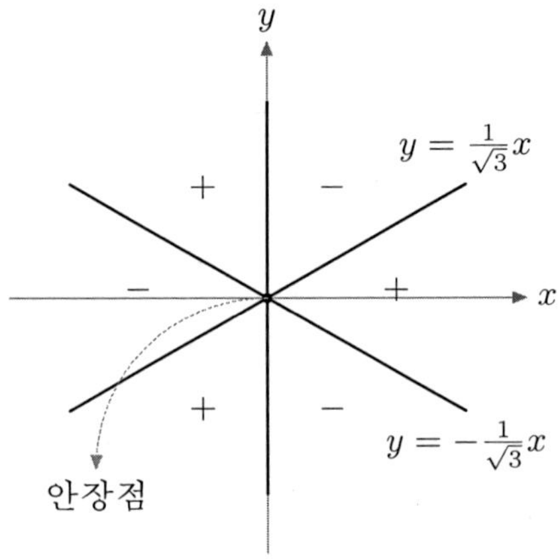

과 같이 나누면서 함수값을 보면 음양으로 바뀐다. 따라서 이 함수는 원점이 안장점이 된다. □

문제 4.2.4. 함수

$$f(x,y) = x^3y - xy^3$$

에 대하여 원점이 안장점임을 보이라.

예제 7. 어느 대형 상점의 수익은 종업원 x 명과 물품의 총액 y 천만원에 따라서 수익함수가

$$P(x,y) = 2600 - x^2 + 24x - y^2 + 80y$$

라 한다. 최대의 수익을 올리려면 종업원의 수와 물품의 총액을 얼마로 하면 되겠는가?

풀이 : 우선 그래디언트 벡터를 구하면

$$\nabla P(x,y) = (-2x + 24, -2y + 80)$$

인데, 여기에서 임계점 $(12, 40)$을 얻는다. 임계점에서 헤세 행렬이

$$H_P(12,40) = \begin{pmatrix} -2 & 0 \\ 0 & -2 \end{pmatrix}$$

이므로 $\det H_P(12,40) > 0$이고 $D_1^2 f(12,40) = -2 < 0$이 되어 함수 $P(x,y)$는 점 $(12,40)$에서 최대값을 가진다. 따라서 종업원 12명에 물품 총액 4억원일 때 최대수익을 올릴 수 있다. □

예제 8. 두 개의 물품 A, B의 생산량을 각각 x, y라 할 때 수익함수가

$$P(x,y) = -22x^2 + 22xy - 11y^2 + 110x - 44y - 23$$

이라 한다. 각각의 물품을 몇 개씩 생산해야 수익을 최대로 올릴 수 있는가? 또 최대 수익은 얼마인가?

풀이 : 먼저

$$D_1P(x,y) = -44x + 22y + 110 = 0$$
$$D_2P(x,y) = 22x - 22y - 44 = 0$$

이므로 $(3,1)$이 임계점이다. 또한

$$D_1^2P(x,y) = -44, \qquad D_2D_1P(x,y) = 22, \qquad D_2^2P(x,y) = -22$$

이므로

$$D = \det H_p(3,1) = \det\begin{pmatrix} -44 & 22 \\ 22 & -22 \end{pmatrix} = (-44)(-22) - 22^2 = 484 > 0$$

이고

$$D_1^2 f(3,1) = -44 < 0$$

이다. 따라서 임계점의 분류법을 적용하면 점 $(3,1)$에서 극대값을 가지고, 이 때 $P(3,1) = 120$이 극대값으로 최대값임을 알 수 있다. 따라서 물품 A를 3개, 물품 B를 1개 생산하면 최대 수익 120을 얻을 수 있다. □

문제 4.2.5. 어느 사회학자의 조사에 의하면 범죄발생건수 R은 복지기금 x억원과 형무소 예산 y억원에 따라서

$$R(x,y) = x^3 + 6y^2 - 12y - 6xy + 30$$

이라고 한다. 범죄발생건수를 최소로 하려면 복지기금과 형무소 예산의 배정을 어떻게 하여야 하는가?

삼변수함수의 극대 극소

삼변수함수의 근사식에서 일차항이

$$\nabla f(P) \cdot X = (X \cdot \nabla) f(P)$$

로 주어짐은 이미 알고 있다. 이차항의 경우 변수를 $X = (x_1, x_2, x_3)$라 두면

$$\begin{aligned}(X\cdot\nabla)^2 f(P) &= (x_1D_1 + x_2D_2 + x_3D_3)^2 f(P) \\ &= x_1^2D_1^2f(P) + x_2^2D_2^2f(P) + x_3^2D_3^2f(P) \\ &\quad + 2[x_1x_2D_1D_2f(P) + x_2x_3D_2D_3f(P) + x_3x_1D_3D_1f(P)]\end{aligned}$$

이다. 이 이차동차식에 대응하는 3×3 헤세 행렬은

$$H_f(P) = \begin{pmatrix} D_1^2f(P) & D_1D_2f(P) & D_1D_3f(P) \\ D_2D_1f(P) & D_2^2f(P) & D_2D_3f(P) \\ D_3D_1f(P) & D_3D_2f(P) & D_3^2f(P) \end{pmatrix}$$

이다. 이 경우에도, 122쪽에서 알아본 대칭행렬의 성질을 이용하면 헤세 행렬에서 얻은 이차동차식이 $X = P$에서 극대 극소값을 가지는지 혹은 안장점이 되는지 알 수 있고, 그 결과는 원래 함수에 그대로 적용된다.

예제 9. 다음 함수

$$f(x,y,z) = x^4 + xy^3 + xy^2z + x^3 + x^2 + 2y^2 + 3z^2 + 2xy - 2yz$$

에 대하여 원점이 임계점임을 보이라. 원점에서 이 함수의 헤세 행렬을 구하고, 이를 이용하여 원점이 극대점, 극소점, 안장점 가운데 어느 것인지 판별하라.

풀이 : 그래디언트와 헤세 행렬은 각 항에 대하여 계산하여 모두 더하면 된다. 그런데 동차식의 편도함수가 원래보다 차수가 하나 낮은 동차식이 된다. 따라서 이차 이상의 동차식의 편도함수에 $x = y = z = 0$을 대입하면 항상 0이다. 따라서 $\nabla f(O) = O$임을 알 수 있다.

한편, 같은 이유로 인하여 삼차 이상의 동차식의 이계편도함수에 $x = y = z = 0$을 대입하면 역시 0이다. 따라서 원점에서 헤세 행렬 $H_f(O)$을 구하는 데에 이차식만 보면 되고,

$$H_f(O) = 2\begin{pmatrix} 1 & 1 & 0 \\ 1 & 2 & -1 \\ 0 & -1 & 3 \end{pmatrix}$$

가 된다. 그런데 다음 세 행렬

$$\begin{pmatrix} 1 \end{pmatrix}, \qquad \begin{pmatrix} 1 & 1 \\ 1 & 2 \end{pmatrix}, \qquad \begin{pmatrix} 1 & 1 & 0 \\ 1 & 2 & -1 \\ 0 & -1 & 3 \end{pmatrix}$$

의 행렬식이 1, 1, 2로서 모두 양수이다. 그러므로 원래 함수는 원점에서 극소값을 가진다. □

문제 4.2.6. 다음 함수

$$f(x, y, z) = x^3 + xy^2 + x^2 + y^2 + z^2 + 2xy$$

의 헤세 행렬을 구하고, 원점이 극대점, 극소점, 안장점 가운데 어느 것인지 판별하라.

최소제곱법

자연 현상이나 사회 현상을 분석하기 위하여 많은 양의 자료를 분석하였을 때 두 양 사이의 관계가 거의 일차함수를 이루는 경우가 많다. 예를 들어 제 1권 5.3절의 마지막 부분에서 공부한 수요곡선 $q = \alpha p^\beta$의 경우 양변에 로그를 취하면

$$\ln q = \ln \alpha + \beta \ln p$$

가 되는데, 이로부터 두 변수 $\ln p$와 $\ln q$ 사이에 일차함수 관계가 있음을 알게 된다.

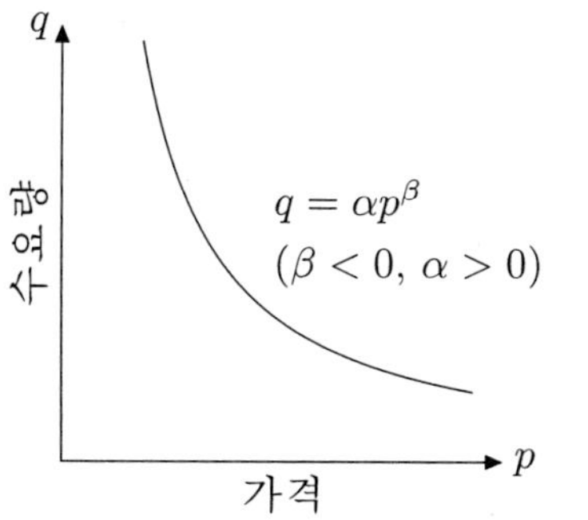

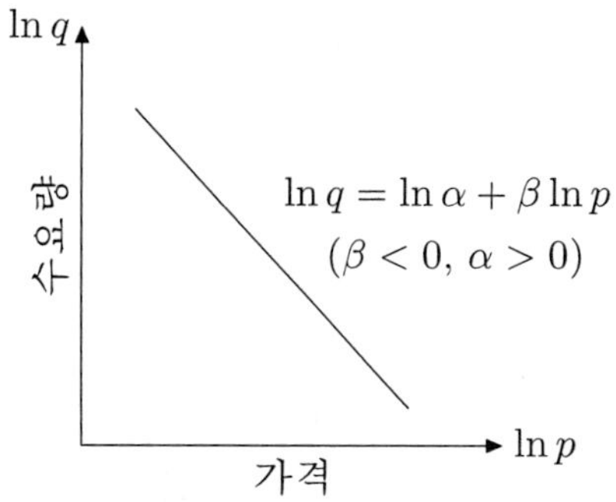

이제부터, 실제 조사를 통하여 (p, q)의 값을 상당량 확보한 후 수요곡선을 결정하는 α와 β를 어떻게 찾을 수 있는지 살펴보기로 한다.

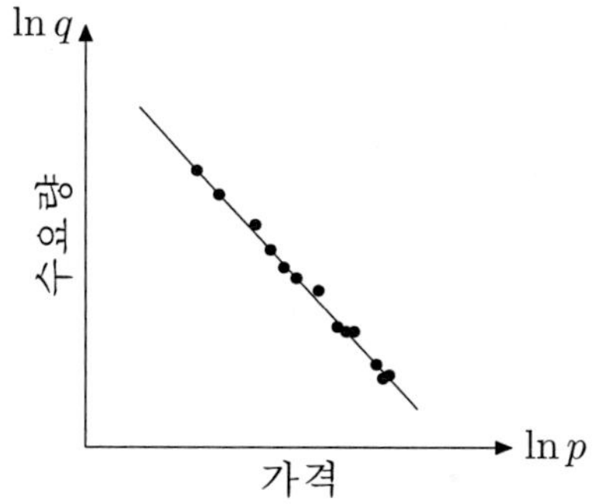

문제의 핵심은 좌표평면에

$$(x_1, y_1),\ (x_2, y_2), \ldots,\ (x_n, y_n)$$

와 같이 점들이 미리 주어져 있을 때, 이 점들을 가장 근사적으로 나타내는 직선을 찾으라는 것이다. 만일 그 답이 $y = ax + b$라면 $x = x_i$에서 함수값이 $y = ax_i + b$이므로, 이는 $ax_i + b$와 y_i의 간격을 어떻게 해야 줄일 수 있겠는지 묻는 것과 마찬가지이다. 문제를 다시 바꾸면 좌표공간 $\mathbb{R}^n$에 주어진 두 점

$$(ax_1 + b, \ldots, ax_n + b), \qquad (y_1, \ldots, y_n)$$

의 거리를 최소로 하는 a와 b의 값을 묻는 것으로 이해할 수 있다. 따라서 두 점의 거리의 제곱

$$\sum_{i=1}^{n} [(ax_i + b) - y_i]^2$$

의 값이 최소가 되도록 직선 $y = ax + b$를 정하면 되는데, 이러한 방법을 최소제곱법이라 한다.

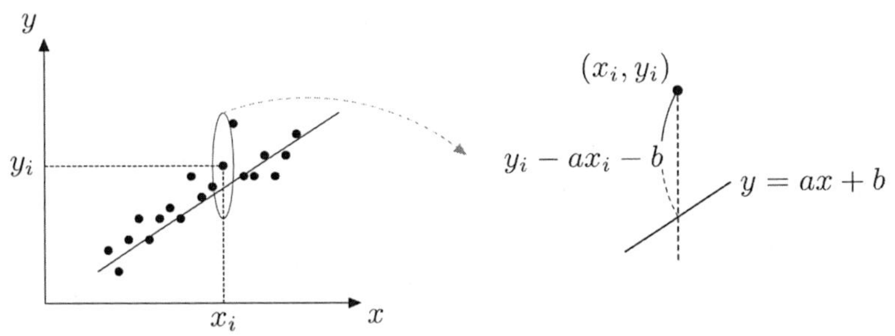

먼저, 간단한 예로서 좌표 평면에 주어진 세 점

$$(0, 0), \quad (1, 1), \quad (2, 1)$$

에 대하여 최소제곱법에 의한 직선의 방정식을 구하여 보자. 구하는 직선을 $y = ax + b$라 두면 이 직선은

$$(0, b), \quad (1, a + b), \quad (2, 2a + b)$$

를 지나게 되고, 따라서

$$f(a, b) = (b - 0)^2 + (a + b - 1)^2 + (2a + b - 1)^2$$

의 최소값을 구하는 문제로 귀착된다. 이 함수의 편미분계수가 0 되는 점에서 최소값을 가지므로

$$D_1 f(a, b) = 2(a + b - 1) + 4(2a + b - 1) = 0$$
$$D_2 f(a, b) = 2b + 2(a + b - 1) + 2(2a + b - 1) = 0$$

이다. 이를 정리하여 풀면 $a = \frac{1}{2}$, $b = \frac{1}{6}$를 얻어서 구하는 직선은

$$y = \frac{1}{2}x + \frac{1}{6}$$

가 된다.

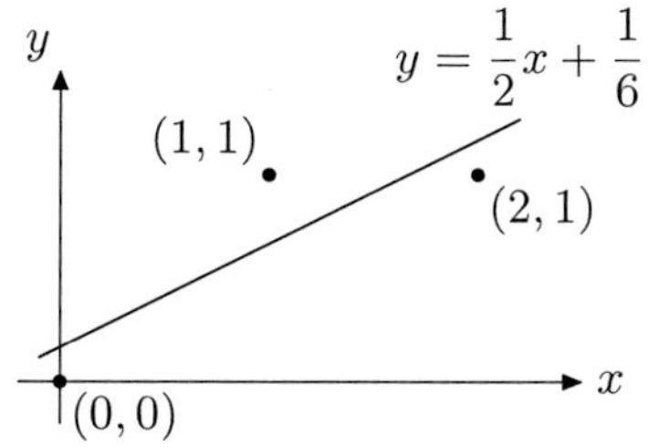

이제 일반적인 경우를 생각하는데, 좌표평면에 주어진 점

$$(x_1, y_1),\ (x_2, y_2), \ldots,\ (x_n, y_n)$$

에 대하여

$$\sum_{i=1}^{n}[(ax_i + b) - y_i]^2$$

의 값을 최소로 하는 a, b를 구하는 공식을 알아보자. 먼저,

$$f(a, b) = \sum_{i=1}^{n}[(ax_i + b) - y_i]^2$$

라 두고, 편미분계수가 0 되는 점에서 최소값을 가지므로

$$D_1 f(a, b) = \sum_{i=1}^{n} 2x_i[(ax_i + b) - y_i] = 0$$

$$D_2 f(a, b) = \sum_{i=1}^{n} 2[(ax_i + b) - y_i] = 0$$

이다. 이를 미지수 a와 b에 대하여 정리하면

$$a\sum x_i^2 + b\sum x_i = \sum x_i y_i$$

$$a\sum x_i + nb = \sum y_i$$

를 얻고, 이를 풀면 다음

$$a = \frac{n\sum x_i y_i - (\sum x_i)(\sum y_i)}{n\sum x_i^2 - (\sum x_i)^2}, \qquad b = \frac{\sum y_i - a\sum x_i}{n}$$

을 얻는다.

위에서 구한 a와 b를 쉽게 계산하는 방법을 알아보자. $n \times 2$행렬 A와 $n \times 1$행렬 Y를 다음

$$A = \begin{pmatrix} x_1 & 1 \\ x_2 & 1 \\ \vdots & \vdots \\ x_n & 1 \end{pmatrix}, \quad Y = \begin{pmatrix} y_1 \\ y_2 \\ \vdots \\ y_n \end{pmatrix}$$

과 같이 정의하고, 행렬 방정식

$$A^{\mathrm{t}}A \begin{pmatrix} a \\ b \end{pmatrix} = A^{\mathrm{t}}Y$$

를 생각하자. 이 행렬 방정식을 정리하면

$$\begin{pmatrix} \sum x_i^2 & \sum x_i \\ \sum x_i & n \end{pmatrix} \begin{pmatrix} a \\ b \end{pmatrix} = \begin{pmatrix} a\sum x_i^2 + b\sum x_i \\ a\sum x_i + nb \end{pmatrix} = \begin{pmatrix} \sum x_i y_i \\ \sum y_i \end{pmatrix}$$

가 되고, 이는 앞에서 $D_1 f(a,b) = D_2 f(a,b) = 0$로부터 구한 a, b의 조건식과 일치한다. 또한, 쉬바르쯔 부등식에서 등식이 성립할 조건을 따지면, 모든 x_i들이 동일한 값을 가지는 경우를 제외하면 2×2행렬 $A^{\mathrm{t}}A$의 행렬식은 0이 아님을 쉽게 보일 수 있다. 따라서 a, b를 구하기 위해서

$$\begin{pmatrix} a \\ b \end{pmatrix} = (A^{\mathrm{t}}A)^{-1}(A^{\mathrm{t}}Y)$$

를 계산하면 된다.

문제 4.2.7. 위에서 정의한 $n \times 2$행렬 A에 대해서 $\det(A^{\mathrm{t}}A) = 0$이 성립할 필요충분조건은 $x_1 = x_2 = \cdots = x_n$이 성립하는 것임을 보이라.

예제 10. 출판사에서 어떤 책 x부를 출판할 때 드는 비용 y를 조사하였더니 다음 표

x (부)	700	2700	3700
y (천원)	2700	4300	5200

와 같았다. 책 5000부를 출판할 때 드는 비용이 대략 얼마인지 구하라.

풀이 : 비용은 발간하는 부수에 비례하여 증가할 것으로 예상할 수 있으므로 최소제곱법을 적용할 수 있다. 구하는 직선을 $y = ax + b$라고 하자. A^tA와 A^tY를 계산하면

$$A^tA = \begin{pmatrix} 700 & 2700 & 3700 \\ 1 & 1 & 1 \end{pmatrix} \begin{pmatrix} 700 & 1 \\ 2700 & 1 \\ 3700 & 1 \end{pmatrix} = \begin{pmatrix} 21470000 & 7100 \\ 7100 & 3 \end{pmatrix},$$

$$A^tY = \begin{pmatrix} 700 & 2700 & 3700 \\ 1 & 1 & 1 \end{pmatrix} \begin{pmatrix} 2700 \\ 4300 \\ 5200 \end{pmatrix} = \begin{pmatrix} 32740000 \\ 12200 \end{pmatrix}$$

가 되므로 a, b는

$$\begin{aligned} \begin{pmatrix} a \\ b \end{pmatrix} &= (A^tA)^{-1}(A^tY) \\ &= \frac{1}{14000000} \begin{pmatrix} 3 & -7100 \\ -7100 & 21470000 \end{pmatrix} \begin{pmatrix} 32740000 \\ 12200 \end{pmatrix} = \begin{pmatrix} \frac{29}{35} \\ \frac{14740}{7} \end{pmatrix} \end{aligned}$$

이다. 따라서 5000부에 대한 비용은 대략

$$\frac{29}{35} \cdot 5000 + \frac{14740}{7} = \frac{43740}{7} = 6248.6(\text{천원})$$

이다. □

문제 **4.2.8.** 어느 화장품 회사에서 새로 출시한 향수의 적정 가격을 결정하려고 한다. 비슷한 소비성향을 지닌 4개 도시에서 한달 동안 각각 다른 가격으로 판매를 하여 다음과 같은 표를 얻었다.

가격 (원)	6250	6750	8000	8750
판매량 (병)	603	562	478	434

가격을 100원 올릴 때 마다 판매량이 한달 동안 몇 병이나 줄어드는지를 예측하라.

4.3 라그랑즈 승수법

공간에서 정의된 곡면 위에서 삼변수함수의 최대 최소를 찾으려면, 최대 최소를 찾고자 하는 함수의 그래디언트와 곡면을 정의하는 함수의 그래디언트를 비교하면 된다. 이를 라그랑즈[3] 승수법이라 하는데, 수학 뿐 아니라 자연과학이나 공학, 사회과학에서 매우 폭넓게 이용된다.

3) Joseph-Louis Lagrange (1736∼1813), 이탈리아 태생의 수학자. 주로 베를린과 파리에서 활동하였는데, École Polytechnique이 문을 열 때 수학 분야에서 주도적인 역할을 하였다. 그는 Euler와 더불어 18세기를 대표하는

라그랑즈 승수법

이제, 주어진 조건 하에서 함수의 최대값과 최소값을 어떻게 구하는지 체계적으로 알아보기에 앞서, 간단한 예를 들어 보자.

예제 1. 곡선 $x^2+y^2=1$ 위에서 함수 $f(x,y)=x+2y$의 최대값과 최소값을 구하라.

풀이 : 먼저 $x+2y=k$라 두고 다음 그림을 살펴보면, 주어진 곡선과 직선 $x+2y-k=0$이 서로 접할 때 최대값과 최소값이 생긴다.

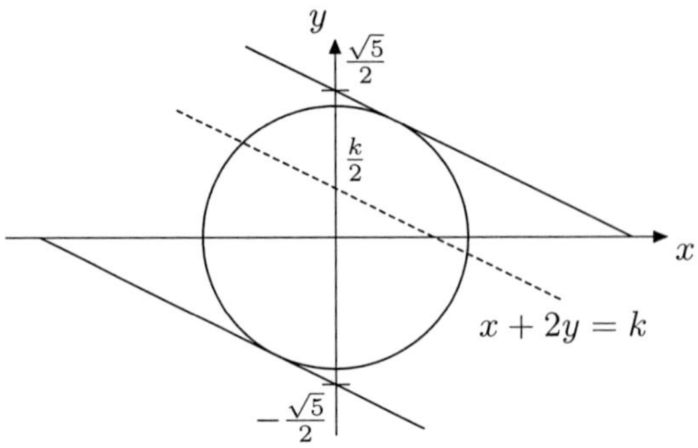

그런데 음함수 미분법에 의하여 $2x+2yy'=0$이므로, 원의 접선의 기울기는 $-\dfrac{x}{y}$이다. 따라서 $-\dfrac{x}{y}=-\dfrac{1}{2}$에서 접점의 좌표 (x,y)는 방정식

$$x^2+y^2=1, \qquad y=2x$$

를 만족해야 한다. 이를 풀면

$$\left(\frac{1}{\sqrt{5}}, \frac{2}{\sqrt{5}}\right), \qquad \left(-\frac{1}{\sqrt{5}}, -\frac{2}{\sqrt{5}}\right)$$

이고, 따라서 최대값은 $\sqrt{5}$, 최소값은 $-\sqrt{5}$이다.

물론, 원의 방정식 $x^2+y^2=1$의 매개변수 방정식

$$X(t)=(\cos t, \sin t)$$

를 이용할 수 있다. 이 경우, 원래 문제는 합성함수 $f\circ X$의 최대 최소를 구하는 문제로 귀착된다. 그런데 연쇄법칙에 의하여

$$(f\circ X)'(t)=\nabla f(X(t))\cdot X'(t)$$

이므로 $\nabla f=(1,2)$와 $X'(t)=(-\sin t, \cos t)$가 서로 수직일 때 극값이 나타난다. □

수학자인데, 미적분학의 엄밀한 기초를 세우려고 시도한 최초의 수학자였다.

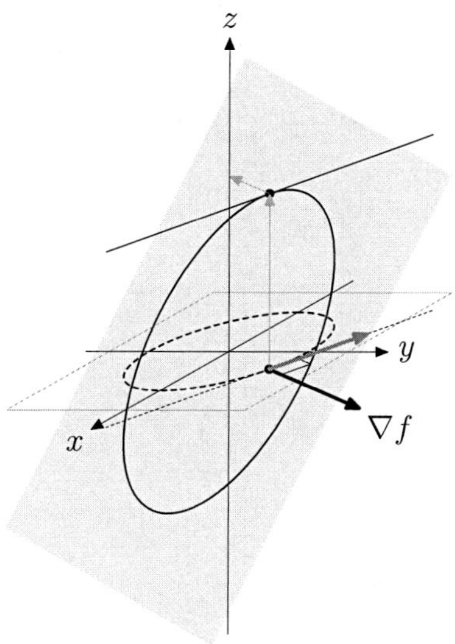

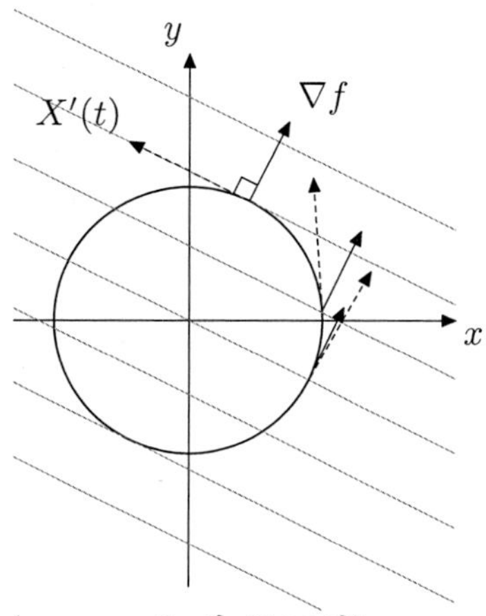

($z = x + 2y$의 등고선)

이제 일반적인 경우를 살펴보자. 두 다변수함수 f, g가 주어져 있을 때, 조건 $g(X) = 0$ 하에서 $f(X)$의 극값을 구하는 문제를 생각해 보자. 이제 $X = P$에서 극값을 가진다 가정하고 점 P를 지나는 곡선 $X(t)$를 생각하자.(단, $P = X(t_0)$) 이 경우, 곡선 $X(t)$가 등위면

$$\{X : g(X) = 0\}$$

위에 있으면, 합성함수 $t \mapsto f(X(t))$가 $t = t_0$에서 극값을 가져야 한다. 따라서

$$0 = (f \circ X)'(t_0) = \nabla f(X(t_0)) \cdot X'(t_0)$$

를 만족해야 한다. 즉, $\nabla f(X(t_0))$는 P를 지나는 등위면 위에 있는 임의의 곡선에 수직이므로 $\nabla f(X(t_0))$는 $X(t_0) = P$에서 등위면 $g(X) = 0$에 수직이다. 이미 146쪽에서 다룬 등위면과 그래디언트에서 $\nabla g(X(t_0))$는 등위면 $g(X) = 0$에 수직임을 알고 있다. 따라서 등위면 위의 점 $X(t_0) = P$에서 극값을 가진다면 이 점에서 두 그래디언트 벡터는 평행하고, 적절한 상수 λ에 대하여

$$\nabla f(P) = \lambda \nabla g(P)$$

가 성립해야 한다.

라그랑즈 승수법

함수 $f(X)$를 조건식 $g(X) = 0$에 제한하였을 때 $X = P$에서 극값을 가진다면 적절한 상수 λ에 대하여

$$\nabla f(P) = \lambda \nabla g(P)$$

가 성립한다.

최대값과 최소값

예제 2. 단위원 $x^2+y^2=1$ 위에서 $f(x,y)=x+y$의 최대값과 최소값을 구하라.

풀이 : 먼저 $g(x,y)=x^2+y^2-1$이라 두자. 그러면

$$\nabla f(x,y)=(1,1), \qquad \nabla g(x,y)=(2x,2y)$$

이므로, 점 (x,y)에서 극값을 가진다면

$$(1,1)=\lambda(2x,2y)$$

에서 다음

$$x=\frac{1}{2\lambda}, \qquad y=\frac{1}{2\lambda}, \qquad x^2+y^2=1$$

을 만족해야 한다. 이를 풀면 $\left(\frac{1}{\sqrt{2}},\frac{1}{\sqrt{2}}\right)$와 $\left(-\frac{1}{\sqrt{2}},-\frac{1}{\sqrt{2}}\right)$를 얻는다. 따라서 최대값과 최소값은 각각 $\sqrt{2}$와 $-\sqrt{2}$이다. □

문제 4.3.1. 타원 $2x^2+3y^2=3$ 위에서 $3x+2y$의 최대값과 최소값을 구하라.

문제 4.3.2. 다음 제한 조건 하에서 함수 $f(x,y)$의 최대값과 최소값을 구하라.

(가) $x^2+y^2 \le 1$ 하에서 $f(x,y)=x-3y$
(나) $x^2+y^2=1$ 하에서 $f(x,y)=x^2+y^2-x-y-1$

문제 4.3.3. 다음 제한 조건 하에서 함수 $f(x,y)$의 최대값과 최소값을 구하라.

(가) $x^2+y^2=1$ 하에서 $f(x,y)=x^2-y^2$
(나) $x^2+4y^2=1$ 하에서 $f(x,y)=2x+y$
(다) $9x^2+y^2=4$ 하에서 $f(x,y)=xy$
(라) $x^4+y^4=1$ 하에서 $f(x,y)=x^2+y^2$

예제 3. 구면 $x^2+y^2+z^2=1$에서 함수 $f(x,y,z)=x^2+2y^2+3z^2$의 최대값을 구하라.

풀이 : 우선 $g(x,y,z)=x^2+y^2+z^2-1$이라 두자. 관계식

$$\nabla f=\lambda\nabla g$$

를 살펴보면

$$2(x,2y,3z)=2(\lambda x,\lambda y,\lambda z)$$

이므로, 연립방정식

$$x = \lambda x, \qquad 2y = \lambda y, \qquad 3z = \lambda z, \qquad x^2 + y^2 + z^2 = 1$$

을 풀어서,

$$\lambda = 1, 2, 3$$

을 얻는다. 이제 각 경우를 따져 보면, $\lambda = 1$인 경우에는 $y = z = 0$이 되므로 $x = \pm 1$을 얻는다. 또한, $\lambda = 2$인 경우에는 $z = x = 0$이 되므로 $y = \pm 1$을 얻는다. 마지막으로, $\lambda = 3$인 경우에는 $x = y = 0$이 되고, 따라서 $z = \pm 1$을 얻는다. 이제 위에서 구한 여섯 개의 점에서 $f(x, y, z)$의 값을 구하여 비교하면 다음과 같이 된다.

P	$(\pm 1, 0, 0)$	$(0, \pm 1, 0)$	$(0, 0, \pm 1)$
$f(P)$	1	2	3

따라서 f의 최대값은 $(0, 0, 1)$과 $(0, 0, -1)$에서 일어나고, 그 값이 3임을 알 수 있다. □

문제 4.3.4. 구면 $x^2 + y^2 + z^2 = 1$ 위에서 함수 $f(x, y, z) = x^2 + xy + y^2 + yz + z^2$의 최대값과 최소값을 구하라.

문제 4.3.5. 다음 제한 조건 하에서 함수 $f(x, y)$의 최대값과 최소값을 구하라.

(가) $x^2 + y^2 + z^2 = 1$ 하에서 $f(x, y, z) = x + 3y + 5z$

(나) $x^2 + y^2 + 4z^2 = 4$ 하에서 $f(x, y, z) = x - y + 3z$

(다) $x^2 + 2y^2 + 3z^2 = 6$ 하에서 $f(x, y, z) = xyz$

(라) $x^4 + y^4 + z^4 = 1$ 하에서 $f(x, y, z) = x^2 + y^2 + z^2$

한 가지 주의할 점이 있다. 지금까지 살펴본 예에서 조건식을 만족하는 등위면은 모두 그 범위가 한없이 커지지 않는 유한 범위에 들어가는 경우였다. 이러한 경우 극값을 비교하여 가장 큰 것은 최대값, 가장 작은 것은 최소값이라 해도 된다. 그러나 그 등위면이 무한히 뻗어 나가는 경우, 함수의 전체 모습을 따져 보아야 한다.

예제 4. 조건 $x + y = 1$ 하에서 xy의 최대값과 최소값을 구하라.

풀이 : 먼저 $f(x, y) = xy$, $g(x, y) = x + y - 1$이라 두고 그래디언트를 구하면

$$\nabla f(x, y) = (y, x), \qquad \nabla g(x, y) = (1, 1)$$

이므로 연립방정식

$$x = y = \lambda, \qquad x + y = 1$$

로부터 $(x, y) = \left(\frac{1}{2}, \frac{1}{2}\right)$ 일 때 극값을 가진다. 그런데 $x \to \pm\infty$ 일 때 $y \to \mp\infty$ 이므로 $xy \to -\infty$ 임을 알 수 있다. 따라서 최대값은 $\frac{1}{4}$ 이고 최소값은 없다. □

문제 4.3.6. 제한 조건 $x+y = \frac{\pi}{4}$ 하에서 함수 $f(x, y) = \cos^2 x + \cos^2 y$ 의 최대값과 최소값을 구하라.

예제 5. 집합 $S = \{(x, y, z) : x^2 + y^2 + z^2 \leq 1\}$ 위에서 $xy + yz + zx$ 의 최대값과 최소값을 구하라.

풀이 : 먼저

$$f(x, y, z) = xy + yz + zx, \qquad g(x, y, z) = x^2 + y^2 + z^2 - 1$$

이라 두자. 그러면

$$\nabla f(x, y, z) = (y + z, z + x, x + y), \qquad \nabla g(x, y, z) = (2x, 2y, 2z)$$

이다. 따라서 S 의 내부에서 f 가 극값을 가질 수 있는 가능성은 f 의 임계점인 원점 뿐이고, 이 때 함수값은 $f(O) = 0$ 이다. 이제 S 의 경계 위의 점 (x, y, z) 에서 f 가 극값을 가진다고 하자. 그러면

$$(y + z, z + x, x + y) = (2\lambda x, 2\lambda y, 2\lambda z), \qquad x^2 + y^2 + z^2 = 1$$

이 성립해야 한다. 첫째 식을 각 성분끼리 더하면 $x + y + z = 0$ 이거나 $\lambda = 1$ 임을 알 수 있다. 만일 $x + y + z = 0$ 이면 $x^2 + y^2 + z^2 = 1$ 로부터 $xy + yz + zx = -\frac{1}{2}$ 임을 알 수 있다. 만일 $\lambda = 1$ 이면

$$(y + z)^2 + (z + x)^2 + (x + y)^2 = 4(x^2 + y^2 + z^2) = 4$$

로부터 $xy + yz + zx = 1$ 임을 알 수 있다. 따라서 최대값과 최소값은 각각 1 과 $-\frac{1}{2}$ 이다. □

예제 6. 좌표공간의 구면 $x^2 + y^2 + z^2 = 4$ 위에 있는 점들 가운데, 점 $(3, 1, -1)$ 에 가장 가까운 점과 가장 먼 점의 좌표를 구하라.

풀이 : 제한조건

$$g(x, y, z) = x^2 + y^2 + z^2 - 4 = 0$$

하에서, 점 $(3, 1, -1)$ 부터 점 (x, y, z) 까지 거리의 제곱

$$f(x, y, z) = (x - 3)^2 + (y - 1)^2 + (z + 1)^2$$

의 최대값과 최소값을 구하면 된다. 먼저 $\nabla f = \lambda \nabla g$ 에서

$$x - 3 = \lambda x, \qquad y - 1 = \lambda y, \qquad z + 1 = \lambda z$$

을 얻고, 여기에서 구한

$$x = \frac{3}{1-\lambda}, \qquad y = \frac{1}{1-\lambda}, \qquad z = \frac{-1}{1-\lambda}$$

를 제한 조건 $g(x, y, z) = 0$ 에 대입하면

$$(1-\lambda)^2 = \frac{11}{4}$$

이고, 따라서 $\lambda = 1 \pm \frac{\sqrt{11}}{2}$ 이다. 이 λ 의 값에 따라서 좌표를 구하면 다음 두 점

$$A = \left(\frac{6}{\sqrt{11}}, \frac{2}{\sqrt{11}}, -\frac{2}{\sqrt{11}}\right), \qquad B = \left(-\frac{6}{\sqrt{11}}, -\frac{2}{\sqrt{11}}, \frac{2}{\sqrt{11}}\right)$$

을 얻는다. 이 값을 $f(x, y, z)$ 에 대입하여 보면 A 가 가장 가까운 점이고, B 가 가장 먼 점이다. □

라그랑즈 승수법과 경제학

라그랑즈 승수법은 절대부등식을 증명하는 데에도 유용하게 쓰일 수 있다. 구면 $\{X : g(X) = \|X\|^2 - 1 = 0\}$ 위에서

$$f(X) = x_1^2 x_2^2 \cdots x_n^2$$

의 최대값을 구해 보자. 우선, 그래디언트 벡터를 구해 보면

$$\nabla g(X) = 2X, \qquad \nabla f(X) = 2\left(\frac{f(X)}{x_1}, \ldots, \frac{f(X)}{x_n}\right)$$

이므로,

$$\nabla f(X) = \lambda \nabla g(X)$$

를 풀면 $x_i = \pm\frac{1}{\sqrt{n}}$ 일 때 f 의 최대값이 $\frac{1}{n^n}$ 임을 알 수 있다. 따라서

$$x_1^2 + x_2^2 + \cdots + x_n^2 = 1 \implies x_1^2 x_2^2 \cdots x_n^2 \leq \frac{1}{n^n}$$

임을 알게 된다. 만일 $a_1, \ldots, a_n$ 이 임의의 양수이면

$$x_i^2 = \frac{a_i}{a_1 + a_2 + \cdots + a_n}, \qquad i = 1, 2, \ldots, n$$

을 대입하여, 절대부등식

$$(a_1 a_2 \cdots a_n)^{1/n} \le \frac{a_1 + a_2 + \cdots + a_n}{n}, \qquad a_1, \ldots, a_n > 0$$

을 얻는다. 여기에서 부등호의 왼쪽은 $a_1, a_2, \cdots a_n$ 의 기하평균이고, 오른쪽은 산술평균이다. 즉, 양수들의 산술평균이 항상 기하평균보다 크다는 것을 보였다.

문제 4.3.7. 위에서 $x_i = \pm\frac{1}{\sqrt{n}}$ 일 때 f 의 최대값이 $\frac{1}{n^n}$ 임을 보이라.

라그랑즈 승수법은 여러 가지 현실적인 문제에 그 응용이 매우 크다.

예제 7. 반지름의 길이가 1 인 구 속에 접하는 직육면체 중에서 그 표면적이 최대가 되는 것을 구하라.

풀이 : 우선 직육면체의 가로, 세로, 높이의 크기를 각각 $2x, 2y, 2z$ 로 두면,

$$g(x, y, z) = x^2 + y^2 + z^2 - 1 = 0, \quad x > 0,\ y > 0,\ z > 0$$

이라는 제한이 주어지고, 이 때의 표면적은

$$f(x, y, z) = 8(xy + yz + zx)$$

가 된다. 따라서 최대점 (x, y, z) 에서는

$$8(y + z, z + x, x + y) = 2\lambda(x, y, z)$$
$$x^2 + y^2 + z^2 = 1, \quad x > 0,\ y > 0,\ z > 0$$

가 성립한다. 처음 식에서 각 성분을 더하여

$$8(x + y + z) = \lambda(x + y + z)$$

를 얻고, 따라서 $\lambda = 8$ 을 얻는다. 이로부터 $x = y = z = \frac{1}{\sqrt{3}}$ 을 얻는다. 따라서 구하는 직육면체는 정육면체가 된다. □

문제 4.3.8. 뚜껑이 없는 직육면체 모양의 용기로서, 그 표면적이 $12\,\mathrm{m}^2$ 인 것들 가운데 가장 용량이 큰 용기의 가로, 세로 및 높이를 구하라.

예제 8. 한명에 150 만원의 임금을 지불하는 노동자 x 명과 한 대의 임대료가 250 만원인 기계 y 대를 가지고 운영하는 공장의 생산함수가

$$N(x, y) = 100x^{0.75}y^{0.25}$$

라 한다. 임금과 임대료의 합이 5 억원일 때, 노동자 수와 기계 수를 얼마로 해야 최대 생산량을 얻을 수 있는가?

풀이 : 먼저 제한 조건을

$$g(x, y) = 150x + 250y - 50,000 = 0$$

이라 두고 그래디언트를 구하면

$$\nabla N(x, y) = (75x^{-0.25}y^{0.25},\ 25x^{0.75}y^{-0.75})$$
$$\nabla g(x, y) = (150, 250)$$

이다. 따라서 연립방정식

$$75x^{-0.25}y^{0.25} = 150\lambda, \qquad 25x^{0.75}y^{-0.75} = 250\lambda$$

를 풀어야 한다. 처음 식에서 $\lambda = \frac{1}{2}x^{-0.25}y^{0.25}$ 를 얻어 둘째 식에 대입하면

$$25x^{0.75}y^{-0.75} = 125x^{-0.25}y^{0.25}$$

를 얻는데, 여기에서 $x = 5y$ 임을 알 수 있다. 이를 조건식 $g(x, y) = 0$ 에 대입하면

$$x = 250, \qquad y = 50$$

을 얻는다. 따라서 구하는 노동자 수는 250 명이고, 구하는 기계 수는 50 대이다. □

문제 4.3.9. 한 명에 50 만원의 임금을 지불하는 노동자 x 명과 한 대의 임대료가 30 만원인 기계 y 대를 가지고 운영하는 공장의 생산함수가

$$N(x, y) = 100\,x^{0.25}y^{0.75}$$

라 한다. 임금과 임대료의 합이 10 억원일 때 최대생산량을 얻을 수 있는 노동자 수와 기계 수를 구하라.

예제 9. 어느 물품을 생산하는 회사의 생산함수가

$$N(x, y) = 16x^{0.25}y^{0.75}$$

로 주어진다. 개인당 임금이 50, 기계 한 대의 임대료가 100 이고, 이 물품을 생산하는데 $500,000$ 을 투자하였다고 한다. 생산량을 최대로 하기 위하여 노동자 수와 기계 수를 얼마로 하여야 하는가? 또 최대의 생산량은 얼마인가?

풀이 : 이 문제는

$$g(X) = 50x + 100y - 500,000 = 0$$

인 제한 조건 하에서 생산함수

$$N(x, y) = 16x^{0.25}y^{0.75}$$

의 최대값을 구하라는 것이다. 점 $X = (x, y)$에서 극값을 가진다면 라그랑즈 승수법에 의하여

$$\nabla N(X) = \lambda \nabla g(X)$$

에서

$$(4x^{-0.75}y^{0.75},\ 12x^{0.25}y^{-0.25}) = \lambda(50, 100)$$

인 상수 λ가 존재한다. 따라서

$$\frac{2}{25}x^{-0.75}y^{0.75} = \lambda = \frac{3}{25}x^{0.25}y^{-0.25}$$

이다. 이를 풀면

$$\frac{2}{25}y = \frac{3}{25}x$$

에서 $y = \dfrac{3}{2}x$를 얻고, 이를 $50x + 100y - 500,000 = 0$에 대입하면

$$x = 2,500, \qquad y = 3,750$$

을 얻는다. 따라서 점 $X = (2,500,\ 3,750)$에서 최대값을 가진다. 결국, 생산량을 최대로 하기 위하여는 노동자 수를 2,500명, 기계 수를 3,750대로 하여야 하며 최대생산량은

$$\begin{aligned} N(2,500,\ 3,750) &= 16(2,500)^{0.25}(3,750)^{0.75} \\ &\fallingdotseq 54,216 \end{aligned}$$

이다. □

문제 **4.3.10.** 생산함수

$$N(x, y) = 16x^{0.5}y^{0.5}$$

에 대하여 개인당 임금이 40, 기계 한 대의 임대료가 120일 때 300,000을 투자하였다고 한다. 생산량을 최대로 하기 위하여 노동자 수와 기계 수를 얼마로 하여야 하는가? 또 최대의 생산량은 얼마인가?

문제 **4.3.11.** 생산함수

$$N(x, y) = 50x^{0.8}y^{0.2}$$

에 대하여 개인당 임금이 40, 기계 한 대의 임대료가 80일 때, 400,000을 투자하여 최대 생산량을 내기 위하여 노동자 수와 기계 수를 얼마로 하여야 하는가? 또 최대의 생산량은 얼마인가?

문제 4.3.12. 생산함수

$$N(x, y) = 10x^{0.6}y^{0.4}$$

에 대하여 개인당 임금이 30, 기계 한 대의 임대료가 60일 때 $300,000$을 투자하였다고 한다. 생산량을 최대로 하기 위하여 노동자 수와 기계 수를 얼마로 하여야 하는가? 또 최대의 생산량은 얼마인가?

4.4 연습문제

4.4.1. 벡터공간 $\mathbb{R}^n$ 에서 정의된 함수

$$f(X) = \|X - P\|^2$$

의 그래디언트는 $\nabla f(X) = 2(X - P)$ 임을 보이라.

4.4.2. 벡터공간 $\mathbb{R}^n$ 에서 $r(X) = \|X\|$ 로 두었을 때 다음 함수들의 그래디언트를 구하라.

(가) $f(X) = \dfrac{1}{r(X)}$ (나) $f(X) = r(X)^2$

(다) $f(X) = e^{-r(X)^2}$ (라) $f(X) = \ln r(X)$

4.4.3. 함수 $f(x, y) = \displaystyle\int_x^y \sqrt{1 + t^4}\, dt$에 대하여 $\nabla f(x, y)$를 구하라.

4.4.4. 다음과 같이 정의된 쌍곡면

$$\frac{x^2}{a^2} + \frac{y^2}{b^2} - \frac{z^2}{c^2} = 1$$

의 점 (x_0, y_0, z_0)에서 접평면의 방정식을 구하라. 또한, 쌍곡면

$$\frac{x^2}{a^2} - \frac{y^2}{b^2} - \frac{z^2}{c^2} = 1$$

의 접평면의 방정식을 구하라.

4.4.5. 다음 식으로 주어진 곡면의 점 P 에서 접평면의 방정식을 구하라.

(가) $\sin xy + \sin yz + \sin zx = 1, \quad P = \left(1, \dfrac{\pi}{2}, 0\right)$

(나) $z - e^x \sin y = 0, \quad P = \left(\ln 3, \dfrac{3\pi}{2}, -3\right)$

(다) $2y - z^3 - 3xz = 0, \quad P = (1, 7, 2)$

4.4.6. 좌표평면에서 정의된 함수

$$f(x, y) = \begin{cases} \dfrac{xy(x^2 - y^2)}{x^2 + y^2}, & (x, y) \neq (0, 0) \\ 0, & (x, y) = (0, 0) \end{cases}$$

에 대하여 $D_1D_2f(0, 0)$과 $D_2D_1f(0, 0)$의 값을 구하라.

4.4.7. 다음 함수들의 임계점을 구하고, 이 점들을 극대점, 극소점, 안장점으로 분류하라.

(가) $f(x,y) = x^2 - xy + y^2 + 9x - 6y + 10$

(나) $f(x,y) = 3xy - x^2y - xy^2$

(다) $f(x,y) = x^3 - 6xy + 8y^3$

(라) $f(x,y) = (x^2 + y)e^{\frac{y}{2}}$

4.4.8. 다음 함수

$$f(x,y) = (x^2 + y^2)\cos(x + 2y)$$

는 원점이 극소점임을 보이라.

4.4.9. 함수 $f(x,y) = 3x^4 - 4x^2y + y^2 = (3x^2 - y)(x^2 - y)$에 대하여 다음 물음에 답하라.

(가) 원점이 f의 임계점임을 보이라.

(나) 임의의 벡터 (h,k)에 대하여, 함수 $g(t) = f(th,tk)$는 $t = 0$에서 극소임을 보이라.

(다) 그럼에도 불구하고, 원점은 f 의 극소점이 아님을 보이라. [도움말: 곡선 $(x,y) = (t,2t^2)$을 생각하라.]

(라) 곡선 $f(x,y) = 0$을 도시하라.

(마) $f(x,y) > 0$, $f(x,y) < 0$인 영역을 각각 그리라.

(바) (나)와 (다)가 서로 모순이 되지 않는 이유를 설명하라.

4.4.10. 단위원 $x^2 + y^2 = 1$ 위에서 $f(x,y) = x^2 + y$의 최대값과 최소값을 구하라.

4.4.11. 다음 함수

$$f(x,y) = x^4 + 2x^2y + 3xy^2 + 6xy + 3x$$

의 최대값과 최소값이 존재하면 그것을 구하라.

4.4.12. $n \times n$ 대칭행렬 A에 대하여 다변수함수 f를

$$f(X) = XAX^t$$

라 정의하자. 조건 $\|X\| = 1$하에서 f가 최대값을 가지면, 그 값은 O 아닌 X에 대하여

$$AX^t = \lambda X^t$$

를 만족하는 λ들 중에서 가장 큰 값이 됨을 설명하라.

4.4.13. 이계도함수가 존재하고 연속인 이변수함수 $f(x,y)$ 의 극대점에서는

$$\frac{\partial^2 f}{\partial x^2} + \frac{\partial^2 f}{\partial y^2} \le 0$$

이고, 극소점에서는

$$\frac{\partial^2 f}{\partial x^2} + \frac{\partial^2 f}{\partial y^2} \ge 0$$

임을 보이라.

4.4.14. 평면 $x+2y+2z=2$와 곡면 $z=x^2+y^2$이 만나는 점들 가운데 원점에서 가장 가까운 점과 가장 먼 점의 좌표를 구하라.

4.4.15. 좌표 평면에 주어진 세 점

$$(0,0),\quad (1,1),\quad (2,1)$$

에 대하여 다음 함수

$$f(a,b)=|b-0|+|a+b-1|+|2a+b-1|$$

의 최소값을 구하라. 이 때 구한 a,b에 대하여 일차함수 $y=ax+b$의 의미를 설명하라.

4.4.16. 어느 회사의 생산함수가

$$f(x,y)=10x^{0.75}y^{0.25}$$

이라 하자. 노동자 수가 $x=600$, 자본량이 $y=100$일 때

(가) 노동의 한계생산량과 자본의 한계생산량을 구하라.
(나) 생산량을 높이려면 무엇을 증가시키는 것이 더 유리한가?

4.4.17. 어느 회사의 생산함수가

$$f(x,y)=50\sqrt{xy}$$

이라 하자. 노동자 수가 $x=250$, 자본량이 $y=125$일 때

(가) 노동의 한계생산량과 자본의 한계생산량을 구하라.
(나) 생산량을 높이려면 무엇을 증가시키는 것이 더 유리한가?

4.4.18. 어느 공장에서 x 켤레의 운동화와 y 켤레의 실내화를 만들어 팔 때 수입함수가

$$P(x,y)=8x+10y-(0.001)(x^2+xy+y^2)-10,000$$

이라 한다. 최대 수입을 올리기 위하여 각각 몇 켤레를 생산하여야 하는가?

4.4.19. 길동이가 경영하는 한 상점에서는 두가지 상표의 사과즙을 팔고 있다. 한 상표는 전국적으로 유명한 상표로 병당 400원에 들여오고, 또 한 상표는 잘 알려져 있지 않은 무명상표로 병당 300원에 들여온다. 길동의 경험에 의하면, 무명상품을 x원, 유명상품을 y원에 판매할 때, 하루에 무명상품은 $700-5x+4y$병이 팔리고, 유명상품은 $800+6x-7y$병이 팔린다는 것을 알았다. 사과즙을 판 이윤이 최대로 되도록 하려면, 무명상품과 유명상품을 각각 얼마에 팔아야 하는가?

제 5 장

다중적분

적분의 기본 발상은 밑변을 잘게 자르고, 그 위에서 함수값을 높이로 하는 직사각형을 만들어 그 넓이를 모두 더하는 것이다. 연속함수인 경우 밑변을 잘게 자를수록 이 값이 일정한 값으로 수렴하는데, 그 값을 정적분이라 한다. 이변수함수에서도 이러한 발상은 그대로 적용된다. 직사각형에서 정의된 연속함수의 경우 밑면을 직사각형들로 잘게 자르고 마찬가지로 직육면체들의 부피의 합을 생각하면 이중적분을 정의할 수 있다. 이러한 이중적분은 물론 입체의 부피를 재는 문제와 직결되는데, 이중적분의 값이 두 변수에 대하여 교대로 적분을 수행하는 반복적분과 같아짐을 알고 나면 이중적분을 쉽게 계산할 수 있게 된다. 일변수함수의 적분에서 치환적분이 중요한 도구인 것과 마찬가지로 이중적분에서도 치환적분이 중요한 역할을 한다. 이 경우 치환함수는 이변수를 이변수로 보내는 다변수 벡터함수가 된다. 이 치환함수를 잘 선택하면 정의구역이 원판이나 타원, 혹은 평행사변형과 같은 경우에도 이중적분을 쉽게 계산할 수 있다.

이중적분과 반복적분

- 이중적분의 정의
- 이중적분의 계산과 반복적분
- 삼중적분

치환적분

- 치환적분법과 야코비 행렬
- 극좌표변환

5.1 이중적분과 반복적분

평면 위에서 정의된 이변수함수의 적분은 이 함수가 나타내는 곡면과 xy평면 사이의 부피를 나타내는데, 반복적분을 이용하면 일변수함수의 적분법을 통하여 이변수함수의 적분값을 쉽게 계산할 수 있다.

이중적분의 정의

일변수 연속함수에서 정적분의 정의를 다시 한 번 살펴보자. 먼저 적분구간 $[a, b]$를 n 등분하여

$$x_i = a + \frac{i(b-a)}{n}, \qquad i = 0, 1, 2, \ldots, n$$

이라 두고, 구간 $[x_{i-1}, x_i]$에서 한 점 $\bar{x_i}$를 잡아서 다음 극한값

$$\lim_{n \to \infty} \sum_{i=1}^{n} f(\bar{x_i}) \frac{b-a}{n}$$

을 취한 것이 바로 정적분 $\int_a^b f(x)dx$의 정의였다. 만일 구간 $[x_{i-1}, x_i]$ 위에서 함수의 최대값 $f(p_i)$와 최소값 $f(s_i)$를 잡으면 임의의 $n = 1, 2, \ldots$ 에 대하여 다음 부등식

$$\sum_{i=1}^{n} f(s_i) \frac{b-a}{n} \le \int_a^b f(x)dx \le \sum_{i=1}^{n} f(p_i) \frac{b-a}{n}$$

을 얻는데, $n \to \infty$이면 양변에 있는 값이 모두 정적분 $\int_a^b f(x)dx$로 수렴한다.

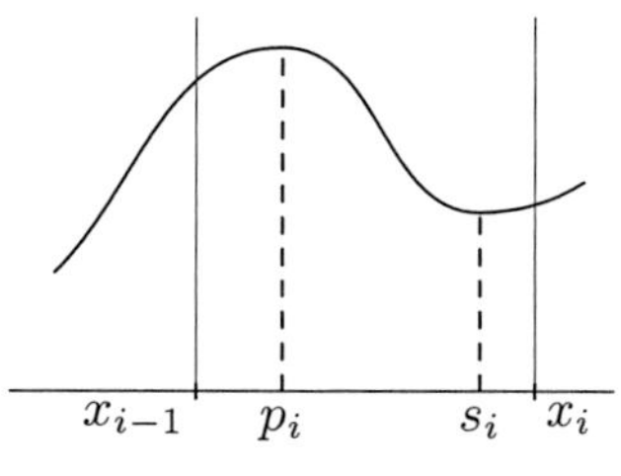

이제, 평면 위의 직사각형

$$R = [a, b] \times [c, d]$$

위에 정의되어 있는 이변수 연속함수 $f : R \to \mathbb{R}$에 대해서도 같은 이야기를 하려고 한다. 이를 위하여, 구간 $[a, b]$와 $[c, d]$를 모두 n등분하여

$$x_i = a + \frac{b-a}{n} i, \quad y_j = c + \frac{d-c}{n} j \qquad i, j = 0, 1, 2, \ldots, n$$

라 두면, 직사각형 R이 n^2개의 작은 직사각형으로 잘게 나누어진다.

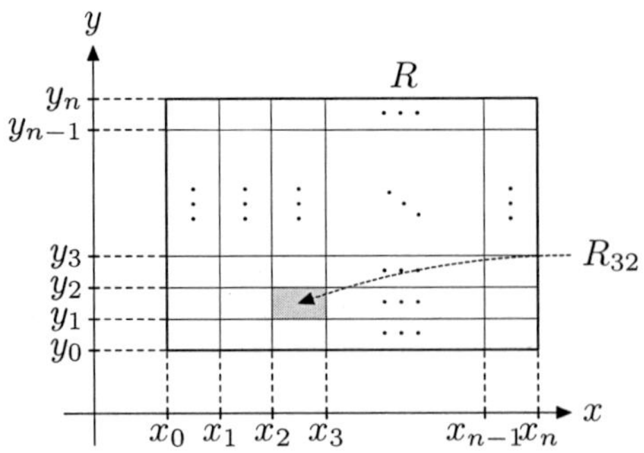

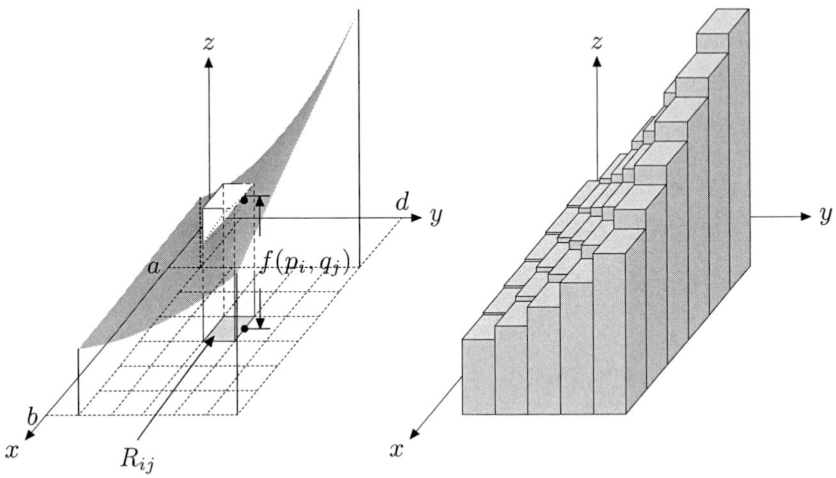

이제, 직사각형

$$R_{ij} = [x_{i-1}, x_i] \times [y_{j-1}, y_j]$$

에서 함수 $f(x, y)$의 최대값 $f(p_i, q_j)$와 최소값 $f(s_i, t_j)$를 취하여, 이를 높이로 하고, R_{ij}를 밑면으로 하는 직육면체들의 부피의 합

$$\sum_{i,j=1}^{n} f(p_i, q_j)\frac{b-a}{n} \cdot \frac{d-c}{n}, \qquad \sum_{i,j=1}^{n} f(s_i, t_j)\frac{b-a}{n} \cdot \frac{d-c}{n}$$

를 생각할 수 있다. 일변수함수의 경우와 마찬가지로 이변수 연속함수 $f(x, y)$에 대하여 이 두 값이 같은 값으로 수렴한다는 것이 잘 알려져 있는데, 그 극한값을

$$\iint_R f, \qquad \iint_R f dxdy \qquad \text{또는} \qquad \iint_R f dA$$

라 쓰고, 이를 이중적분이라고 한다. 또한, 다음 부등식

$$\sum_{i,j=1}^{n} f(s_i, t_j)\frac{b-a}{n}\cdot\frac{d-c}{n} \le \iint_R f \le \sum_{i,j=1}^{n} f(p_i, q_j)\frac{b-a}{n}\cdot\frac{d-c}{n}$$

이 성립하며, 양 쪽의 값이 $n \to \infty$에 따라서 가운데 적분값으로 수렴하게 된다.

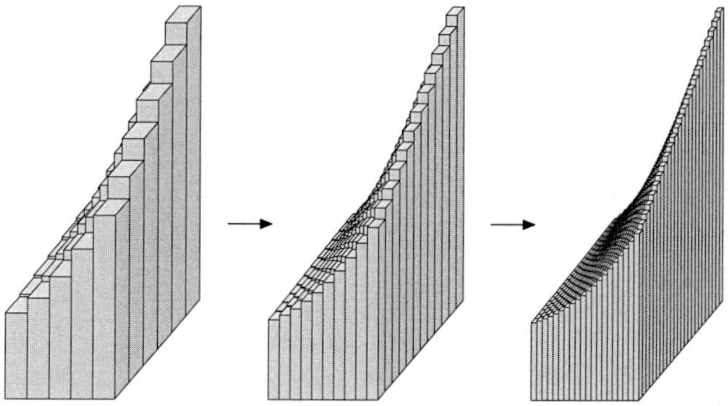

(n의 증가에 따른 직육면체들의 부피합의 변화)

이중적분의 계산과 반복적분

이제부터, 이 적분값을 어떻게 계산해야 할지 알아본다. 이를 위하여 x값을 고정하고 적분값

$$\int_c^d f(x,y)dy$$

를 계산하면, 이는 x에 관한 함수가 된다. 그러면 이 함수를 x에 관하여 다시 적분하여

$$\int_a^b \left[\int_c^d f(x,y)dy\right] dx$$

를 얻는데, 이러한 적분을 반복적분이라 한다. 이중적분과 반복적분의 값을 비교하기 위하여, 구간 $[x_{i-1}, x_i]$ 위에서 함수

$$x \mapsto \int_c^d f(x,y)dy$$

의 최대값이 $\bar{p}_i \in [x_{i-1}, x_i]$에서 얻어진다고 하자.

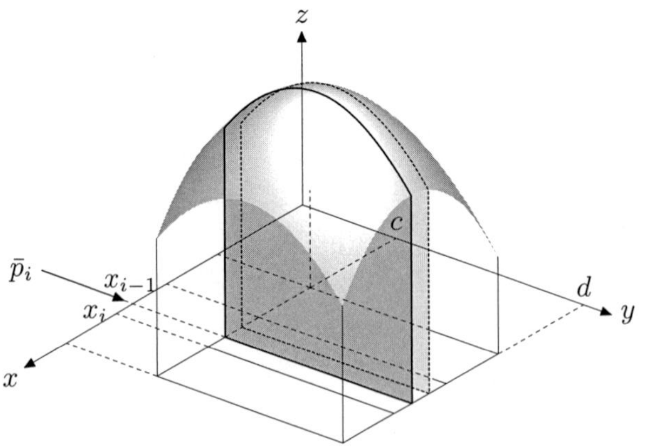

또한, 구간 $[y_{j-1}, y_j]$ 위에서 함수 $y \mapsto f(\bar{p}_i, y)$의 최대값이 $y = \bar{q}_j$에서 얻어진다면 부등식

$$\int_c^d f(\bar{p}_i, y)dy \leq \sum_{j=1}^{n} f(\bar{p}_i, \bar{q}_j) \cdot \frac{d-c}{n}$$

를 얻는다. 이로부터 부등식

$$\sum_{i=1}^{n} \left(\int_c^d f(\bar{p}_i, y)dy \right) \frac{b-a}{n} \leq \sum_{i=1}^{n} \sum_{j=1}^{n} f(\bar{p}_i, \bar{q}_j) \frac{b-a}{n} \cdot \frac{d-c}{n}$$

이 성립함을 알게 된다. 그런데 좌변의 극한이 바로 반복적분이고, 우변의 극한이 이중적분이다. 따라서

$$\int_a^b \left[\int_c^d f(x, y)dy \right] dx \leq \iint_R f$$

이 성립함을 알게 된다. 만일 각 구간에서 최대값 대신에 최소값을 생각하면 반대 부등식

$$\iint_R f \leq \int_a^b \left[\int_c^d f(x, y)dy \right] dx$$

을 얻게 되고, 따라서 이중적분과 반복적분의 값은 같게 됨을 알 수 있다.

지금까지 한 이야기는 x와 y의 역할을 바꾸어도 마찬가지이므로 다음을 얻는다.

이중적분과 반복적분

평면 위의 직사각형 $R = [a, b] \times [c, d]$ 위에서 정의된 연속함수 $f(x, y)$에 대하여 다음 등식

$$\iint_R f = \int_a^b \int_c^d f(x, y)dydx = \int_c^d \int_a^b f(x, y)dxdy$$

이 성립한다.

예제 1. 직사각형 $[1, 2] \times [3, 4]$ 위에서 함수 $f(x, y) = x^2 y$ 의 적분값을 구하라.

풀이 : 이 적분값은

$$\int_1^2 \int_3^4 x^2 y \, dy \, dx$$

을 계산하면 된다. 따라서 구하는 적분값은

$$\left(\int_1^2 x^2 \, dx\right) \left(\int_3^4 y \, dy\right) = \frac{49}{6}$$

이 된다. □

문제 **5.1.1.** 주어진 영역에서 다음 함수의 적분값을 구하라.

(가) $f(x, y) = 2x^2 y + xy^2 - 6xy,$ $\quad -1 \le x \le 3, -1 \le y \le 3$

(나) $f(x, y) = 3\sqrt{x + y + 4} - 2\sqrt{x} - \sqrt{y},$ $\quad 0 \le x \le 6, 0 \le y \le 6$

(다) $f(x, y) = \sin x + \sin y + \sin(x + y),$ $\quad 0 \le x \le 2\pi, 0 \le y \le 2\pi$

(라) $f(x, y) = xe^{-(x^2+y^2)/8},$ $\quad -6 \le x \le 6, -6 \le y \le 6$

좌표평면에서 두 연속함수

$$g, h : [a, b] \to \mathbb{R}, \qquad g(x) \le h(x)$$

에 의하여 주어진 영역

$$A = \{(x, y) : a \le x \le b, \ g(x) \le y \le h(x)\}$$

에서 함수 $f(x, y)$ 를 적분하면

$$\iint_A f = \int_a^b \int_{g(x)}^{h(x)} f(x, y) \, dy \, dx$$

이 된다.

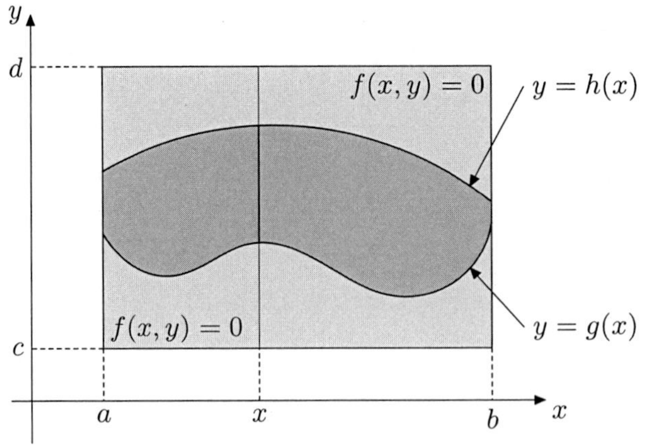

이제 x와 y의 역할을 바꾸어서 생각하면, 좌표평면에서 두 연속함수

$$\tilde{g}, \tilde{h} : [c,d] \to \mathbb{R}, \qquad \tilde{g}(y) \leq \tilde{h}(y)$$

에 의하여 주어진 영역

$$B = \{(x,y) : \tilde{g}(y) \leq x \leq \tilde{h}(y),\ c \leq y \leq d\}$$

에서 함수 $f(x,y)$ 를 적분하면

$$\iint_B f(x,y) = \int_c^d \int_{\tilde{g}(y)}^{\tilde{h}(y)} f(x,y)\, dx\, dy$$

이 된다.

영역 A의 넓이를 $\mathrm{Vol}\,(A)$라 할 때,

$$\frac{1}{\mathrm{Vol}\,(A)} \iint_A f$$

를 함수 f의 평균값이라고 한다.

예제 2. 좌표평면에서 부등식

$$x^2 \leq y \leq x$$

로 주어진 영역 A에서 정의된 함수 $f(x,y) = x^2 + y^2$ 의 평균값을 구하라.

풀이 : 우선 A 의 넓이는

$$\iint_A 1 = \int_0^1 \int_{x^2}^x dy\, dx = \int_0^1 (x - x^2)\, dx = \frac{1}{6}$$

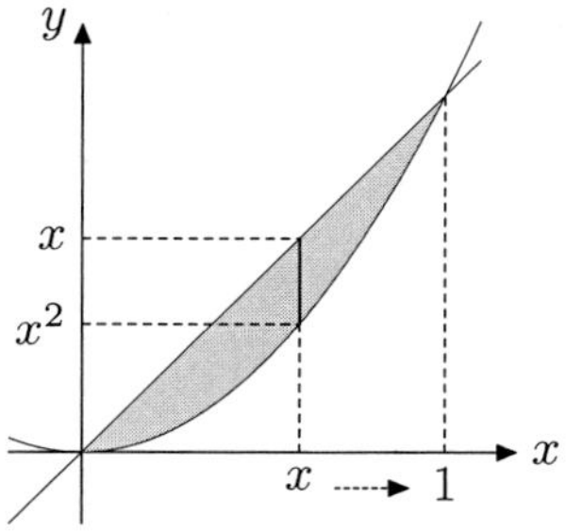

이고, A 위에서 적분하면

$$\int_A f = \int_0^1 \int_{x^2}^{x} (x^2 + y^2)\, dy\, dx = \int_0^1 \left(\frac{4}{3}x^3 - x^4 - \frac{1}{3}x^6\right) dx = \frac{3}{35}$$

이므로 구하는 평균값은 $\frac{18}{35}$ 이 된다. □

문제 5.1.2. 좌표평면에서 직선

$$y = 0, \qquad y = x, \qquad x + y = 2$$

들로 둘러싸인 삼각형을 A 라고 할 때, A 에서 함수 $f(x, y) = 2xy$ 의 평균값을 구하라.

예제 3. 영역

$$R = \{(x, y) : 10 \le x \le 20,\ 1 \le y \le 2\}$$

위에서 생산함수 $N(x, y) = x^{0.75}y^{0.25}$ 의 평균값을 구하라.

풀이 : 직접 계산하면

$$\begin{aligned} m &= \frac{1}{(20-10)(2-1)} \int_1^2 \int_{10}^{20} x^{0.75}y^{0.25} dxdy \\ &= \frac{1}{10} \left[\frac{1}{1.75}x^{1.75}\right]_{10}^{20} \left[\frac{1}{1.25}y^{1.25}\right]_1^2 \\ &= \frac{1}{10} \cdot \frac{1}{1.75} \cdot \frac{1}{1.25} \left[20^{1.75} - 10^{1.75}\right] \left[2^{1.25} - 1\right] \\ &\fallingdotseq 8.375 \end{aligned}$$

이다. □

문제 5.1.3. 영역

$$R = \{(x, y) : 10 \le x \le 50,\ 1 \le y \le 2\}$$

위에서 생산함수 $N(x, y) = x^{0.5}y^{0.5}$ 의 평균값을 구하라.

예제 4. 반복적분

$$\int_0^1 \int_{\sqrt{x}}^1 \sqrt{1+y^3}\, dy\, dx$$

를 구하라.

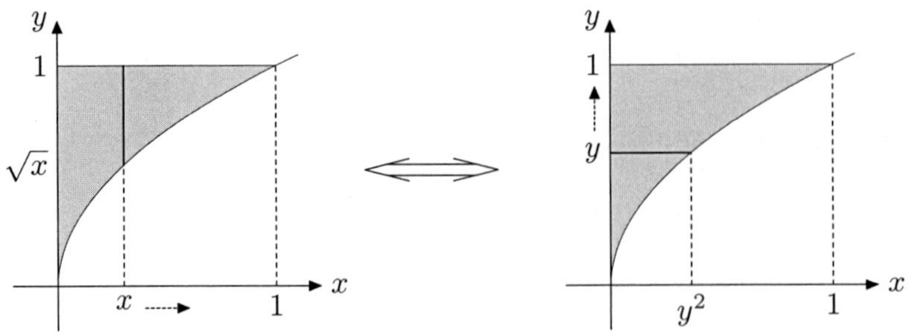

풀이 : 이 적분에서 원시함수를 구하기가 쉽지 않으므로 적분의 순서를 바꾸어 본다. 우선 주어진 영역

$$\sqrt{x} \le y \le 1, \qquad 0 \le x \le 1$$

을 다음

$$0 \le x \le y^2, \qquad 0 \le y \le 1$$

과 같이 바꾸어서 표현할 수 있다. 따라서 주어진 적분은

$$\begin{aligned}\int_0^1 \int_0^{y^2} \sqrt{1+y^3}\, dx\, dy &= \int_0^1 y^2 \sqrt{1+y^3}\, dy \\ &= \left[\frac{2}{3} \cdot \frac{1}{3} \cdot \left(1+y^3\right)^{3/2}\right]_0^1 = \frac{2}{9}\left(2\sqrt{2}-1\right)\end{aligned}$$

이 된다. □

예제 5. 좌표평면에서 x축과 $y = x$ 및 $x = 1$로 둘러싸인 삼각형을 R이라 두자. 이 때

$$\iint_R e^{-x^2}\, dx\, dy$$

를 구하라.

풀이 : 적분값 $\int e^{-x^2}\, dx$을 구하기가 쉽지 않으므로 적분의 순서를 바꾸면 그림에서 $0 \le y \le x$, $0 \le x \le 1$ 이므로

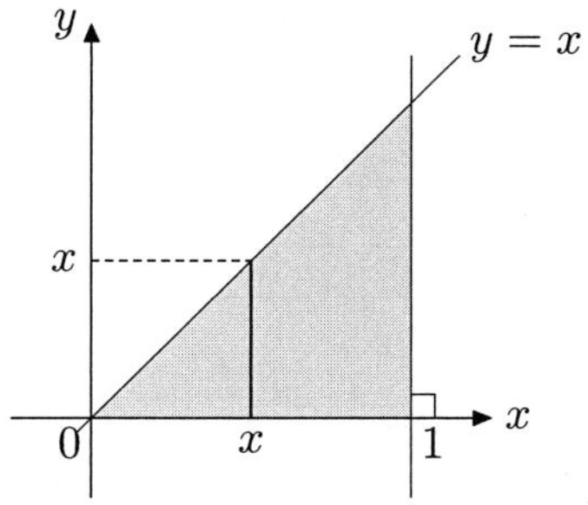

$$\iint_R e^{-x^2}\,dy\,dx = \int_0^1 \int_0^x e^{-x^2}\,dy\,dx$$
$$= \int_0^1 xe^{-x^2}\,dx$$
$$= \left[-\frac{1}{2}e^{-x^2}\right]_0^1 = -\frac{1}{2}\left(\frac{1}{e}-1\right) = \frac{e-1}{2e}$$

이 된다. □

문제 5.1.4. 좌표평면에서 x축과 $y=x$ 및 $x=1$로 둘러싸인 삼각형을 R이라고 두자. 이 때

$$\iint_R \frac{\sin x}{x}\,dx\,dy$$

를 구하라.

문제 5.1.5. 다음 반복적분의 값을 구하라.

(가) $\displaystyle\int_1^2 \int_1^3 (x+y)\,dx\,dy$ (나) $\displaystyle\int_0^\pi \int_0^\pi x\sin y\,dy\,dx$

(다) $\displaystyle\int_1^2 \int_y^{y^2} dx\,dy$ (라) $\displaystyle\int_0^\pi \int_0^{\sin x} y\,dy\,dx$

(마) $\displaystyle\int_1^5 \int_0^y \frac{3\,dx\,dy}{x^2+y^2}$ (바) $\displaystyle\int_{\pi/4}^{\pi/2} \int_{\pi/2}^r \frac{1}{\sin^2\theta}\,d\theta\,dr$

(사) $\displaystyle\int_0^1 \int_y^1 \sqrt{1-x^2}\,dx\,dy$ (아) $\displaystyle\int_0^1 \int_{\sqrt[3]{x}}^1 \sqrt{1+y^4}\,dy\,dx$

문제 5.1.6. 다음 함수의 평균값을 구하라.

(가) 꼭지점이 $(0,0)$, $(\pi,0)$, (π,π)인 삼각형 위에서 $f(x,y)=x\cos(x+y)$

(나) $|x|+|y|\le 1$ 위에서 $f(x,y)=e^{x+y}$

(다) 곡선 $y=\sin x$, $0\le x\le\pi$와 x축으로 싸인 영역에서 $f(x,y)=x^2-y^2$

(라) 꼭지점이 $\left(-\frac{1}{2},\frac{1}{2}\right)$, $(1,2)$, $(1,-1)$ 인 삼각형 위에서 $f(x,y)=x^2+y$

삼중적분

이제, 변수가 세 개 이상인 함수의 다중적분도 이중적분과 마찬가지로 정의할 수 있다.

예제 6. 좌표공간에서 네 점 $(0,0,0)$, $(1,0,0)$, $(0,1,0)$, $(0,0,1)$ 을 꼭지점으로 하는 사면체의 부피를 구하라.

풀이 : 구하는 영역을 식으로 나타내면

$$0 \leq x \leq 1, \quad 0 \leq y \leq 1-x, \quad 0 \leq z \leq 1-x-y$$

이다. 따라서 이 영역 위에서 함수 $f(x,y,z)=1$을 적분하면 구하는 부피가 나온다. 따라서

$$\begin{aligned}\int_0^1 \int_0^{1-x} \int_0^{1-x-y} dzdydx &= \int_0^1 \int_0^{1-x} (1-x-y)dydx \\ &= \int_0^1 \frac{1}{2}(1-x)^2 dx = \frac{1}{6}\end{aligned}$$

을 얻는다. 물론, 이 문제의 경우 계산과정에서 보듯이 영역

$$0 \leq x \leq 1, \quad 0 \leq y \leq 1-x$$

위에서 함수 $f(x,y)=1-x-y$의 이중적분값을 계산해도 된다. □

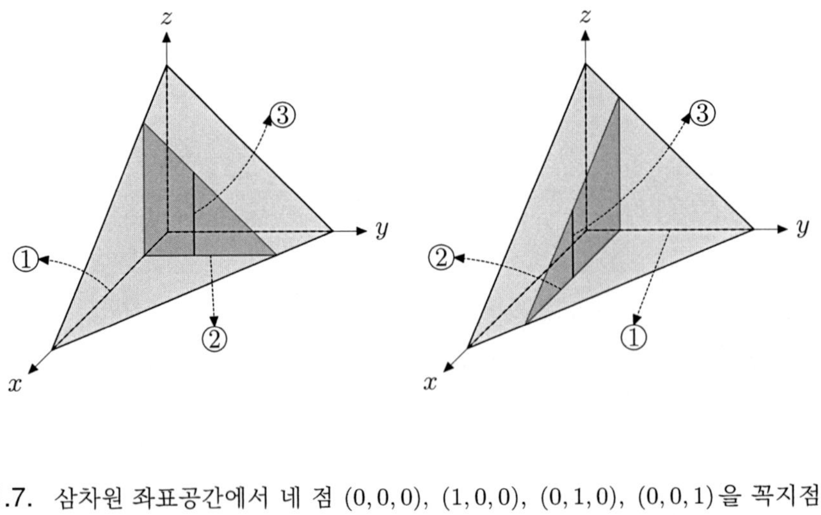

문제 5.1.7. 삼차원 좌표공간에서 네 점 $(0,0,0)$, $(1,0,0)$, $(0,1,0)$, $(0,0,1)$을 꼭지점으로 하는 사면체로 둘러싸인 영역 위에서 함수 $f(x,y,z)=e^x$ 의 삼중적분을 구하라.

5.2 치환적분

벡터를 스칼라로 보내는 다변수함수에서 미분계수에 대응되는 것은 벡터로 나타난다. 벡터를 벡터로 보내는 다변수 벡터함수에서 미분계수에 대응되는 것은 벡터들을 늘어놓은 행렬로 나타나고, 이 행렬은 주어진 함수와 가장 가까운 선형변환을 알려준다. 이를 이용하여 공간 사이에 변환이 주어졌을 때 치환적분 공식을 얻는다.

치환적분법과 야코비 행렬

일변수함수의 치환적분 공식을 다시 생각해 보자. 연속함수 $f : [c, d] \to \mathbb{R}$가 주어져 있고, $g : [a, b] \to [c, d]$ 가 미분가능하고 그 도함수가 연속이라 가정하자. 또한, 합성함수 $f \circ g$가 잘 정의되었다고 하자. 이 때, 다음 두 함수

$$F(x) = \int_{g(a)}^{g(x)} f(t)dt, \qquad G(x) = \int_a^x f(g(t))g'(t)dt$$

를 미분해 보면, 그 도함수가 모두 $f(g(x))g'(x)$ 이므로 $F - G$는 상수함수이다. 그런데 $F(a) = G(a) = 0$이므로 $F = G$이다. 따라서 다음 등식

$$\int_{g(a)}^{g(b)} f(x)dx = \int_a^b f(g(t))g'(t)dt$$

을 얻는다. 이 공식에서 치환함수 g에는 아무런 제한이 없다. 실제 g가 증가함수이거나 감소함수일 필요가 없고, g의 치역 $[c, d]$가 구간 $[g(a), g(b)]$나 $[g(b), g(a)]$보다 커도 아무런 상관이 없다.

이제부터는 논의를 간단히 하기 위하여 함수 $g : [a, b] \to [c, d]$가 일대일대응 함수라고 가정하자. 만일 함수 g가 증가함수이면 $g(a) = c$, $g(b) = d$이고 $g'(t) \geq 0$이므로 다음 등식

$$\int_c^d f(x)dx = \int_a^b f(g(t))g'(t)dt = \int_a^b f(g(t))|g'(t)|\, dt$$

를 얻는다. 그런데 만일 g가 감소함수라면 $g(a) = d$, $g(b) = c$이고 그 도함수는 $g'(t) \leq 0$ 이므로

$$\int_c^d f(x)dx = -\int_{g(a)}^{g(b)} f(x)dx = \int_a^b f(g(t))|g'(t)|\, dt$$

가 된다. 따라서 이 등식은 g가 일대일 함수이면 항상 성립한다. 이 등식의 핵심은 함수 $g : [a, b] \to [c, d]$를 이용하여 적분 구간을 $[c, d]$에서 $[a, b]$로 바꾸는 데에 있다.

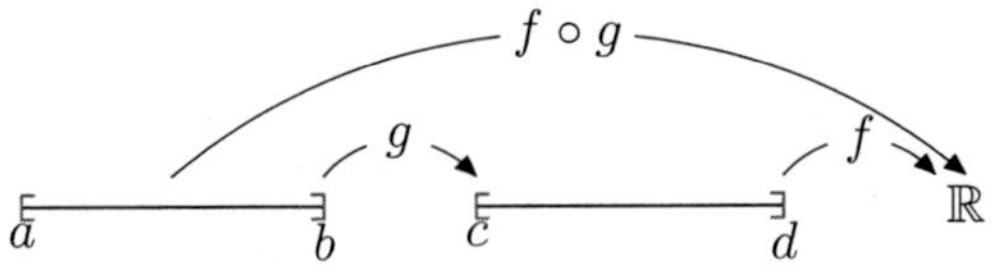

평면 위에 있는 두 영역 U와 W 사이에 정의된 일대일대응 함수 $G : U \to W$가 미분가능하고 그 편도함수들이 연속이라 하자. 이 때, 연속함수 $f : W \to \mathbb{R}$의 적분과 합성함수 $f \circ G : U \to \mathbb{R}$의 적분 사이에 어떤 관계가 있는지 알아보는 것이 이 절의 목적이다.

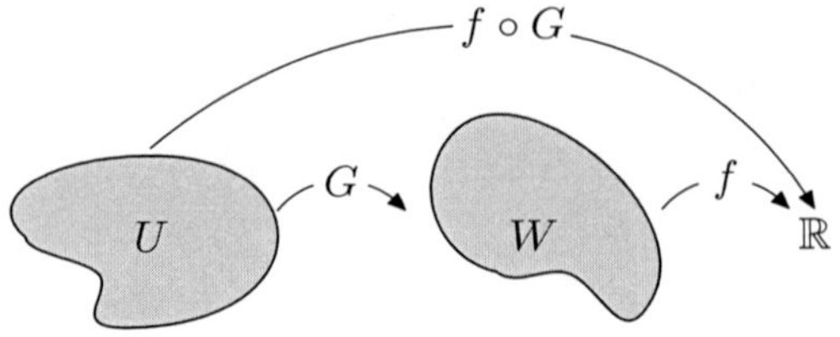

이를 위하여 먼저 U는 정사각형 $R = [0,1] \times [0,1]$이고, 변환 $G = \Lambda$가 다음 행렬

$$\begin{pmatrix} a & b \\ c & d \end{pmatrix}$$

에 의한 선형변환인 경우를 생각하자.

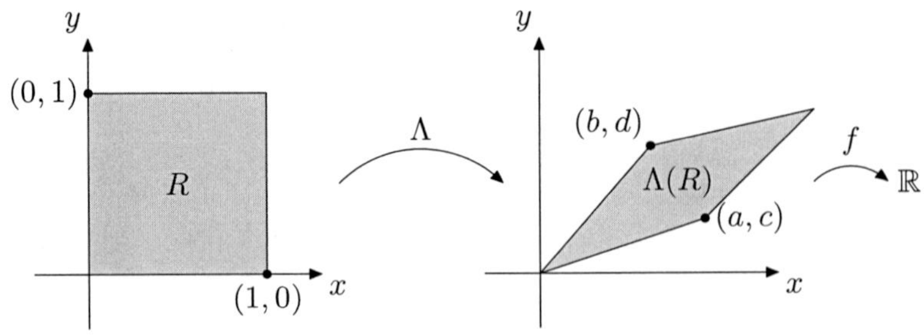

특히, 함수 $f(x,y) = 1$인 경우를 보면

$$\iint_{\Lambda(R)} f$$

는 바로 평행사변형 $\Lambda(R)$의 넓이이므로 $|\det \Lambda|$임을 알고 있다. 한편,

$$\iint_R f \circ \Lambda = \iint_R 1 = 1$$

이므로, $f(x,y)=1$일 때 다음 등식

$$\iint_{\Lambda(R)} f = \iint_R (f\circ\Lambda)|\det\Lambda|$$

를 얻는다. 즉, 일변수함수의 치환적분공식에서 $|g'|$의 역할을 $|\det\Lambda|$가 했음을 알 수 있다. 적분값을 구하는 것은 그 정의에서 보듯이 영역을 잘게 나누고 그 위에서 상수함수를 적분하는 것이다. 그런데 상수함수에 대하여 위 등식이 성립함을 알았으므로 일반적인 연속함수 f에 대해서도 같은 등식이 성립하리라 짐작할 수 있는데, 실제로 그러하다.

이제, 일반적인 변환 $G: U\to W$에 대하여 위 등식을 이용하려면 각 점에서 변환 G에 유사한 선형변환이 무엇인지 알아보면 된다. 이를 위하여

$$G:\begin{pmatrix}u\\v\end{pmatrix}\mapsto\begin{pmatrix}g_1(u,v)\\g_2(u,v)\end{pmatrix}$$

로 주어졌다고 하자. $P_0=(u_0,v_0)$를 고정하면 각 성분함수의 일차근사식은

$$g_i\begin{pmatrix}u\\v\end{pmatrix}\sim g_i(P_0)+(D_1g_i(P_0),\ D_2g_i(P_0))\begin{pmatrix}u-u_0\\v-v_0\end{pmatrix}$$

이므로 G의 일차근사식은

$$G\begin{pmatrix}u\\v\end{pmatrix}\sim G(P_0)+\begin{pmatrix}D_1g_1(P_0) & D_2g_1(P_0)\\D_1g_2(P_0) & D_2g_2(P_0)\end{pmatrix}\begin{pmatrix}u-u_0\\v-v_0\end{pmatrix}$$

으로 주어진다. 즉, 일변수함수의 미분계수, 그리고 다변수함수의 그래디언트에 해당하는 것이 다변수 벡터함수에서는 다음 행렬

$$\begin{pmatrix}D_1g_1(P_0) & D_2g_1(P_0)\\D_1g_2(P_0) & D_2g_2(P_0)\end{pmatrix}$$

이 된다. 이 행렬을 야코비[1] 행렬이라부르고, $J_G(P_0)$라 쓴다. 따라서 다음과 같은 치환적분 공식

$$\iint_{G(R)} f = \iint_R (f\circ G)|\det J_G|$$

1) Carl Gustav Jacob Jacobi (1804∼1851), 독일 수학자. 베를린에서 공부하고, Königsberg와 베를린에서 활동하였다. 정치적인 견해를 표명하였다는 이유로 베를린 대학의 교수직에서 추방되었다가 복직하기도 하였다.

이 성립하리라 기대할 수 있고, 실제로 성립한다는 것이 잘 알려져 있다.

치환적분법

각 성분함수의 도함수가 존재하고 연속인 변환 $G : U \to G(U)$가 일대일대응이라 하자. 그러면 연속함수 $f : W \to \mathbb{R}$에 대하여 다음 등식

$$\iint_{G(U)} f = \iint_U (f \circ G)|\det J_G|$$

이 성립한다.

일변수 일차변환 $y = ax$의 미분계수 a를 선형변환으로 이해한다면 다시 $y = ax$이므로, 일차변환의 미분은 자기자신이라고 말할 수 있다. 마찬가지로 처음부터 Λ가 일차변환

$$\Lambda = \begin{pmatrix} a & b \\ c & d \end{pmatrix}$$

으로 주어졌다면

$$\Lambda \begin{pmatrix} u \\ v \end{pmatrix} = \begin{pmatrix} au + cv \\ bu + dv \end{pmatrix}$$

의 야코비 행렬을 계산해 보면 바로 자기자신임을 알 수 있다. 즉, 선형변환 Λ에 대하여

$$J_\Lambda = \Lambda$$

이다.

예를 들어, 선형변환

$$\Lambda = \begin{pmatrix} 1 & 1 \\ 1 & -1 \end{pmatrix}$$

에 의하여 영역 $R = \{(u, v) : -1 \le u \le 1,\ -1 \le v \le 1\}$이 어떻게 변환되는지 알아보자. 이때,

$$\Lambda \begin{pmatrix} u \\ v \end{pmatrix} = \begin{pmatrix} 1 & 1 \\ 1 & -1 \end{pmatrix} \begin{pmatrix} u \\ v \end{pmatrix} = \begin{pmatrix} u + v \\ u - v \end{pmatrix} = \begin{pmatrix} x \\ y \end{pmatrix}$$

에서 x, y와 u, v 사이의 관계식

$$u = \frac{x + y}{2}, \qquad v = \frac{x - y}{2}$$

을 얻는다. 이를 이용하여 영역 R은 다음 영역

$$\Lambda(R) = \{(x, y) : -2 \leq x + y \leq 2,\ -2 \leq x - y \leq 2\}$$

으로 보내짐을 알 수 있다.

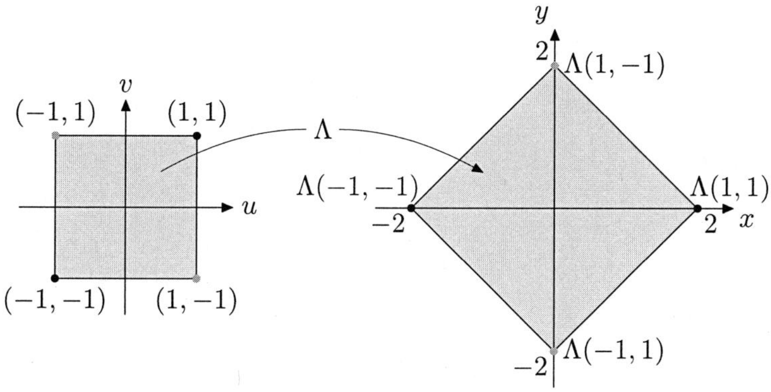

따라서 $\Lambda(R)$의 넓이는

$$\iint_{\Lambda(R)} 1 = \iint_R |\det J_\Lambda| = 4 \cdot 2 = 8$$

이다. 또한

$$\begin{aligned}
\iint_{\Lambda(R)} xydxdy &= \iint_R (u+v)(u-v)|\det \Lambda| dudv \\
&= 2\int_{-1}^{1}\int_{-1}^{1}(u^2 - v^2)dudv \\
&= 2\int_{-1}^{1}\left[\frac{u^3}{3} - v^2 u\right]_{-1}^{1} dv \\
&= 2\int_{-1}^{1}(\frac{2}{3} - 2v^2)dv \\
&= 2\left[\frac{2}{3}v - \frac{2}{3}v^3\right]_{-1}^{1} = \frac{8}{3} - \frac{8}{3} = 0
\end{aligned}$$

이다.

예제 1. 좌표 평면의 네 점 $(0,1), (1,2), (2,1), (1,0)$을 꼭지점으로 하는 정사각형을 $\Lambda(R)$이라 할 때

$$\iint_{\Lambda(R)} (x+y)^2 \sin^2(x-y) dxdy$$

를 구하라.

풀이 : 영역 $\Lambda(R) = \{(x,y) : 1 \le x+y \le 3,\ -1 \le x-y \le 1\}$ 은 영역 $R = \{(u,v) : 1 \le u \le 3,\ -1 \le v \le 1\}$을 선형변환

$$\Lambda = \begin{pmatrix} \frac{1}{2} & \frac{1}{2} \\ \frac{1}{2} & -\frac{1}{2} \end{pmatrix}$$

으로 보낸 상이다. 따라서

$$\Lambda\begin{pmatrix} u \\ v \end{pmatrix} = \begin{pmatrix} \frac{1}{2} & \frac{1}{2} \\ \frac{1}{2} & -\frac{1}{2} \end{pmatrix}\begin{pmatrix} u \\ v \end{pmatrix} = \begin{pmatrix} \frac{1}{2}(u+v) \\ \frac{1}{2}(u-v) \end{pmatrix} = \begin{pmatrix} x \\ y \end{pmatrix}$$

에서

$$x = \frac{1}{2}(u+v), \qquad y = \frac{1}{2}(u-v)$$

이므로, 구하는 적분값은

$$\begin{aligned}
\iint_{\Lambda(R)} (x+y)^2 \sin^2(x-y)dxdy &= \iint_R u^2 \sin^2 v |\det \Lambda| dudv \\
&= \int_{-1}^{1}\int_{1}^{3} \frac{1}{2}u^2 \sin^2 v\, dudv \\
&= \frac{1}{2}\int_{-1}^{1} \left[\sin^2 v \cdot \frac{u^3}{3}\right]_1^3 dv \\
&= \frac{13}{3}\int_{-1}^{1} \sin^2 v\, dv \\
&= \frac{13}{6}\int_{-1}^{1} (1-\cos 2v)dv \\
&= \frac{13}{6}\left[v - \frac{1}{2}\sin 2v\right]_{-1}^{1} \\
&= \frac{13}{6}(2-\sin 2)
\end{aligned}$$

이다. □

예제 2. 영역 $\frac{x^2}{a^2} + \frac{y^2}{b^2} \le 1$의 넓이를 구하라. (단, $a, b > 0$)

풀이 : 주어진 영역은 단위원판 $R = \{(u, v) : u^2 + v^2 \leq 1\}$을 선형변환

$$\Lambda = \begin{pmatrix} a & 0 \\ 0 & b \end{pmatrix}$$

으로 보낸 상이다. 그런데 $\det J_\Lambda = \det \Lambda = ab$이므로, 구하는 타원의 넓이는

$$\iint_{\Lambda(R)} 1 = \iint_R |\det J_\Lambda| = ab \iint_R = \pi ab$$

이다. □

문제 5.2.1. 선형변환 $\Lambda = \begin{pmatrix} \frac{1}{2} & \frac{1}{2} \\ \frac{1}{2} & -\frac{1}{2} \end{pmatrix}$을 이용하여

$$\Lambda(R) = \{(x, y) : -2 \leq y - x \leq 0,\ 0 \leq y + x \leq 2\}$$

위에서 이중적분

$$\iint_{\Lambda(R)} xy\, dxdy \quad \text{와} \quad \iint_{\Lambda(R)} (x + y)e^{x-y} dxdy$$

의 값을 구하라.

다변수 벡터함수

$$F = \begin{pmatrix} f_1(x_1, x_2, \ldots, x_n) \\ f_2(x_1, x_2, \ldots, x_n) \\ \vdots \\ f_m(x_1, x_2, \ldots, x_n) \end{pmatrix}$$

의 야코비 행렬은 정의역이나 공변역의 차원에 관계없이 정의되는데, 함수 F는 정의역이 $\mathbb{R}^n$의 부분집합이고 그 공변역이 $\mathbb{R}^m$이다. 이 경우, 야코비 행렬은 다음

$$J_F = \begin{pmatrix} D_1 f_1 & D_2 f_1 & \ldots & D_n f_1 \\ D_1 f_2 & D_2 f_2 & \ldots & D_n f_2 \\ \vdots & & \ddots & \vdots \\ D_1 f_m & D_2 f_m & \ldots & D_n f_m \end{pmatrix}$$

과 같이 $m \times n$행렬이 된다. 요는 각 성분함수들의 그래디언트 벡터를 각 행벡터로 하는 행렬이 바로 야코비 행렬이다. 만일 $n = 1$이면 이는 곡선을 나타내는 벡터함수의 미분이고,

$m = 1$이면 다변수함수의 그래디언트 벡터가 된다. 물론, $m = n = 1$이면 보통 미분계수에 불과하다.

다변수 벡터 함수 F의 일차근사식은 그 정의역과 치역에서 원래 함수와 같은 개수의 변수를 가져야 하므로 $\mathbb{R}^n$에서 $\mathbb{R}^m$으로 가는 일차식이 되어야 한다. 앞에서 이미 살펴보았듯이 점 $X = P$에서 일차근사식은

$$F(X) \sim F(P) + J_F(P)(X - P)$$

이다. 여기에서 $J_F(P)$은 $m \times n$ 행렬이고, $X - P \in \mathbb{R}^n$은 물론 일차방정식을 행렬로 나타낼 때와 마찬가지로 $n \times 1$ 행렬로 간주한다. 즉, 다변수 벡터함수의 야코비 행렬은 일변수함수의 미분계수 $f'(a)$, 그리고 다변수함수의 그래디언트 벡터 $\nabla f(P)$와 같은 역할을 한다.

예제 3. 점 $P = (1, 3, -2)$에서 다음 함수

$$F(x, y, z) = (x^2 + y^2 + z^2,\ xy - y^3 z + 2z)$$

의 야코비 행렬을 구하라.

풀이 : 정의에 의하여

$$J_F(x, y, z) = \begin{pmatrix} 2x & 2y & 2z \\ y & x - 3y^2 z & -y^3 + 2 \end{pmatrix}$$

이다. 따라서 $(x, y, z) = (1, 3, -2)$를 대입하면

$$J_F(P) = \begin{pmatrix} 2 & 6 & -4 \\ 3 & 55 & -25 \end{pmatrix}$$

을 얻는다. □

문제 5.2.2. 주어진 점 P에서 다음 함수의 야코비 행렬을 구하라.

(가) $F(x, y) = (x^2 + y^2, x^2 - y^2)$, $\quad P = (1, 2)$

(나) $F(x, y) = (x + y, x - y, xy)$, $\quad P = (1, 2)$

(다) $F(x, y) = (\sin x, \cos xy)$, $\quad P = (\pi, 1)$

(라) $F(x, y, t) = (x, y)$, $\quad P = (1, 1, 1)$

극좌표변환

극좌표

$$x = r\cos\theta, \qquad y = r\sin\theta$$

는 (r,θ) 평면을 (x,y) 평면으로 보내는 변환

$$P(r,\theta) = (r\cos\theta,\ r\sin\theta)$$

으로 이해할 수 있는데, 이를 극좌표변환이라고 한다.

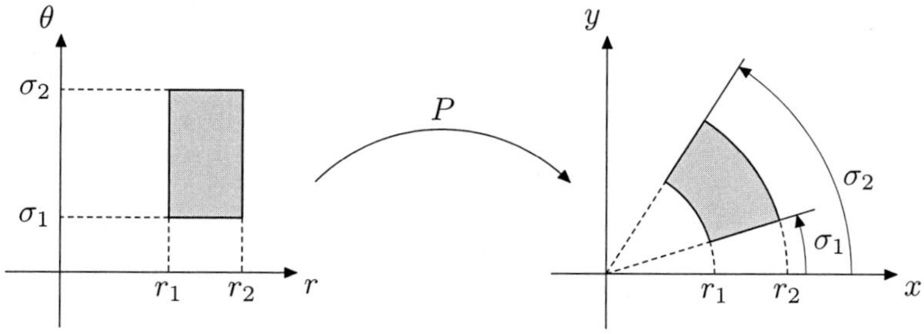

이 변환의 야코비 행렬은

$$J_P(r,\theta) = \begin{pmatrix} \cos\theta & -r\sin\theta \\ \sin\theta & r\cos\theta \end{pmatrix}$$

이고, 그 행렬식은

$$\det J_P = r$$

이다. 따라서 다음 공식

$$\iint_{P(U)} f(x,y)dxdy = \iint_U f(r,\theta)rdrd\theta$$

를 얻는다.

극좌표변환의 야코비 행렬식이 가지는 의미가 무엇인지 알아보자. 이 변환에서 정의역의 한 직사각형

$$r_0 \le r \le r_0 + \Delta r, \qquad \theta_0 \le \theta \le \theta_0 + \Delta\theta$$

은 극좌표 변환에 의하여 xy 평면에서 부채꼴의 일부분으로 옮겨진다. 이때 넓이의 팽창률은

$$\frac{\left((r_0+\Delta r)^2 - r_0^2\right)\cdot\Delta\theta}{2\Delta r\cdot\Delta\theta} = r_0 + \frac{1}{2}\Delta r$$

이다. 이제 Δr과 $\Delta\theta$를 모두 0으로 보내면, 이 팽창률은

$$r_0 = \det J_P(r_0,\theta_0)$$

이다. 일반적으로 야코비 행렬식의 절대값의 기하학적 의미는 넓이의 순간 팽창률이다. 물론 삼차원 공간 사이에서는 부피의 순간 팽창률이 될 것이다.

예제 4. 함수 $z = 1 - x^2 - y^2$이 나타내는 곡면과 xy평면으로 둘러싸인 부분의 부피를 구하라.

풀이 : 먼저 주어진 곡면과 xy평면의 교선은 단위원이므로, 구하는 부피는 $x^2 + y^2 \le 1$으로 주어진 단위원판 U 위에서 함수 $f(x, y) = 1 - x^2 - y^2$을 적분하면 구할 수 있다.

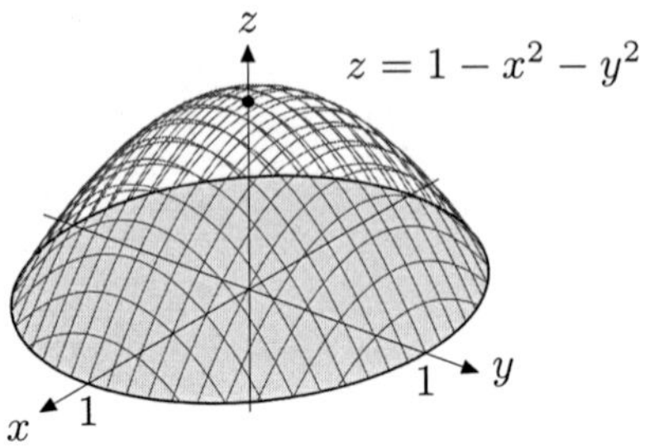

따라서 구하는 부피는

$$\iint_U (1 - x^2 - y^2)dxdy = \int_0^{2\pi} \int_0^1 (1 - r^2)rdrd\theta = \int_0^{2\pi} \frac{1}{4}\, d\theta = \frac{\pi}{2}$$

이다. □

예제 5. 반지름의 길이가 a인 구의 부피를 구하라.

풀이 : 구의 방정식이 $x^2 + y^2 + z^2 = a^2$이므로, 영역

$$U = \{(x, y) : x^2 + y^2 \le a^2\}$$

위에서 $z = \sqrt{a^2 - x^2 - y^2}$의 적분값을 구하면 반구의 부피가 나온다.

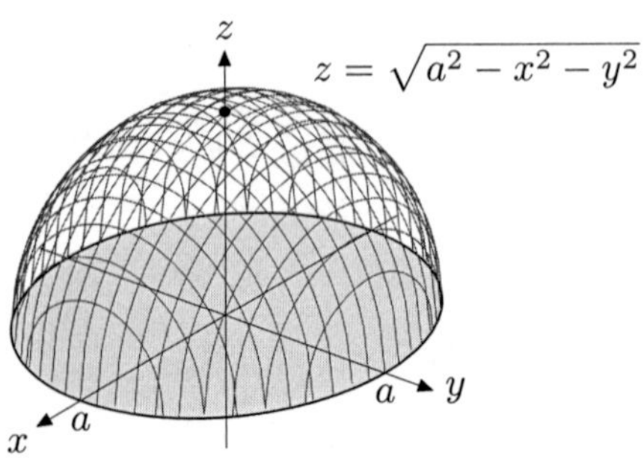

이므로

$$\iint_{D(a)} e^{-x^2-y^2}\,dxdy \le \iint_{R(a)} e^{-x^2-y^2}\,dxdy \le \iint_{D(\sqrt{2}a)} e^{-x^2-y^2}\,dxdy$$

이다. 그런데 가운데 항은

$$\begin{aligned}\iint_{R(a)} e^{-x^2-y^2}\,dxdy &= \left(\int_{-a}^{a} e^{-x^2}\,dx\right)\cdot\left(\int_{-a}^{a} e^{-y^2}\,dy\right)\\ &= \left(\int_{-a}^{a} e^{-x^2}\,dx\right)^2\end{aligned}$$

이 되므로

$$\pi(1-e^{-a^2}) \le \left(\int_{-a}^{a} e^{-x^2}\,dx\right)^2 \le \pi(1-e^{-2a^2})$$

이 된다. 여기서 a를 ∞로 보내면,

$$\lim_{a\to\infty}\int_{-a}^{a} e^{-x^2}\,dx = \sqrt{\pi}$$

를 얻는다. □

예제 8. xyz좌표공간에서 부등식 $\dfrac{x^2}{a^2}+\dfrac{y^2}{b^2}+\dfrac{z^2}{c^2}\le 1$이 나타내는 부분의 부피를 구하라. (단, $a, b, c > 0$)

풀이 : 다음 선형변환

$$\Lambda = \begin{pmatrix} a & 0 & 0\\ 0 & b & 0\\ 0 & 0 & c\end{pmatrix}$$

은 단위구면을 $\dfrac{x^2}{a^2}+\dfrac{y^2}{b^2}+\dfrac{z^2}{c^2}=1$로 보낸다. 이 변환의 야코비행렬식이 abc이므로 단위구의 내부를 R이라 두면 구하는 부피는

$$\iiint_{\Lambda(R)} 1 = \iiint_R |\det J_\Lambda| = \iiint_R abc = \frac{4\pi}{3}\,abc$$

이다. □

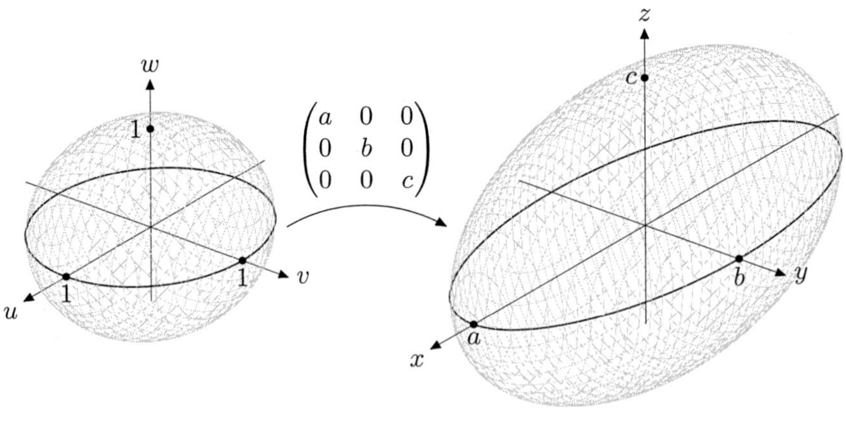

5.3 연습문제

5.3.1. 다음 반복적분값을 구하라.

(가) $\displaystyle\int_1^3 \int_{-1}^3 (4x + 2y + 5)\, dxdy$ (나) $\displaystyle\int_1^3 \int_0^3 \frac{x}{\sqrt{y + x^2}}\, dxdy$

(다) $\displaystyle\int_1^e \int_1^{e^2} \frac{\ln x}{xy}\, dxdy$ (라) $\displaystyle\int_0^{\frac{\pi}{2}} \int_0^{\sin\theta} \theta r\, dr d\theta$

5.3.2. 다음 이중적분값을 구하라.

(가) $\displaystyle\iint_R \sqrt{xy}\, dxdy,\ R = \{(x, y) : 1 \le x \le 2,\ 1 \le y \le 9\}$

(나) $\displaystyle\iint_R (x + y)^5\, dxdy,\ R = \{(x, y) : -1 \le x \le 1,\ 1 \le y \le 2\}$

(다) $\displaystyle\iint_R xe^y\, dxdy,\ R = \{(x, y) : -1 \le x \le 3,\ 0 \le y \le 2\}$

(라) $\displaystyle\iint_R e^{-x-y}\, dxdy,\ R = \{(x, y) : 0 \le x \le 2,\ 0 \le y \le 1\}$

(마) $\displaystyle\iint_R \sin x \sin y\, dxdy,\ R = \{(x, y) : -\pi \le x \le \pi,\ 0 \le y \le \frac{\pi}{2}\}$

(바) $\displaystyle\iint_R \frac{y}{1 + x^2}\, dxdy,\ R = \{(x, y) : 0 \le x \le 4,\ 0 \le y \le \sqrt{x}\}$

5.3.3. 영역 $R = \{(x, y) : 1 \le x^2 + y^2 \le 5\}$ 위에서 다음 이중적분의 값을 구하라.

(가) $\displaystyle\iint_R (x^2 + y)\, dxdy$ (나) $\displaystyle\iint_R \ln(x^2 + y^2)\, dxdy$

5.3.4. 극좌표 변환을 이용하여 다음 이중적분의 값을 구하라.

(가) $\displaystyle\int_0^a \int_0^{\sqrt{a^2 - x^2}} x\, dydx$ (나) $\displaystyle\int_0^3 \int_0^{\sqrt{9 - x^2}} (x^2 + y^2)^{\frac{3}{2}}\, dydx$

(다) $\displaystyle\int_0^2 \int_0^{\sqrt{2x-x^2}} xy\,dydx$ (라) $\displaystyle\int_0^4 \int_0^{\sqrt{4y-y^2}} x^2\,dxdy$

5.3.5. 선형변환 $\Lambda = \begin{pmatrix} 1 & 1 \\ 1 & -1 \end{pmatrix}$ 을 이용하여

$$\Lambda(R) = \{(x,y)\,|\,2 \le y-x \le 4,\ 2 \le y+x \le 8\}$$

위에서 이중적분

$$\iint_{\Lambda(R)} (x+y)e^{x-y}dxdy$$

의 값을 구하라.

5.3.6. 세 점 (0,0), (2,0), (0,2)를 꼭지점으로 하는 삼각형을 R 이라 할 때 이중적분

$$\iint_R \sqrt{x+y}\,dxdy$$

의 값을 구하라.

5.3.7. 다음 함수의 평균값을 구하라.

(가) $x \ge 0,\ x^2+y^2 \le 2,\ x^2+y^2 \ge 1$이 결정하는 영역에서 x^2

(나) 네 직선 $y=x,\ x=1,\ x=2,\ y=0$이 결정하는 영역에서 $\dfrac{1}{x+y}$

(다) $0 \le x \le \pi$와 $0 \le y \le 1$로 이루어지는 영역에서 $x\sin(xy)$

(라) 정사각형 $0 \le x \le 1,\ 0 \le y \le 1$에서 $\dfrac{1}{(x+y+1)}$

5.3.8. 좌표평면 위의 세 점 $(0,0)$, $(1,0)$, $(1,1)$을 꼭지점으로 하는 삼각형 모양의 땅에 각 지점의 단위면적당 땅값이 $f(x,y) = 400\,xe^{-y}$로 주어진다고 하자. 이 지역의 평균 땅값은 얼마인가?

5.3.9. 평면 위에 공을 올려 고정시키고, 그 평면에서 공의 지름의 1/4 만큼 떨어진 나란한 평면으로 공을 자를 때, 공의 부피는 어떤 비율로 나누어지는가?

5.3.10. 공간 속에 있는 세 곡면

$$z = x^2+y^2+9, \qquad z = -x^2-y^2-9, \qquad x^2+y^2 = 1$$

으로 둘러싸인 부분이 어떻게 생겼는지 설명하고, 그 부피를 구하라.

5.3.11. 정사각형 $\{(x,y,0) : 0 \le x \le 2,\ 0 \le y \le 2\}$을 밑면, 곡면 $z = 8-x^2-y^2$을 윗면으로 하는 입체의 부피를 구하라.

5.3.12. 네 곡면 $z=2,\ z=x^2+y^2,\ y=x^2,\ x=y^2$으로 둘러싸인 입체의 부피를 구하라.

5.3.13. 타원면 $x^2+9y^2+16z^2=144$로 둘러싸인 입체의 부피를 구하라.

5.3.14. 원기둥 $x^2 + y^2 = 2x$의 내부로써 두 곡면 $z = x^2 + y^2$, $z = 0$ 으로 둘러싸인 입체의 부피를 구하라.

5.3.15. 두 곡면 $x^2 + y^2 = 4$, $4x^2 + 4y^2 + z^2 = 64$로 둘러싸인 입체의 부피를 구하라.

5.3.16. 복소평면에서 정의된 함수 $z \mapsto z^2$을 xy좌표평면 사이에 정의된 함수로 이해하면

$$F(x, y) = (x^2 - y^2, 2xy)$$

이 됨을 보이고, 이 함수의 야코비 행렬과 야코비 행렬식을 구하라.

5.3.17. 복소평면에서 정의된 함수 $z \mapsto z^3$을 xy좌표평면 사이에 정의된 함수로 이해하면 어떻게 되는지 수식으로 표현하고, 이 함수의 야코비 행렬과 야코비 행렬식을 구하라.

참고 문헌

[1] 계승혁, 수와 집합, 강의록, 2002,
`http://www.math.snu.ac.kr/~kye/lecture/02_1_set_theory/`.

[2] 계승혁·김영원, 기초복소해석, 서울대학교 출판부, 2003.

[3] 김대식·노영기·안국신, 현대 경제학원론, 제4정정판, 박영사, 1999.

[4] 김성기·고지흡·김홍종·계승혁·하길찬, 교양을 위한 대학수학 - 제 1권: 일변수함수의 미적분과 그 응용, 교우사, 2005.

[5] 김성기·김도한·계승혁, 해석개론, 개정판, 서울대학교 출판부, 2002.

[6] 김성기·김홍종·계승혁, 다변수해석학, 경문사, 1996.

[7] 김용운·김용국, 한국수학사, 과학과 인간사, 1977.

[8] 김용운·김용국, 수학사대전, 도서출판 성우, 1986.

[9] 김홍종, 미적분학 I·II, 서울대학교 출판부, 1999.

[10] 엄상섭, 일반기하학, 수학연구사, 1978.

[11] 오승재, 수학의 천재들, 경문사, 1995.

[12] 이현구·김홍종, 인문·사회계 미적분학, 서울대학교 출판부, 1995.

[13] 정재명·김명환·김홍종, 미적분학을 위한 벡터와 행렬, 서울대학교 출판부, 1995.

[14] R. A. Barnett, M. R. Ziegler and K. E. Byleen, *Calculus for Business, Economics, Life Science, and Social Sciences, 9/e*, Prentice Hall, 2002.

[15] I. Bashmakova and G. Smirnova, *The Beginnings and Evolution of Algebra*, Math. Asso. Amer., 2000.

[16] B. Belhoste, *Augustin-Louis Cauchy, A Biography*, Springer-Verlag, 1991.

[17] C. B. Boyer, 미적분학사 – 그 개념의 발달, 김경화 옮김, 교우사, 2004, [*The History of the Calculus and its Conceptional Development*, 1959].

[18] C. B. Boyer, *History of Analytic Geometry*, Dover, 1956.

[19] C. B. Boyer and U. C. Merzbach, 수학의 역사, 상·하, 양영오·조윤동 옮김, 경문사, 2000, [*A History of Mathematics*, 1968].

[20] U. Bottazzinni, *The Higher Calculus: A History of Real and Complex Analysis from Euler to Weierstrass*, Springer-Verlag, 1986.

[21] J. A. Burgmeier, M. B. Boisen Jr., M. D. Larsen, *Calculus with Applications*, McGraw-Hill, 1990.

[22] J. Callahan and K. Hoffman, 상황 속의 미적분학, 강현배 대표 번역, 경문사, 2004, [*Calculus in Context*, 1995].

[23] G. Cantor, *Contributions to the Founding of the Theory of Transfinite Numbers*, Dover, 1955.

[24] A. C. Chiang, 경제수학입문, 정기준·이성순 옮김, 진영사, 2002, [*Fundamental Methods of Mathematical Economics*, 1997].

[25] J. L. Coolidge, *The Mathematics of Great Amateurs*, Oxford University Press, 1990.

[26] M. J. Crowe, *A History of Vector Calculus*, Dover, 1967.

[27] J. W. Dauben, *Georg Cantor. His Mathematics and Philosophy of the Infinity*, Harvard University Press, 1979.

[28] C. H. Edwards, Jr., *The Historical Development of the Calculus*, Springer-Verlag, 1979.

[29] H. Eves, 수학사, 이우영·신항균 옮김, 경문사, 1995, [*An Introduction to the History of Mathematics*, 1953].

[30] H. Eves, 수학의 위대한 순간들, 허민·오혜영 옮김, 경문사, 2003, [*Great Moments in Mathematics*, 1982].

[31] G.-Guinnes (ed.), *From the Calculus to Set Theory, 1630–1910*, Princeton, 1980.

[32] D. Hughes-Hallett and A. M. Gleason et al., *Calculus*, John Wiley & Sons, 1992.

[33] H. N. Jahnke (ed.), *A History of Analysis*, Amer. Math. Soc., 2003.

[34] S. Lang, *Calculus*, Addison-Wesley, 1968.

[35] P. Tannenbaum, *Excursions in Modern Mathematics, 5/e*, Pearson Education, 2004.

[36] S. Waner and S. R. Constenoble, *Finite Mathematics and Applied Calculus, 3/e*, Thomson, 2004.

[37] The MacTutor History of Mathematics archive,
`http://www-gap.dcs.st-and.ac.uk/~history/`

문제 풀이

제 1 장

1.1.1. (x, y)는 2차원 좌표평면 내의 점이고, $(x, y, 0)$ 은 3차원 좌표공간 내의 점이다.

1.1.2. (1) $(2,\ 1,\ 3)$ (2) $(2,\ 1,\ 0)$ (3) $(-2,\ 1,\ 0)$

1.1.3. 각각 $(a,\ b,\ 0)$, $(0,\ b,\ c)$

1.1.4. $P\left(\dfrac{\sqrt{6}}{2},\ \dfrac{\sqrt{6}}{2},\ 1\right)$, 직선 OB 위의 점 P의 좌표는 $\left(\overline{OP}\cos\dfrac{\pi}{4},\ \overline{OP}\sin\dfrac{\pi}{4}\right)$

1.1.5. (가) $\sqrt{2}$ (나) $\sqrt{30}$ (다) $3\sqrt{2}$ (라) $\sqrt{5}$

1.1.6. $\left(0,\ \dfrac{3}{2},\ 0\right)$

1.1.7. $A(-2,\ 2,\ 1), B(-1,\ 0,\ 1), C(0,\ 3,\ 2)$라 하면 $\overline{AB}^2 + \overline{AC}^2 = \overline{BC}^2$

1.1.8. 각 변의 길이가 모두 1

1.1.9. $(x-2)^2 + y^2 + z^2 = x^2 + (y-2)^2 + z^2 = x^2 + y^2 + (z-2)^2$ 로부터 $x = y = z$를 얻을 수 있다.

1.1.10. (가) 내분점 $\left(\dfrac{1}{3},\ 1,\ 2\right)$, 중점 $\left(1,\ \dfrac{3}{2},\ \dfrac{5}{2}\right)$

(나) 내분점 $\left(-\dfrac{1}{3},\ 1,\ \dfrac{4}{3}\right)$, 중점 $\left(0,\ \dfrac{1}{2},\ 2\right)$

1.1.11. $\left(\dfrac{3x_1 + 2x_2 + 2x_3 + 2x_4}{9},\ \dfrac{3y_1 + 2y_2 + 2y_3 + 2y_4}{9},\ \dfrac{3z_1 + 2z_2 + 2z_3 + 2z_4}{9}\right)$

1.1.12. (가) $(6,\ 1,\ -1)$ (나) $(8,\ 14,\ -9)$

1.1.13. $\dfrac{\sqrt{14}}{2}$

1.1.14. $\dfrac{7}{6}\sqrt{6}$

1.1.15. (가) $(1,\ -1,\ -5)$ (나) $(-2,\ -1,\ -4)$ (다) $(3,\ -2,\ -3)$

(라) 각각 $\left(-\dfrac{1}{2},\ \dfrac{3}{2},\ \dfrac{11}{2}\right)$, $(-5,\ 6,\ 10)$ (마) $\left(\dfrac{4}{3},\ \dfrac{5}{3},\ \dfrac{5}{3}\right)$

1.1.16. (가) $x^2 + y^2 + z^2 = 1$ (나) $(x+1)^2 + y^2 + (z-1)^2 = 4$

1.1.17. $(x-1)^2+(y-3)^2+(z+4)^2=26$

1.1.18. 구의 중심 $\left(\frac{1}{2}, \frac{1}{2}\right)$, 반지름의 길이 $\frac{\sqrt{6}}{2}$, xy평면과 구가 만나는 점들의 집합 $\left(x-\frac{1}{2}\right)^2+$ $\left(y-\frac{1}{2}\right)^2=\frac{3}{2}$

1.2.1. $\overrightarrow{OA}+\overrightarrow{OB}=(-1,\ 3,\ 4)+(1,\ 0,\ 1)=(0,\ 3,\ 5)$

1.2.6. $\overrightarrow{OG}=\frac{1}{3}(\overrightarrow{OA}+\overrightarrow{OB}+\overrightarrow{OC})$

1.2.9. $\pm(1,\ -2,\ 2)$

1.2.10. $\frac{11}{2}$

1.2.11. (가) $x=1,\ y=2$ (나) $x=-3,\ y=4$

1.3.1. $y=-\frac{1}{2}x+\frac{5}{2}$

1.3.2. 직선의 방정식은 $x+1=\frac{y-2}{4}=\frac{z}{3}$이고 xy, zx-평면과 만나는 점은 각각 $(-1,\ 2,\ 0)$, $\left(-\frac{3}{2},\ 0,\ -\frac{3}{2}\right)$이다.

1.3.3. (가) $2x+3y+z=0$ (나) $x+y+z-4=0$ (다) $x-4=0$ (라) $z-1=0$

1.3.4. (가) $(1,\ -1,\ 1)$ (나) $(2,\ 1,\ 1)$ (다) $(1,\ 4,\ 1)$ (라) $(1,\ 1,\ 1)$, 원점을 지나는 평면은 (가), (나)

1.3.5. (가) $7x-12y+17z-21=0$ (나) $x-7y-7z+8=0$

1.3.6. $\frac{x+1}{2}=y-6=\frac{z}{4}$

1.3.7. (가) $\frac{\sqrt{14}}{7}$ (나) $\frac{5}{3}\sqrt{3}$

1.3.8. (가) $(0,\ -1,\ 2)$ (나) $\left(-\frac{28}{11},\ \frac{13}{11},\ \frac{31}{11}\right)$ (다) $\left(-\frac{4}{7},\ \frac{2}{7},\ \frac{6}{7}\right)$

1.3.9. (나) 직선에 평행한 벡터 $\left(1,\ \frac{1}{2},\ \frac{1}{3}\right)$과 평면에 수직인 벡터 $(6,3,2)$가 서로 평행

1.3.10. (가) $(3,\ 2,\ 3)\cdot(4,\ -3,\ -2)=0$ (나) $(2,\ 2,\ 1)\cdot(7,\ -3,\ -8)=0$

1.3.11. $\frac{\pi}{4}$

1.3.12. $\arccos\left(\frac{1}{\sqrt{3}}\right)$

1.3.13. $\frac{\pi}{6}$

1.3.14. $\left(-\frac{19}{11},\ -\frac{45}{11},\ \frac{40}{11}\right)$

1.4.3. $y=-\frac{3}{2}x+\frac{13}{2}$

1.4.4. $2\sqrt{2}$

1.4.5. (가) $\sqrt{2}(e^t-1)$

(나) $\left(-\left(\frac{s}{\sqrt{2}}+1\right)\cos(\ln(\frac{s}{\sqrt{2}}+1)),\left(\frac{s}{\sqrt{2}}+1\right)\sin(\ln(\frac{s}{\sqrt{2}}+1))\right)$

1.4.6. $1+\frac{\sqrt{2}}{2}\ln(1+\sqrt{2})=1-\frac{\sqrt{2}}{2}\ln(\sqrt{2}-1)$

1.4.7. 8

1.5.1. $\frac{n}{m}=\frac{8}{3},\quad P\left(-\frac{7}{5},\ \frac{4}{5},\ 0\right)$

1.5.2. 중심 $\left(\frac{1}{2},\ \frac{1}{2},\ \frac{1}{2}\right)$ 반지름 $\frac{\sqrt{3}}{2}$

1.5.3. $\left(x-\frac{2}{5}\right)^2+\left(y-\frac{11}{5}\right)^2+z^2=5$

1.5.4. $H\left(\frac{ab^2}{a^2+b^2},\ \frac{a^2b}{a^2+b^2},\ 0\right)$

1.5.6. $\frac{a}{\sqrt{3}}$

1.5.7. $m=-\frac{6}{5},\quad n=\frac{14}{5}$

1.5.9. $-\frac{A\cdot B}{A\cdot A}$

1.5.11. $\frac{3}{7\sqrt{19}}$

1.5.12. (가) $x+7y-3z=0$

1.5.13. $\frac{\sqrt{3}}{6}$

1.5.14. $\frac{x-4}{2}=\frac{y+3}{-3}=z$

1.5.15. (가) $\frac{x-1}{2}=y+1=\frac{z-3}{3}$ (나) $\frac{x+1}{2}=-y+2=\frac{z-3}{-3}$

(다) $\frac{x-1}{3}=\frac{y-3}{3}=z-1$

1.5.16. (가) $2x-31y-14z+33=0$ (나) $3x-4y+z-1=0$ (다) $4x+11y-9z-15=0$

1.5.24. $X(t)=(t,\ |t|)$은 $|t|$가 미분가능하지 않으므로 미분불가능인 반면

$Y(t)=\begin{cases}(t^2,\ t^2), & t\geq 0\\ (t^2,\ -t^2), & t\leq 0\end{cases}$ 는 $Y'(t)=\begin{cases}(2t,\ 2t), & t\geq 0\\ (2t,\ -2t), & t\leq 0\end{cases}$ 가 되어 미분가능하다.

1.5.25. $\sqrt{3}c$

1.5.26. (가)

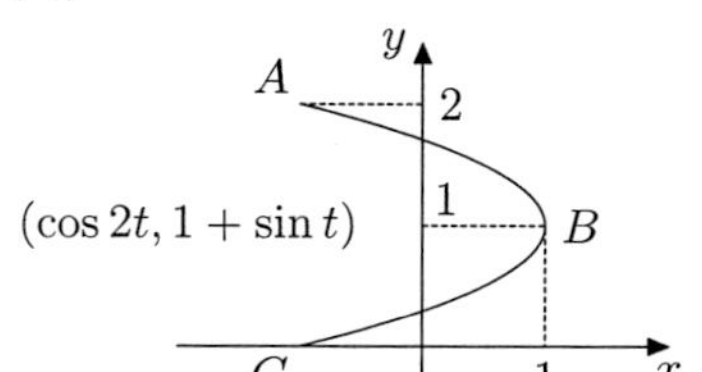

$B(t=0)$
$\rightarrow A(t=\frac{\pi}{2})$
$\rightarrow B(t=\pi)$
$\rightarrow C(t=\frac{3\pi}{2})$
$\rightarrow B(t=2\pi)$

(나) 최대값 $\frac{17}{8}$, 최소값 0

제 2 장

2.1.1. (가) $x = 1,\ y = -2,\ z = 2$ (나) $x = \frac{23}{13},\ y = \frac{2}{13},\ z = \frac{30}{13}$

2.1.2. (가) $x = a-2,\ y = -1,\ z = -2a+8,\ w = a$ (a는 실수)

(나) $x = 1,\ y = \frac{2}{3},\ z = -\frac{2}{3}$

2.1.3. (가) 해가 유일할 조건 : $a \neq \pm 2$

무수히 많은 해를 가질 조건 : $a = 2$

해를 가지지 않을 조건 : $a = -2$

(나) 해가 유일할 조건 : $a \neq \pm 3$

무수히 많은 해를 가질 조건 : $a = 3$

해를 가지지 않을 조건 : $a = -3$

2.2.1. $(AB)C$의 (i,j)원은 $\sum_k (AB)_{ik}C_{kj} = \sum_k \sum_m A_{im}B_{mk}C_{kj} =$ $\sum_m A_{im} \sum_k B_{mk}C_{kj} = \sum_m A_{im}(BC)_{mj}$ 인데, 이게 바로 $A(BC)$의 (i,j) 원이다.

2.2.3. M_3의 (i,j) 원은 i번째 도시에서 출발하여 두 도시를 거쳐 j번째 도시에 도착하는 방법의 수이다.

2.2.5. (라) $\left((AB)^t\right)_{ij} = (AB)_{ji} = \sum_{k=1}^{n} A_{jk}B_{ki} = \sum_{k=1}^{n} B_{ki}A_{jk} = \sum_{k=1}^{n} (B^t)_{ik}(A^t)_{kj} =$ $(B^tA^t)_{ij}$

2.2.6. (가) $\begin{pmatrix} \cos\theta & \sin\theta \\ -\sin\theta & \cos\theta \end{pmatrix}$ (나) 역행렬을 가지지 않는다.

(다) $\frac{1}{8}\begin{pmatrix} 13 & -4 & -1 \\ -15 & 4 & 3 \\ 10 & 0 & -2 \end{pmatrix}$ (라) $\frac{1}{9}\begin{pmatrix} 21 & -3 & -3 & -6 \\ 4 & -1 & -4 & 1 \\ -1 & -2 & 1 & 2 \\ -15 & 6 & 6 & 3 \end{pmatrix}$

2.2.9. (가) $\begin{pmatrix} 2 & 1 \\ 1 & 0 \\ -1 & 4 \end{pmatrix}$ (나) $\begin{pmatrix} 1 & 0 & 1 \\ 0 & -1 & 2 \\ 4 & 0 & 0 \end{pmatrix}$ (다) $\begin{pmatrix} 1 & 0 & 0 & 1 \\ -4 & 2 & -1 & 0 \\ 0 & 3 & 1 & 1 \end{pmatrix}$

2.2.10. x축에 대한 대칭변환

2.2.12. $3x^2 - 2xy + 3y^2 = 4$

2.3.1. $f,\ g,\ h$의 최대값은 각각 15, 16, 14이다.

2.3.2. A_1을 15톤, A_2를 10톤 생산하면 된다.

2.3.3. 280

2.3.4. $\frac{480}{11}$

2.3.5. 5500

2.3.6. 12

2.3.7. 11

2.4.1. (가) $x = 3 - 2a - b, \quad y = -3 + 3b + 4a, \quad z = b, \quad w = a \quad (a, b$는 실수)
(나) $x = \frac{4}{3}, y = -\frac{1}{3}, z = \frac{7}{6}$

2.4.2. $A^2 = \begin{pmatrix} 0 & 0 & 1 \\ 0 & 0 & 0 \\ 0 & 0 & 0 \end{pmatrix}, \quad A^3 = A^4 = O$

$$B^2 = \begin{pmatrix} 0 & 0 & 1 & 2 \\ 0 & 0 & 0 & 1 \\ 0 & 0 & 0 & 0 \\ 0 & 0 & 0 & 0 \end{pmatrix}, \quad B^3 = \begin{pmatrix} 0 & 0 & 0 & 1 \\ 0 & 0 & 0 & 0 \\ 0 & 0 & 0 & 0 \\ 0 & 0 & 0 & 0 \end{pmatrix}, \quad B^4 = O$$

C는 n번 곱하면 O이 된다.

2.4.3. $A^2 = \begin{pmatrix} 1 & 2 & 3 \\ 0 & 1 & 2 \\ 0 & 0 & 1 \end{pmatrix}, \quad A^3 = \begin{pmatrix} 1 & 3 & 6 \\ 0 & 1 & 3 \\ 0 & 0 & 1 \end{pmatrix}, \quad \cdots, \quad A^n = \begin{pmatrix} 1 & n & \frac{n(n+1)}{2} \\ 0 & 1 & n \\ 0 & 0 & 1 \end{pmatrix}$

2.4.4. $A = \begin{pmatrix} 1 & 1 \\ 1 & 1 \end{pmatrix}, B = \begin{pmatrix} 1 & -1 \\ 1 & -1 \end{pmatrix}$

2.4.5. $\begin{pmatrix} 5 \\ 0 \\ 8 \end{pmatrix} = \begin{pmatrix} 3 & 4 & 5 \\ 1 & -2 & -4 \\ -3 & 1 & 7 \end{pmatrix} \begin{pmatrix} x \\ y \\ z \end{pmatrix} = \begin{pmatrix} 3 & 4 & 5 \\ 1 & -2 & -4 \\ -3 & 1 & 7 \end{pmatrix} \begin{pmatrix} 1 & 1 & -1 \\ 4 & -2 & 1 \\ -2 & 0 & 1 \end{pmatrix} \begin{pmatrix} u \\ v \\ w \end{pmatrix}$

2.4.9. 도시 $= 1$, 농촌 $= 2$라 하면 P^n의 (i, j)번째 원소는 i에 사는 사람이 n년 후에 j에 거주할 확률을 나타낸다.

2.4.10. $\begin{pmatrix} 0 & 1 & 0 & \cdots & 0 \\ \vdots & 0 & 2 & \cdots & 0 \\ \vdots & \vdots & 0 & \ddots & \vdots \\ \vdots & \vdots & \vdots & \cdots & n \\ 0 & 0 & 0 & \cdots & 0 \end{pmatrix}$

2.4.12. 32

2.4.13. 9

제 3 장

3.1.1. (가) 최소값 (나) 안장점 (다) 안장점 (라) 최대값

3.1.2. (가) 최소값 (나) 안장점 (다) 안장점 (라) 최소값

3.1.3. (가) $x^2+2xy+y^2$, 최소값 (나) $-x^2-4y^2$, 최대값

(다) $-2x^2-6xy+y^2$, 안장점 (라) $4xy+y^2$, 안장점

3.1.4. (가) $\begin{pmatrix}1 & 2\\ 2 & -2\end{pmatrix}$, 안장점 (나) $\begin{pmatrix}0 & 1\\ 1 & 0\end{pmatrix}$, 안장점 (다) $\begin{pmatrix}0 & 1\\ 1 & -1\end{pmatrix}$, 안장점 (라) $\begin{pmatrix}1 & 0\\ 0 & -6\end{pmatrix}$, 안장점

3.1.5. (가) $\begin{pmatrix}1 & 1 & 2\\ 1 & 2 & -3\\ 2 & -3 & 1\end{pmatrix}$ (나) $\begin{pmatrix}0 & 2 & -1\\ 2 & 2 & 0\\ -1 & 0 & 1\end{pmatrix}$ (다) $\begin{pmatrix}1 & 0 & -1\\ 0 & 2 & -2\\ -1 & -2 & 1\end{pmatrix}$

3.1.6. (가) 최소값 (나) 안장점

3.1.7. 안장점

3.1.8. (가) $\begin{pmatrix}1 & 1 & 0 & 1\\ 1 & 2 & -3 & 0\\ 0 & -3 & 1 & 2\\ 1 & 0 & 2 & 0\end{pmatrix}$ (나) $\begin{pmatrix}1 & 2 & -1 & 0\\ 2 & -2 & 0 & 1\\ -1 & 0 & 0 & 2\\ 0 & 1 & 2 & 1\end{pmatrix}$

3.2.1. $(1,\ -2)$

3.2.2. $\dfrac{(x-2)^2}{4}+\dfrac{y^2}{2}=1$

3.2.3. $X(t)=(3\cos t,\ 2\sin t) \quad (0\le t\le 2\pi)$

3.2.5. $\dfrac{x^2}{9}+\dfrac{y^2}{4}=1,\quad \theta=\dfrac{\pi}{3}$

3.2.6. $2\sqrt{2}$

3.2.7. $y=4$

3.2.8. $4x^2-y^2=31$

3.2.9. $X(t)=(3\cosh t+1,\ 2\sinh t+2)$ (t는 실수)

3.2.10. $\dfrac{1}{2}\arctan(\dfrac{3}{4}+\sqrt{3})$

3.2.11. $\dfrac{(x_1-m)(x-m)}{a^2}-\dfrac{(y_1-n)(y-n)}{b^2}=1$

3.3.2. (가) 15 (나) -26

3.3.3. $a_{11}a_{22}\cdots a_{nn}$

3.3.4. (가) 16 (나) 0 (다) -8 (라) -9

3.3.5. $\dfrac{1}{ad-bc}\begin{pmatrix}d & -b\\ -c & a\end{pmatrix}$

3.3.6. (가) 최대값 (나) 안장점 (다) 최소값 (라) 안장점

3.4.1. (가) 안장점 (나) 최소값 (다) 안장점 (라) 최소값

3.4.3. $\det(cA)=\det(cA_1,\cdots,cA_n)=c\det(A_1,cA_2,\cdots,cA_n)=\cdots=c^n\det A$

3.4.6. (가) -20 (나) -6 (다) -204 (라) -5

3.4.8. A의 i번째 행과 j번째 열을 제거하고 남은 2×2행렬을 $A(i,j)$로 표기하면 $(A^{-1})_{ij} = (-1)^{i+j}\dfrac{\det A(i,j)}{\Delta}$이다.

3.4.10. 도움말: 단면의 위, 아래에서 각각 접하는 원기둥에 내접하는 두 개의 구를 생각하자. 단면의 경계 위의 임의의 점에서 두 접점까지의 거리의 합이 두 구의 중심을 지나는 직선에 평행한 원기둥 위의 일정한 선분의 길이와 같음을 보이면 된다.

3.4.11. $4x^2+9y^2=1$

3.4.12. $4\sqrt{2}$

제 4 장

4.1.2. (가) $D_1f(x,y)=2x,\quad D_2f(x,y)=2y$

(나) $D_1f(x,y)=15x^4-2y,\quad D_2f(x,y)=-2x-18y^2$

(다) $D_1f(s,t)=\dfrac{3}{2}s^{\frac{1}{2}}t,\quad D_2f(s,t)=s^{\frac{3}{2}}$

(라) $D_1f(u,v)=\dfrac{-5u^3+v^2-6u^2v\sqrt{u}}{2\sqrt{u}(u^3+v^2)^2},\quad D_2f(u,v)=\dfrac{u^3-v^2-2v\sqrt{u}}{(u^3+v^2)^2}$

4.1.3. $\pi(x,y)=150x+115y+2xy-9x^2-3y^2-200,\quad \dfrac{\partial}{\partial x}\pi(10,15)=0$

4.1.4. $\pi(x,y)=74x+8y+0.1xy-0.01y^2-2000$

$\dfrac{\partial}{\partial x}\pi(x,y)=74+0.1y\quad \dfrac{\partial}{\partial y}\pi(x,y)=8+0.1x-0.02y$

4.1.5. (가) 노동의 한계생산량은 3.136이고 자본의 한계생산량은 7.056이다.

(나) 자본량을 증가시키는 것이 더 유리하다.

4.1.6. (가) (0, 1) (나) (0, 0) (다) (0, 0) (라) (1, 1)

4.1.7. (가) $D_1f(x,y,z)=2xy^3,\quad D_2f(x,y,z)=3x^2y^2,\quad D_3f(x,y,z)=1$

(나) $D_1f(x,y,z)=\dfrac{x}{\sqrt{x^2+y^2+z^2}},\quad D_2f(x,y,z)=\dfrac{y}{\sqrt{x^2+y^2+z^2}},$

$D_3f(x,y,z)=\dfrac{z}{\sqrt{x^2+y^2+z^2}}$

(다) $D_1f(x,y,z)=e^{-yz},\quad D_2f(x,y,z)=-xze^{-yz},\quad D_3f(x,y,z)=-xye^{-yz}$

(라) $D_1f(x,y,z)=yzx^{yz-1},\quad D_2f(x,y,z)=(z\ln x)x^{yz},\quad D_3f(x,y,z)=(y\ln x)x^{yz}$

4.1.8. (16, 12, 1)

4.1.10. $\dfrac{x_0x}{a^2}+\dfrac{y_0y}{b^2}+\dfrac{z_0z}{c^2}=1$

4.1.11. (가) $4x+y+2\sqrt{2}z=8$(나) $2x+y-z=4$

4.2.1. (가) $\left(\dfrac{a+2b}{10},\ \dfrac{2a-b}{10}\right)$ (나) $(n\pi,\ (-1)^n)$ (n은 정수)

(다) $(a,\ 0)$, $(0,\ b)$ ($a,\ b$는 실수) (라) (0, 0) (마) (0, 0, 0) (바) (0, 0)

4.2.2. (가) $\begin{pmatrix}2&2\\2&2\end{pmatrix}$ (나) $\begin{pmatrix}2&0\\0&0\end{pmatrix}$ (다) $\begin{pmatrix}0&0\\0&0\end{pmatrix}$ (라) $\begin{pmatrix}0&1\\1&0\end{pmatrix}$

4.2.3. (가) 극대점 $(-\frac{1}{2},\ 4)$

(나) 안장점 $(0,\ (n+\frac{1}{2})\pi)$, 극소점 $(3(-1)^{n-1},\ n\pi)$(n은 정수) (다) 극소점 $(0,\ 0)$

(라) 안장점 $(0,\ 0)$, 극소점 $\pm(1,\ 1)$ (마) 극소점 $(1,\ 0)$, 극대점 $(-1,\ 0)$

(바) 안장점 $(0,\ 0)$, 극소점 $(0,\ \pm\sqrt{2})$, 극대점 $(\pm\sqrt{2},\ 0)$

4.2.4. 인수분해하면 $x^3y - xy^3 = xy(x+y)(x-y)$ 이므로 원점 근방에서 음, 양의 값을 모두 가지게 되고, 따라서 안장점이다.

4.2.5. 복지기금 2억원과 형무소 예산 2억원을 배정하면 된다.

4.2.8. 구하는 직선을 $y = ax + b$라 하면 $a = -\frac{1055750}{15687500} \fallingdotseq -0.067$ 이므로 가격을 100원 올리면 판매량이 약 7병 감소하리라 예측할 수 있다.

4.3.1. 최대값 $\frac{\sqrt{70}}{2}$, 최소값 $-\frac{\sqrt{70}}{2}$

4.3.2. (가) 최대값 $\sqrt{10}$, 최소값 $-\sqrt{10}$ (나) 최대값 $\sqrt{2}$, 최소값 $-\sqrt{2}$

4.3.3. (가) 최대값 1, 최소값 -1 (나) 최대값 $\frac{\sqrt{17}}{2}$, 최소값 $-\frac{\sqrt{17}}{2}$

(다) 최대값 $\frac{2}{3}$, 최소값 $-\frac{2}{3}$ (라) 최대값 $\sqrt{2}$, 최소값 1

4.3.4. 최대값 $1+\frac{\sqrt{2}}{2}$, 최소값 $1-\frac{\sqrt{2}}{2}$

4.3.5. (가) 최대값 $\sqrt{35}$, 최소값 $-\sqrt{35}$ (나) 최대값 $\sqrt{17}$, 최소값 $-\sqrt{17}$

(다) 최대값 $\frac{2}{\sqrt{3}}$, 최소값 $-\frac{2}{\sqrt{3}}$ (라) 최대값 $\sqrt{3}$, 최소값 1

4.3.6. 최대값 $1+\frac{\sqrt{2}}{2}$, 최소값 $1-\frac{\sqrt{2}}{2}$

4.3.8. 가로, 세로는 각각 2 m, 높이는 1 m

4.3.9. 노동자 수 500명, 기계 수 2500대

4.3.10. 노동자 수 3,750명, 기계 수 1,250대일 때 최대생산량은 $N(3,750,\ 1,250) = 16(3,750)^{0.5}(1,250)^{0.5} \fallingdotseq 34,641$개이다.

4.3.11. 노동자 수 8,000명, 기계 수 1,000대일 때 최대생산량은 $N(8,000,\ 1,000) = 50(8,000)^{0.8}(1,000)^{0.2} \fallingdotseq 263,902$개이다.

4.3.12. 노동자 수 6,000명, 기계 수 2,000대일 때 최대생산량은 $N(6,000,\ 2,000) = 10(6,000)^{0.6}(2,000)^{0.4} \fallingdotseq 38,664$개이다.

4.4.1. $f(X) = \|X-P\|^2$ 일 때 $\frac{\partial}{\partial x_i}f(X) = 2(x_i - p_i)$로부터 $\nabla f(X) = 2(X-P)$를 얻는다.

4.4.2. (가) $-\frac{X}{\|X\|^3}$ (나) $2X$ (다) $-2e^{-\|X\|^2}X$ (라) $\frac{X}{\|X\|^2}$

4.4.3. $\nabla f(x,y) = (-\sqrt{1+x^4},\ \sqrt{1+y^4})$

4.4.4. 각각 $\frac{x_0x}{a^2}+\frac{y_0y}{b^2}-\frac{z_0z}{c^2}=1$, $\frac{x_0x}{a^2}-\frac{y_0y}{b^2}-\frac{z_0z}{c^2}=1$ 이다.

4.4.5. (가) $z=0$ (나) $3x+z=3\ln 3-3$ (다) $6x-2y+15z=22$

4.4.6. $D_1D_2f(0,0) = 1, \quad D_2D_1f(0,0) = -1$

4.4.7. (가) 극소점 $(-4,1)$ (나) 극대점 $(1,1)$, 안장점 $(0, 0)(0, 3)(3, 0)$

(다) 극소점 $(1, \frac{1}{2})$, 안장점 $(0,0)$ (라) 극소점 $(0,-2)$

4.4.8. $\nabla f(0,0) = (0,0)$ 이고 $H_f(0,0) = \begin{pmatrix} 2 & 0 \\ 0 & 2 \end{pmatrix}$ 이므로 원점은 극소점이다.

4.4.9. (나) $g'(0) = 0,\ g''(0) = 2k^2$

(다) f를 $y = 2x^2$에 제한하면 $f(x, 2x^2) = -x^4$ 으로 원점 근방에서 음의 값을 가지므로 원점에서 극소일 수 없다.

(마)

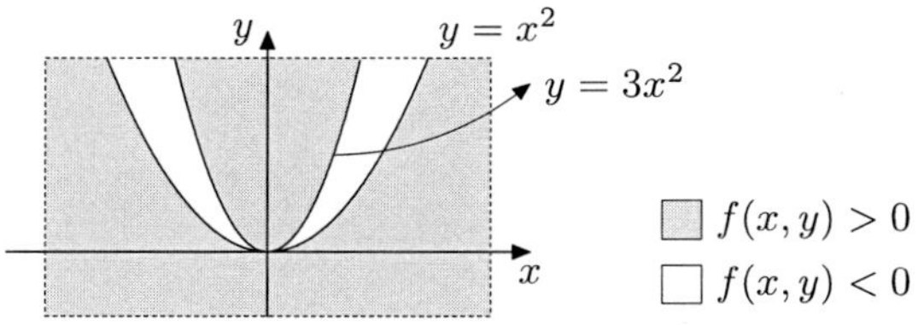

4.4.10. 최대값 $\frac{5}{4}$, 최소값 -1

4.4.11. $\lim_{x\to\infty} f(x,0) = \infty$ 이므로 최대값은 없고, $\lim_{y\to\infty} f(-3,y) = -\infty$ 이므로 최소값도 없다.

4.4.14. 원점에서 가장 가까운 점 : $\left(\frac{-5+\sqrt{105}}{20}, \frac{-5+\sqrt{105}}{10}, \frac{13-\sqrt{105}}{8}\right)$

원점에서 가장 먼 점 : $\left(\frac{-5-\sqrt{105}}{20}, \frac{-5-\sqrt{105}}{10}, \frac{13+\sqrt{105}}{8}\right)$

4.4.15. $a = \frac{1}{2}, b = 0$일 때 최소값 $f(\frac{1}{2}, 0) = 1$

4.4.16. (가) 노동의 한계생산량은 $7.5(600)^{-0.25}(100)^{0.25} \fallingdotseq 4.792$ 이고 자본의 한계생산량은 $2.5(600)^{0.75}(100)^{-0.75} \fallingdotseq 9.584$ 이다.

(나) 자본의 한계생산량이 더 크므로 자본량을 증가시키는 것이 더 유리하다.

4.4.17. (가) 노동의 한계생산량은 $\frac{25}{\sqrt{2}}$ 이고 자본의 한계생산량은 $25\sqrt{2}$ 이다.

(나) 자본의 한계생산량이 더 크므로 자본량을 증가시키는 것이 더 유리하다.

4.4.18. 운동화 $2,000$ 켤레, 실내화 $4,000$ 켤레

4.4.19. 무명상품은 530원, 유명상품은 550원에 팔아야 한다.

제 5 장

5.1.1. (가) 16 (나) $\frac{4224}{5} - 160\sqrt{10} - 72\sqrt{6}$ (다) 0 (라) 0

5.1.2. $\frac{2}{3}$

5.1.3. 약 6.54

5.1.4. $\displaystyle\iint_R \frac{\sin x}{x}\,dx\,dy = \int_0^1\int_0^x \frac{\sin x}{x}\,dy\,dx = \int_0^1 \sin x\,dx = 1-\cos 1$

5.1.5. (가) 7 (나) π^2 (다) $\frac{5}{6}$ (라) $\frac{\pi}{4}$ (마) $\frac{3\pi}{4}\ln 5$

(바) $-\frac{1}{2}\ln 2$ (사) $\frac{1}{3}$ (아) $\frac{\sqrt{2}}{3}-\frac{1}{6}$

5.1.6. (가) $-\frac{3}{\pi}$ (나) $\frac{1}{2}(e-\frac{1}{e})$ (다) $\frac{\pi^2}{2}-\frac{20}{9}$ (라) $\frac{7}{8}$

5.1.7. $e-\frac{5}{2}$

5.2.1. $\displaystyle\iint_{\Lambda(R)} xy\,dxdy = 0, \qquad \iint_{\Lambda(R)} (x+y)e^{x-y}\,dxdy = e^2-1$

5.2.2. (가) $\begin{pmatrix} 2 & 4 \\ 2 & -4 \end{pmatrix}$ (나) $\begin{pmatrix} 1 & 1 \\ 1 & -1 \\ 2 & 1 \end{pmatrix}$ (다) $\begin{pmatrix} -1 & 0 \\ 0 & 0 \end{pmatrix}$ (라) $\begin{pmatrix} 1 & 0 & 0 \\ 0 & 1 & 0 \end{pmatrix}$

5.2.3. $\frac{5\pi}{12}(3-\sqrt{5})$

5.2.4. $\frac{3\pi}{2}$

5.2.5. $\pi(e-1)$

5.2.7. $\frac{9\pi}{4}$

5.2.8. $\frac{16\pi}{3}(8-3\sqrt{3})$

5.3.1. (가) 104 (나) $14\sqrt{3}-\frac{20}{3}\sqrt{10}+\frac{2}{3}$ (다) 2 (라) $\frac{1}{32}(\pi^2+4)$

5.3.2. (가) $\frac{104}{9}(2\sqrt{2}-1)$ (나) 49 (다) $4(e^2-1)$ (라) $\left(1-\frac{1}{e^2}\right)\left(1-\frac{1}{e}\right)$

(마) $\frac{\pi}{4}+\frac{1}{2}\ln 2$ (바) 0 (사) $\frac{1}{4}\ln 17$ (아) $\frac{\pi}{8}$

5.3.3. (가) 6π (나) $\pi(5\ln 5-4)$

5.3.4. (가) $\frac{a^3}{3}$ (나) $\frac{243}{10}\pi$ (다) $\frac{2}{3}$ (라) 2π

5.3.5. $\frac{15}{e^4}(e^2-1)$

5.3.6. $\frac{8}{5}\sqrt{2}$

5.3.7. (가) $\frac{3}{4}$ (나) $\frac{2}{3}\ln 2$ (다) 1 (라) $3\ln 3-4\ln 2$

5.3.8. $400\left(\frac{4}{e}-1\right)$

5.3.9. 작은 부분의 부피 : 큰 부분의 부피 $= 5:27$

5.3.10. 19π

5.3.11. $\frac{64}{3}$

5.3.12. $\dfrac{52}{105}$

5.3.13. 192π

5.3.14. $\dfrac{3\pi}{2}$

5.3.15. $\dfrac{64}{3}\pi(8-3\sqrt{3})$

5.3.16. $\det J_F(x,y) = 4(x^2+y^2)$

5.3.17. $F(x,y) = (x^3-3xy^2, 3x^2y-y^3), \quad J_F(x,y) = \begin{pmatrix} 3x^2-3y^2 & -6xy \\ 6xy & 3x^2-3y^2 \end{pmatrix},$

$\det J_F(x,y) = 9(x^2+y^2)^2$

찾아보기

【사람이름】

저자소개

김성기(서울대학교)

고지흡(인디아나대학교)

김홍종(서울대학교)

계승혁(서울대학교)

하길찬(세종대학교)

교양을 위한 **대학수학 2** (제2판)

제2판3쇄 2022년 9월 15일

지은이 김성기 · 고지흡 · 김홍종 · 계승혁 · 하길찬
펴낸이 오판근
펴낸곳 (주) 교우
주　소 서울시 동대문구 약령시로 8 교우빌딩 2층 (주)교우
전　화 02-925-2861 / **팩　스** 02-925-2860, **편집부** 02-925-2825
홈페이지&북스토어 www.kyowoo.co.kr / 이메일 kyowoo@kyowoo.co.kr

등　록 1994년 3월 24일 제1994-000013호
ISBN 979-11-251-0136-9 (94410) / 979-11-251-0141-3 (세트)

Published by Kyowoo Co., Ltd. Printed in Korea

(주) 교우는 보다 혁신적이고 참신한 도서를 다양하게 기획하고 있습니다.
책으로 펴내고자 하는 아이디어나 원고는 메일로 보내주세요.
(주) 교우는 전과정을 책임지고 최선을 다하겠습니다.

값 20,000원

교우미디어는 (주) 교우의 Imprint 사입니다.
수학정원·과학정원은 (주) 교우의 새로운 브랜드명입니다.

잘못된 책은 구입하신 서점에서 교환해 드립니다.